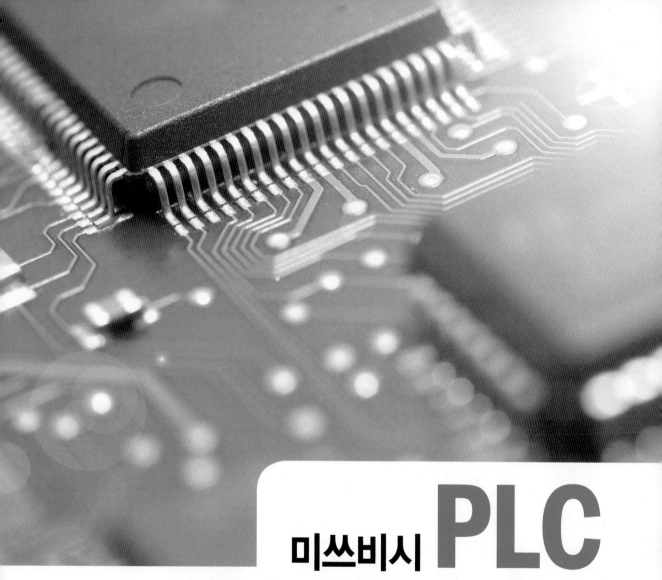

미쓰비시 **PLC**
응용 스마트팩토리 구축기술

선권석 · 김진사 · 윤여경 지음

청문각

선권석(宣權錫)

하얀눈이 내렸습니다.
그 속에서 하얀 그림자가 보였습니다.
그 분이 항상 다니시던,
그 길을 뒤로하고 멀리 돌아서 가셨습니다.

뒷굽을 꼬맨 고무신과
허름한 몸배는 그분의 행복이었고,
햇살에 검게 그을린 얼굴은
그분의 미소를 대신했으며,
곱게 올려 비녀를 꽂은 그분의 머리에는
항상 소생하는 생기와
볏짚 부스러기가 공존했습니다.
그 무엇을 위해 사셨냐고 물을수 조차 없는
시간들 이었습니다.

그분이 졸라맨 허리는 주름살 뿐이었고,
쌀 한톨 아까워 드시지 못했으나 그걸 팔아 자식
을 위해 쓰셨습니다.

특별한 계획은 없었으나
순간 순간 최선을 다해 사셨으며,
부풀어 터진 손은 그분의 고뇌와 희망을
보답해 주었습니다.

주민등록증을 만드시던날
달아버린 지문을 아쉬워 했으며,
그늘진 조그만 밭에서 수확한
토란으로,
가족을 위해 식혜를 만드셨습니다.

따스한 봄날,
그분이 가시기 전 해 어버이 날이었으리라.
그분은 도회지에 있는
자식들을 보기위해 오셨습니다.
옷차림은 허름했으나,
역 광장 모퉁이에서 떨어진 그분의 양말을 바꿔,
신겨주는 아들에게 새 양말을 사양했습니다.
아들이 신기를 바라시며 !.

 시대의 변화에 따라 기술이 발전하고 이에 따라 일자리의 양상도 바뀌게 된다. 손으로 하던 작업을 도구를 사용하여 처리하고, 도구와 기구를 이용해서 작업하던 것을 수력 및 증기기관에 의한 기계식 생산설비를 이용했다. 2차 산업혁명이라 불렸던 전기동력과 컨베이어 벨트에 의한 대량생산체계에 접어들었고, 전자기술과 IT를 통한 부분 자동화로의 진입을 위한 3차 산업혁명에는 1969년 최초로 Modicon 084라는 PLC가 등장하게 되었다. 이 PLC 기술은 많은 부분에서 적용되어 3차 산업혁명을 이끌었다고 말할 수 있을 것이다. 이를 기반으로 PC와 마이크로프로세서의 발전에 따라 ICT와 제조업의 완벽한 융합이 가능해졌고, 이들은 사물인터넷(IOT) 확산, 사이버물리시스템(CPS) 기반 유연생산체계의 구축과 시뮬레이션을 통한 최적 생산들이 가능하도록 발전되어 있다. 이들 시스템이 완성되는 2020년 이후에는 완전한 4차 산업혁명 시대로 진입할 것으로 전문가들은 내다보고 있다. 4차 산업혁명을 준비하거나 이미 기술적으로 진입한 국가의 경우 새로운 일자리를 확보하고 세계 속의 경쟁을 준비하고 있다. 그런데 이런 시대적 흐름을 잘 읽고 대응하고 있는 우리 국내 기업들도 있으나 대부분의 기업들의 경우 아직 전문적 지식을 갖지 못하고 있다. 아쉬운 부분이다.

 3차 산업혁명을 주도적으로 이끌어온 장치가 PLC임은 누구나 인정할 수 있을 것이다. 그러나 이젠 PLC만 가지고 할 수 있는 부분은 많지 않을 것 같다. PC와 마이크로프로세서 그리고 PLC가 모두 만나 융합형 시스템을 구축할 수밖에 없는 것이다. PLC의 변화가 필요한 시점이다. 이런 이종간의 만남과 융합을 특정 전문가만이 하는 기술인력 시장이 아니라 누구나 이런 일에 참여할 기술을 갖을 수 있도록 해야 할 것이다. 이에 조금이나마 역할을 하고자 본 도서를 준비했다. 물론 저자가 이미 출판한 "C# 프로그래밍 활용 PC 기반제어기술"을 통해서 장치간 정보교류를 이용한 방법을 제시하였다. 그 연속선상에서 이 책을 준비한 것임을 밝히는 바이다.

 Part 1에서는 GX-Works 2에 대해서 일반적인 기능에 대해서 살펴보았다. 기본 명령어화 파라미터 등 비교적 기본적인 적들을 다루었고 시컨스회로도는 산업인력공단 교재에서 제시한 회로도를 활용했다. 그러나 기본적이라고 해서 현장성을 배제한 것은 아니다. 제어기 설계 연구원들을 강의하면서 알게 된 기본적이면서 필수적인 것들을 많이 포함시켰다.

 Part 2에서는 GX-WORKS 화룡 명령어들을 심도있게 보았다. Part 3에서는 SERVO 모터에 대한 예제와 설정 방법을 소개했다. Part 4에서는 CC-LINK에 대해서 자세히 다루었다. Part 5에서는 MELSECNET/H 네트워크에 대한 부분을 다룬다.

Part 6에서는 EtherNet 통신에 대한 부분이다. 이 Part는 "C# 프로그래밍 활용 PC 기반제어"시 PC와 EtherNet 연결을 하기 위한 부분이기도 하니 관심을 두고 자세히 공부해야 할 것이다.

Part 7에서는 AD/DA에 대해 설명한다.

Part 8에서는 프로페이스 터치패널 4.0에 대해서 알아보고 다양한 방법을 활용해서 예제를 구성했다.

Part 9에서는 PLC 예제를 통한 메카트로닉스 기본 기술 이해에 대해서 알아보았다. 공압실린더를 활용해서 편측 솔레노이드와 양측 솔레노이드 등 다양한 예제를 구성해서 제시했다. 서보모터와 이더넷 모듈을 이용한 예제도 다양하게 구성했다.

Part 10에서는 메카트로닉스 미니 MPS 구동기술에 대한 예제를 통해 심화과정을 소개했다. 좀 더 현장에 가까운 부분을 다루기 위해 노력했다.

그리고 부록에서는 그간 외국인을 대상으로 교육하면서 준비한 예제들을 소개했다. 갑자기 외국인 강의를 하려고 할 때 당황하는 경우가 있다. 이때 요긴하게 쓰일 것으로 기대한다. 세부적인 과제를 제시할 수 있을 것이다.

PLC 활용 스마트팩토리 구축에 있어서의 생산설비 및 관련 장치 설계 시 유용하게 사용될 것으로 본다. 끝으로 이 책이 출간되기까지 수고해 주신 청문각 임직원에게 감사 드린다.

2016년 6월
저자 일동

GX-WORKS2 프로그램 설치 (Part 1)

1. GX-WORKS2 프로그램 설치

GX-WORKS2는 GX Developer의 상위 버전 통합 환경이다. 아래 프로그램을 설치하면 사용할 수 있다. 그림과 같이 을 더블클릭하여 실행하고 화면에서 제시한 절차에 따라서 진행하면 쉽게 설치할 수 있다. 프로그램을 설치하는 데 별 어려움은 없을 것이다. 아래 그림은 프로그램 리스트이다. 그리고 프로그램 사용에 대한 설명을 미쯔비시에서 제공한 매뉴얼을 참고해서 작성함을 미리 밝혀둔다.

이름	수정한 날짜	유형	크기
Doc	2015-06-24 오후...	파일 폴더	
Manual	2015-06-24 오후...	파일 폴더	
SUPPORT	2015-06-24 오후...	파일 폴더	
data1	2012-01-23 오후...	ALZip CAB File	1,563KB
data1.hdr	2012-01-23 오후...	HDR 파일	537KB
data2	2012-01-23 오후...	ALZip CAB File	93,367KB
engine32	2010-08-30 오전...	ALZip CAB File	541KB
GXW2	2011-10-03 오전...	텍스트 문서	1KB
Information	2011-11-07 오후...	텍스트 문서	3KB
layout.bin	2012-01-23 오후...	BIN 파일	1KB
setup	2005-11-14 오후...	응용 프로그램	119KB
setup.ibt	2012-01-23 오후...	IBT 파일	388KB
setup	2012-01-23 오후...	구성 설정	1KB
setup.inx	2012-01-23 오후...	INX 파일	323KB

2. GX-WORKS2 시작

툴바의 또는 [Project]→[New Project] 메뉴(Ctrl + N) 또는 바탕화면의 ▦ GX-WORKS2의
시작 아이콘을 클릭한다. 다음 그림은 첫 화면이다.

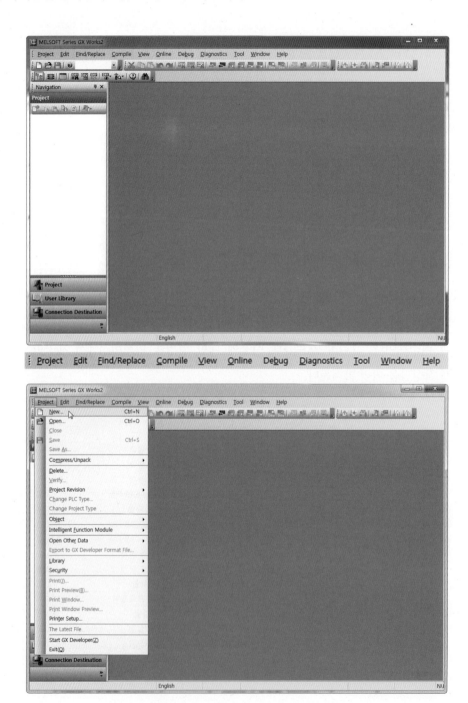

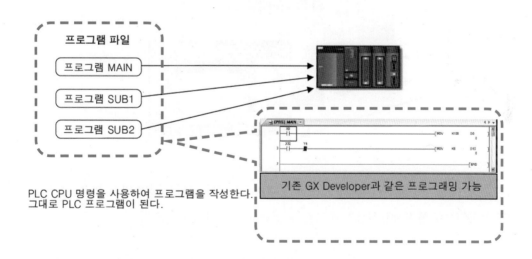

Project   New...

New Project

Project Type:

Structured Project ▼

Simple Project
Structured Project

PLC Series:

QCPU (Q mode) ▼

PLC Type:

Q00J ▼

Language:

Ladder ▼

OK

Cancel

Project Type에는 **Simple Project** 와 **Structured Project** 가 있다. 필요에 따라 선택해서 사용하면 된다. 각각의 의미를 살펴보면 다음과 같다. 먼저 Simple Project는 GX Developer와 같은 방식으로 프로그램을 작성할 수 있는 기능을 의미한다.

프로그램 파일

프로그램 MAIN
프로그램 SUB1
프로그램 SUB2

PLC CPU 명령을 사용하여 프로그램을 작성한다. 그대로 PLC 프로그램이 된다.

기존 GX Developer과 같은 프로그래밍 가능

한편 구조화 프로젝트(Structured Project()의 경우 구조화된 프로그램을 작성할 수 있다. 제어 효율별로 모듈화하여 공통부분을 구분하거나 보기 쉽고 유용성이 높은 프로그램을 구성할 수 있다. 기존에 제시된 지멘스나 AB의 PLC 프로그램 구조와 유사하다고 보면 된다. 즉, C++ 언어를 이용한 프로그램 구성 시에도 이와 같은 방법을 사용한다.

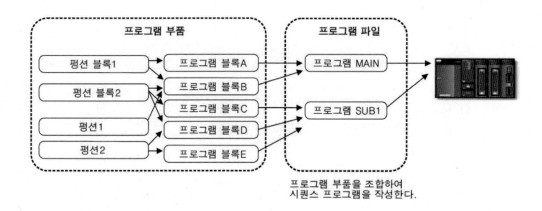

프로그램 부품을 조합하여
시퀀스 프로그램을 작성한다.

또한 GX Developer에서 작성한 프로그램을 GX Works2에서 그대로 불러 사용이 가능하다. 추가적으로 라이브러리화에 의한 프로그램을 공유할 수 있다. C++ 언어의 라이브러리를 생각하면 될 것 같다. 이때는 구조화 프로젝트에서 자주 사용하는 프로그램이나 그로벌 라벨, 구조체를 라이브러리도 등록해서 사용할 수 있다.

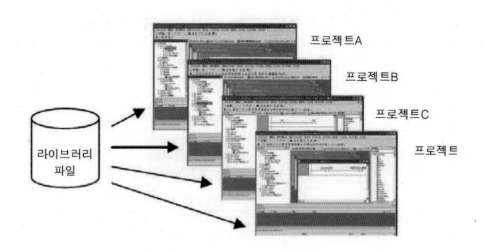

그리고 중요한 기능 중의 하나가 오프라인 디버그가 가능하다는 점이다. CPU에 접속하지 않고도 정상적으로 동작하는지를 디버그할 수 있는 기능을 제공하고 있다

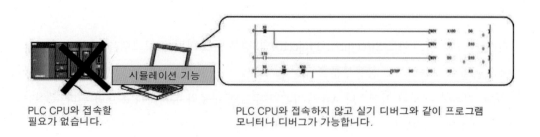

PLC CPU와 접속할
필요가 없습니다.

PLC CPU와 접속하지 않고 실기 디버그와 같이 프로그램
모니터나 디버그가 가능합니다.

PLC Series는 [QCPU (Q mode)]를 선택하면 사용할 수 있다. 기타 다른 CPU Series를 사용할 경우는 ▼를 클릭하면 확인할 수 있다.

PLC Type은 [Q03UDE]를 선택했다. 준비된 CPU의 Type이 Q03UDE이기 때문이다. 기타 다른 CPU Type을 선택할 때는 앞에서와 같이 오른쪽 끈의 ▼을 클릭하면 변경할 수 있다.

언어(Language)는 [Ladder]로 선택한다. 필요에 따라서는 변경할 수도 있다. 이 모든게 선택되어 준비되면 다음은 [OK] 버튼을 클릭해서 다음 단계로 진행한다. 다음 단계에서는 다음과 같은 메시지가 화면에 나난다. 단축키에 대한 설명이다. 참고해서 편집 시에 사용한다면 보다 편리하게 사용가능할 것이다. 모두 이해했다면 [Yes] 버튼을 클릭해서 다음 단계로 진행한다.

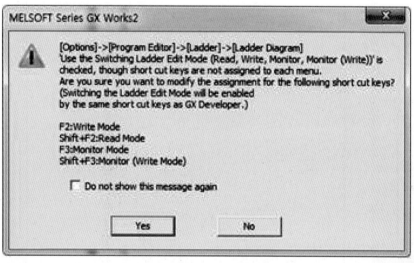

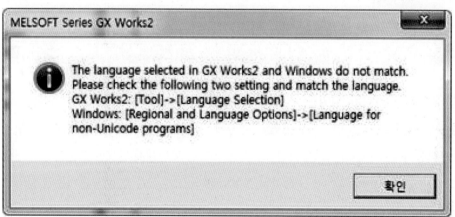

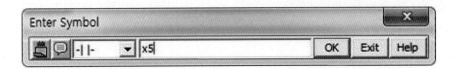 버튼을 클릭하고 다음 단계로 진행한다. 아래 그림과 같이 단축키나 기타 기능은 모두 같다고 생각하면 된다. 단지 조금 성능이 UP 된 것을 알 수 있다.

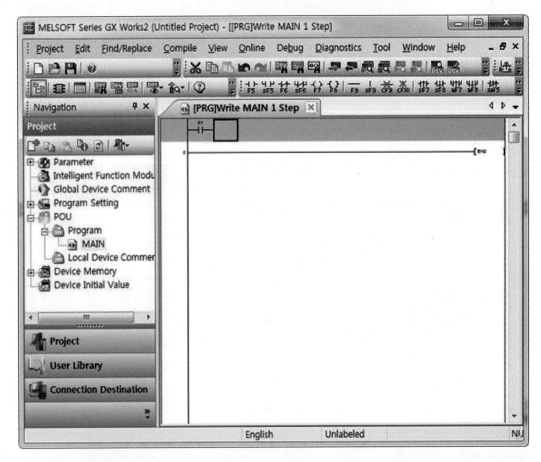

그리고 연결 PLC와 PC의 연결을 확인하기 위해서는 Navigation 창의 아래쪽에 있는 ▒ Connection Destination 을 클릭하면 ▒ Current Connection Connection1 이 나타나고, 이때 ▒ Connection1 을 더블클릭하면 다음과 같이 익숙한 화면이 나타날 것이다. 다음 화면에서 필요한 부분을 선택해서 설정한 다음 ▒ Connection Test 을 수행하고 이상이 없으면 ▒ OK 버튼을 클릭한 다음 사용하면 된다.

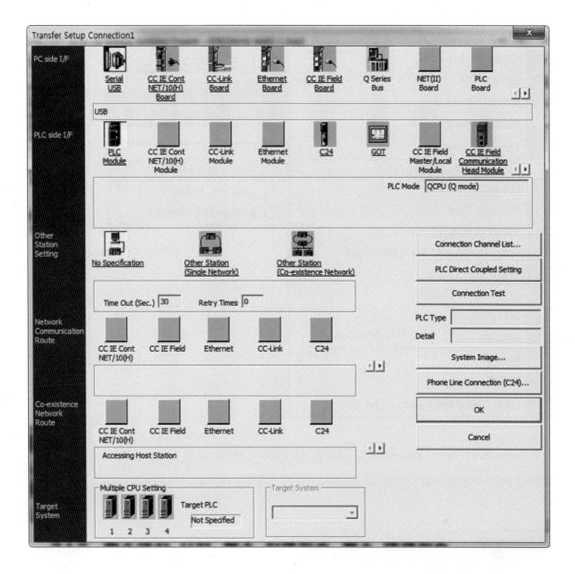

　연결이 완료되면 다음은 메모리를 클리어해 줄 것을 미쯔비시 매뉴얼에서 권장한다. 깨끗한 상태에서 프로그램을 할 수 있도록 조건을 조성한다고 보면 될 것이다. 다음 그림에서 보여준 "Format과 Clear"를 수행하면 된다.

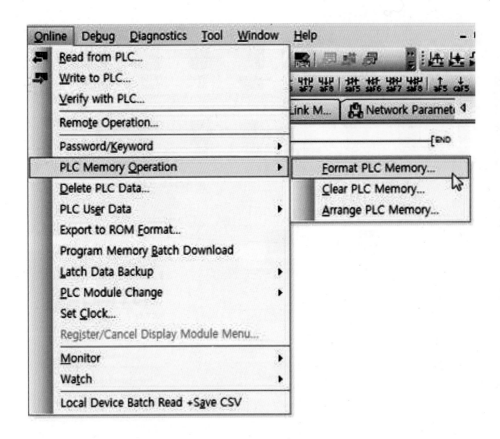

[Diagnostics]−[PLC Diagnostics] 메뉴를 실행하여 CPU의 고장 이력을 클리어 한다. 메뉴 실행에 따른 다음 화면의 오른쪽 대화상자의 ⎡Clear History⎤ 버튼을 선택하여 수행한다.

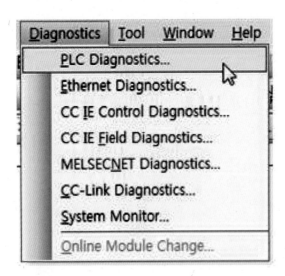

[Online]−[Set Clock] 메뉴를 클릭하여 시간을 설정할 수 있다.

▌단축 키 일람과 액세스 키 목록 ▌

단축키	툴 버튼	기 능		내 용
Alt + F4	–	닫기		열려있는 윈도우를 닫는다.
Ctrl + F6	–	다음의 윈도우		다음의 윈도우를 연다.
Ctrl + N		다음의 윈도우를 연다.		프로젝트를 새로 작성한다.
Ctrl + O		프로젝트 열기	프로젝트	기존의 프로젝트를 연다.
Ctrl + S		프로젝트의 저장		프로젝트를 저장한다.
Ctrl + P		인쇄		프로젝트를 인쇄한다.
Ctrl + Z	–	실행 취소		직전의 조작 상태로 되돌린다.
Ctrl + X		잘라내기		선택한 내용을 클립보드로 이동한다.
Ctrl + C		복사		선택한 내용을 클립보드에 복사한다.
Ctrl + V		붙여넣기		클립보드의 내용을 커서 위치에 붙여 넣는다.
Ctrl + A	–	모두 선택		모든 편집 대상을 선택한다.
Shift + Ins	–	행 삽입		커서 위치에 행을 삽입한다.
Shift + Del	–	행 삭제	편집	커서 위치의 행을 삭제한다.
Ctrl + Ins	–	열 삽입		커서 위치에 열을 삽입한다
Ctrl + Del	–	열 삭제		커서 위치의 열을 삭제한다
Shift + F2		읽기 모드		읽기 모드로 한다.
F2		쓰기 모드		쓰기 모드로 한다.
F5		a접점		커서 위치에 a접점을 쓴다.
F6		b접점		커서 위치에 b접점을 쓴다
Shift + F5		a접점 OR	래더	커서 위치에 a접점(OR)을 쓴다.
Shift + F5		b접점 OR		커서 위치에 b접점(ORI)을 쓴다.
F6		코일		커서 위치에 코일(OUT)을 쓴다.

(계속)

단축키	툴 버튼	기 능		내 용
F8	{}F8	응용 명령	편집	커서 위치에 응용 명령을 쓴다.
Shift + F9	sF9	세로선		커서 위치에 세로선을 쓴다.
F9	F9	가로선		커서 위치에 가로선을 쓴다.
Ctrl + F10	cF10	세로선 삭제		커서 위치의 세로선을 삭제한다.
Ctrl + F9	cF9	가로선 삭제	래더	커서 위치의 가로선을 삭제한다.
Shift + F7	sF7	펄스 상승		커서 위치에 상승 펄스를 쓴다.
Shift + F8	sF8	펄스 하강		커서 위치에 하강 펄스를 쓴다.
Alt + F7	aF7	펄스 상승 OR		커서 위치에 상승 펄스(OR)를 쓴다.
Alt + F8	aF8	펄스 하강 OR		커서 위치에 하강 펄스(OR)를 쓴다.
Ctrl + F10	caF10	연산 결과 반전		커서 위치에 연산 결과 반전을 쓴다.
Alt + F5	aF5	연산 결과 상승 펄스화		커서 위치의 연산 결과를 상승 펄스화한다.
Ctrl + F5	caF5	연산 결과 하강 펄스화		커서 위치의 연산 결과를 하강 펄스화한다.
F10	F10	선 그리기		선을 그린다.
Alt + F9	aF9	선 삭제		선을 삭제한다.
Ctrl + F	–	디바이스 찾기	찾기 / 바꾸기	디바이스 찾기를 실시한다.
Ctrl + H	–	디바이스 바꾸기		디바이스 바꾸기를 실시한다.
F4		변환	변환	프로그램을 변환한다.
Ctrl + Alt + F		변환(편집 중인 모든 프로그램)		편집 중인 모든 프로그램을 일괄변환한다.
Shift + F4	–	변환(RUN 중 쓰기)		프로그램을 변환하여 RUN 중에 CPU에 쓴다.
Ctrl + F5	–	코멘트 표시	표시	코멘트 표시/숨기기를 전환한다.
Ctrl + F7	–	스테이트먼트 표시		스테이트먼트 표시/숨기기를 전환한다.
Ctrl + F8	–	노트 표시		노트 표시/숨기기를 전환한다.
Ctrl + Alt + F6	–	기기명 표시		기기명 표시/숨기기를 전환한다.
Alt + 0		프로젝트 데이터 일람		프로젝트 데이터 일람의 표시 / 숨기기를 전환한다.
Alt + F1		래더/리스트의 전환		래더 화면／리스트 화면을 전환한다.

(계속)

단축키	툴버튼	기능		내 용
F3			모니터	래더 모니터를 실시한다.
Ctrl + F3	–	온 라 인	모니터(모든 윈도우)	열려 있는 모든 프로그램의 래더 모니터를 실시한다.
Shift + F3		모 니 터	모니터(쓰기 모드)	래더 모니터 중에 쓰기 모드로 한다.
F3			모니터 시작	래더 모니터를 시작한다.
Alt + F3			모니터 정지	래더 모니터를 정지한다.
Ctrl + Alt + F3	–		모니터 정지 (모든 윈도우)	열려 있는 모든 프로그램의 래더 모니터를 정지한다.
Alt + 1		디 버 그	디바이스 테스트	디바이스의 강제 ON/OFF, 현재값 변경을 실시한다.
Alt + 2			스킵 실행	범위가 설정된 시퀀스 프로그램을 스킵 운전한다.
Alt + 3			부분 운전	시퀀스 프로그램을 부분적으로 실행한다.
Alt + 4			스텝 실행	PLC CPU를 스텝 운전한다.
Alt + 6	–		리모트 조작	리모트 조작을 실시한다.

3. GX-WORKS2 기본명령어 활용

GX-WORKS2의 기본화면은 다음 그림과 같다. 참고해서 프로그램을 하면서 기능과 방법 등을 확인하도록 한다.

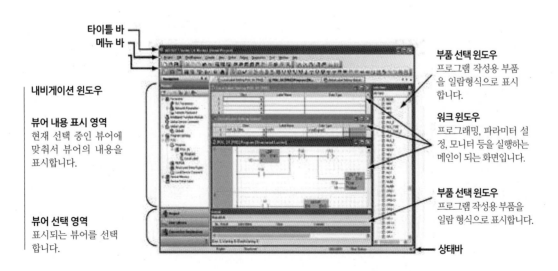

타이틀 바

메뉴 바

부품 선택 윈도우
프로그램 작성용 부품
을 일람형식으로 표시
합니다.

워크 윈도우
프로그래밍, 파라미터 설
정, 모니터 등을 실행하는
메인이 되는 화면입니다.

부품 선택 윈도우
프로그램 작성용 부품을
일람 형식으로 표시합니다.

상태바

내비게이션 윈도우

뷰어 내용 표시 영역
현재 선택 중인 뷰어에
맞춰서 뷰어의 내용을
표시합니다.

뷰어 선택 영역
표시되는 뷰어를 선택
합니다.

3.1 입출력(A접점, 출력코일) 신호

입력 신호는 X로 표시해서 시작하고 출력신호는 Y로 표시해서 작성한다. 뒤에 붙이는 숫자는 해당번지(16진수)를 의미한다. MELSOFT의 특징 중의 하나가 타이핑 하기가 쉽게 단축키를 활용이 편리하도록 되어 있다.

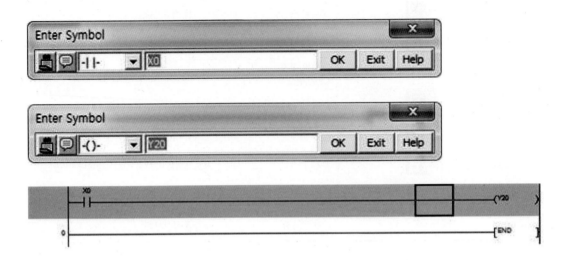

[Compile] - [Build] 메뉴(F4)를 이용해서 Build할 수 있다. 이때 프로그램의 회색 표시가 없어진다. 변환하지 않을 경우 저장 시 프로그램이 사라지는 등 사소한 문제들이 발생할 수 있다. 이때 에러가 있는 경우 커서가 해당 래더 위치로 이동해 있다. 아래 그림과 같이 Compile이 완료되면 회색바가 없어진다.

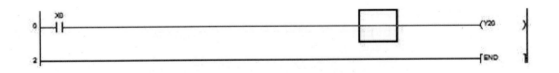

3.2 PLC의 디바이스와 파라미터

Edit Box에 표시하는 프로그램의 구성 시 사용되는 형상을 프로그램을 구성하는 디바이스 (접점, 코일 등)라고 할 수 있다. 즉, 위의 그림에서 Y20의 출력코일에서 Y를 디바이스 기호라고 하고 20을 디바이스 번호라고 한다.

디바이스의 종류		내 용	비 고
X	입력	누름 버튼, 전환 스위치, 리미트 스위치, 디지털 스위치 등의 외부기기에 의해 PLC에 지령이나 데이터를 주기 위한 것.	
Y	출력	솔레노이드, 전자 개폐기, 신호등, 디지털 표시기 등에 프로그램의 제어 결과를 외부에 출력하는 것.	
M	내부 릴레이	외부에 직접 출력할 수 없는 PLC 내부의 보조 릴레이.	
L	래치 릴레이	외부에 직접 출력할 수 없는 PLC 내부의 보조 릴레이로, 정전 유지를 할 수 있다.	
B	링크 릴레이	데이터 링크용 내부 릴레이로, 외부에 출력할 수 없다. 링크 초기화 정보 설정에서 설정하지 않은 범위는 내부 릴레이로 사용할 수 있다.	
F	어넌시에이터	고장 검출용에서 미리 고장 검출 프로그램을 작성해 놓고 RUN 중에 ON 하면, 특수 레지스터 D에 번호가 저장된다.	
V	에지 릴레이	래더 블록의 선두부터의 연산 결과(ON/OFF 정보)를 기억하는 내부 릴레이다.	
SM	특수 릴레이	CPU 상태가 저장되어 있는 내부 릴레이다.	
SB	링크용 특수 릴레이	데이터 링크용 내부 릴레이로, 통신 상태·이상 검출을 나타내는 릴레이다.	
FX	평션 입력	서브 루틴 프로그램에서 인수 부착 서브 루틴 호출 명령으로 지정한 ON/OFF 데이터를 수신하는 내부 릴레이다.	
FY	평션 출력	서브 루틴 프로그램에서의 연산 결과(ON/OFF 데이터)를 서브 루틴 프로그램 호출 소스로 넘겨주는 내부 릴레이다.	

비트 디바이스 (주로 ON, OFF 신호 취급)

디바이스의 종류		내 용	비 고
T(ST)	타이머	덧셈식 타이머로, 저속 타이머, 고속 타이머, 저속 적산 타이머, 고속 적산 타이머의 4종류가 있다.	
C	카운터	덧셈식으로 시퀀스 프로그램에서 사용하는 카운터와 인터럽트 시퀀스 프로그램에서 사용하는 인터럽트 카운터의 2종류가 있다.	
D	데이터 레지스터	PLC의 데이터를 저장하는 메모리이다.	
W	링크 레지스터	데이터 링크 시의 데이터 레지스터이다.	
R	파일 레지스터	데이터 레지스터의 확장용에서 표준 RAM 또는 메모리 카드를 사용한다.	
SD	특수 레지스터	CPU 상태가 저장되어 있는 레지스터이다.	
SW	링크용 데이터 레지스터	데이터 링크용 데이터 레지스터로, 통신 상태·이상 내용을 저장하는 데이터 레지스터이다.	
FD	평션 레지스터	서브 루틴 호출 소스와 서브 루틴 프로그램 간의 데이터 교환에 사용한다.	
Z	인덱스 레지스터	디바이스(X, Y, M, L, B, F, T, C, D, W, R, K, H, P)의 수식용으로 사용한다.	

워드 디바이스(주로 16비트(1워드) 데이터 취급, ~·*로 비트지정도 가능)

디바이스의 종류		내용	비고
N	네스팅	마스터 컨트롤의 네스팅(네스트 구조)을 나타낸다.	
P	포인트	분기 명령(CJ, SCJ, CALL, JMP)의 점프 위치를 나타낸다.	
I	인터럽트용 포인터	인터럽트 요인이 발생하였을 때 인터럽트 요인에 대응하는 인터럽트 프로그램에 대한 점프 위치를 나타낸다.	
J	네트워크 No. 지정 디바이스	데이터 링크용 명령으로, 네트워크 No.를 지정하는 경우에 사용하는 디바이스이다.	
U	I/O No. 지정 디바이스	인텔리전트 기능 모듈 전용 명령으로, I/O No.를 지정하는 경우에 사용하는 디바이스이다.	
K	10진 상수	타이머 · 카운터의 설정값, 포인터 번호, 인터럽트 포인터 번호, 비트 디바이스의 자리 지정, 기본 명령, 응용 명령의 수치 지정에 사용한다.	
H	16진 상수	기본 명령, 응용 명령의 수치 지정에 응용한다.	
E	실수 상수	명령에 실수를 지정하는 경우에 사용한다.	
"String"	문자열 상수	명령에 문자열을 지정하는 경우에 사용한다.	
Jn/X			비트디바이스 (O N , O F F 취급)
Jn/Y	링크 다이렉트 디바이스	네트워크 모듈의 링크 디바이스에 직접 액세스할 수 있는 디바이스이다(리프레시 파라미터 설정 불필요).	
Jn/B			
Jn/SB			
Jn/W			워드 디바이스 (데 이 터 , 16비트)
Jn/SW			
Un/G	인텔리전트 기능 모듈 디바이스	인텔리전트 기능 모듈의 버퍼메모리에 직접 액세스하는 디바이스이다.	

3.3 PLC Parameter 설정

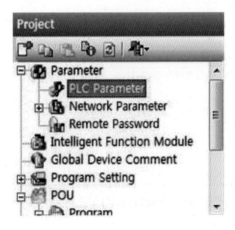

프로젝트뷰의 "Parameter"⇒"PLC Parameter"를 더블 클릭하면, Q 파라미터 설정 화면이
표시된다.

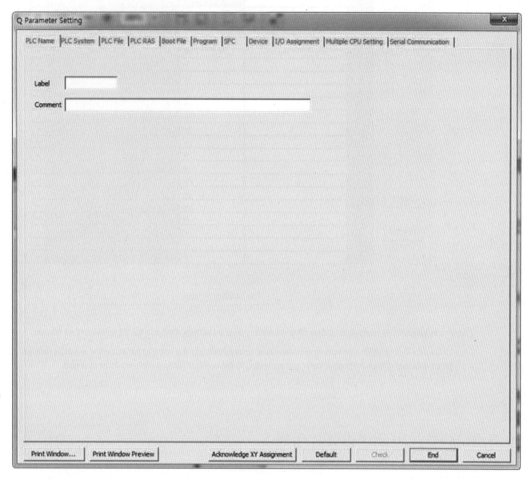

설정 완료 후에는 End 을 클릭하여 설정을 완료한다.

다음의 몇 가지 파라미터만 소개하도록 한다. Program 은 여러 개의 프로그램을 구성해서
사용하고자 할 때 설정이 가능한 부분이다. 여러 개의 프로그램이 있을 경우 각각의 프로그램에
해당 실행 조건을 설정할 수 있다.

기타 나머지 파라미터의 경우 직접 사용하면서 알아보도록 한다. 또한 Network Parameter 는
Ether Net을 설정하는데 활용하는 Ethernet / CC IE / MELSECNET 와 CC-Link가 있다.

When operating POU in navigation window after completing program setting, the behavior will be the one as follows:

- When data was deleted: A column for program name corresponding to the one in program setting would be deleted.
- When data was changed: Program name corresponding to the one in program setting would be changed.

4. 프로그램을 통한 기본명령어 이해

4.1 자기유지회로

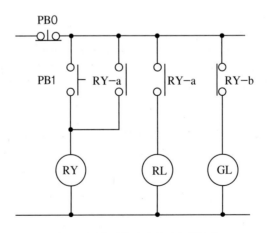

자기유지회로의 시퀀스 회로도

회로도는 자기유지회로를 시퀀스도를 이용해서 나타낸 것이다. PB1의 동작으로 릴레이 코일 RY 가 여기되면 스스로의 접점 RY-a에 의해 전원을 공급 받음으로서 PB1의 푸쉬버튼 스위치의 접점이 Off된 후에도 지속적으로 동작하고 있다. 이런 회로를 자기보호회로라 한다. Off 를 위해서는 PB0의 B접점 스위치를 1회 On/Off 하면 전체적으로 Off된다. 이곳 챕터에서 사용한 시퀀스 회로도는 수업의 연속성을 위해서 한국산업인력공단 출판시퀀스제어 도면을 참고했다.

다음 그림과 같은 기능을 하는 PLC 프로그램을 해 보이도록 한다.

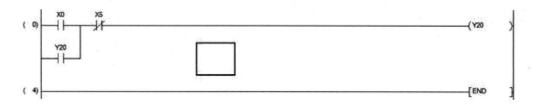

X0는 시퀀스 회로의 PB1의 A접점 기능에 해당되고, X5는 시퀀스 회로의 PB0의 B접점 스위치에 해당된다. 그리고 Y20은 릴레이 코일에 해당된다. 이것을 좀 더 보기 편하게 정리해 본다. 아래 그림의 "0"번 Step의 M0는 시퀀스 회로의 RY에 해당되고 그 이후로 입력측 "M0"는 순서대로 차체 RY-a, RL 램프 구동용 RY-a 그리고 마지막으로 B접점 "M0"는 GL 램프 구동용 RY-b에 해당된다. 또한 Y20은 RL 램프이고, Y21은 GL 램프이다.

4.2 AND 회로

다음 시퀀스 회로도는 AND 회로도이다. 회로도를 분석하고 PLC 프로그램을 작성해 보도록
한다. 회로도에 대한 설명은 4.1과 유사하니 자세한 부분은 생략하도록 하겠다.

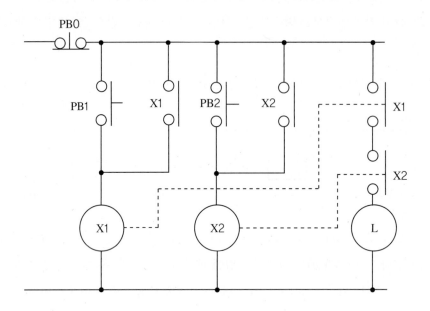

다음은 PLC 프로그램이다.

4.3 OR 회로

다음은 OR 회로도이다. 시퀀스 회로를 이해하고 PLC 프로그램을 작성해 보도록 한다.

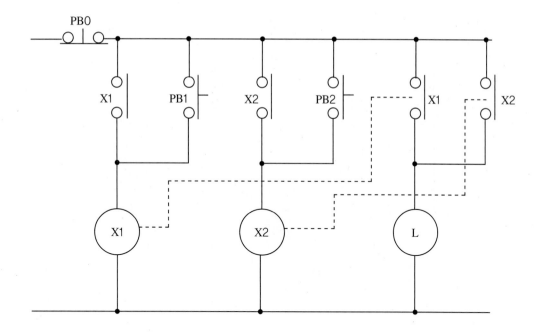

다음은 PLC 프로그램이다. 비교해 가면서 회로와 프로그램을 이해하도록 한다.

4.4 NAND 회로(논리합 부정회로)

다음 회로는 NAND 회로도이다. 시퀀스 회로도를 참고해서 PLC 프로그램을 작성하도록 한다.

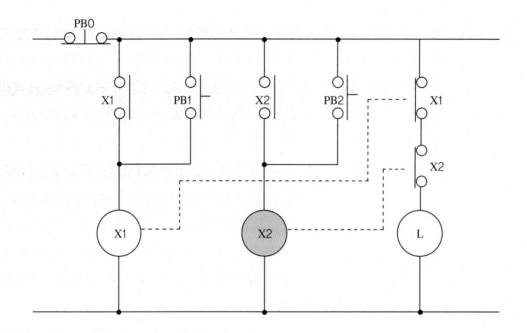

다음은 PLC 프로그램이다.

4.5 NOR 회로(논리적 부정회로)

다음 그림은 NOR 회로도이다. 시퀀스 회로도를 참고해서 PLC 프로그램을 작성하도록 한다.

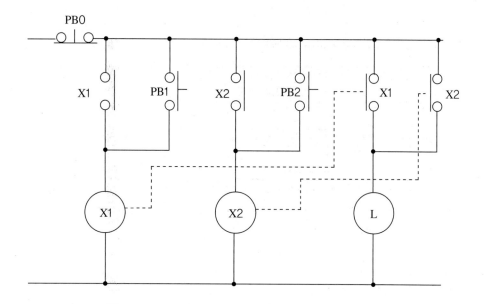

다음은 PLC 프로그램이다. 각각의 입출력 및 내부 코일을 대응해서 해석해보도록 한다.

4.6 EX-NOR 회로(일치 회로)

　다음은 EX-NOR 회로도이다. 다른 말로 하면 일치 회로이다. 두 입력이 일치할 경우에 출력을 확인할 수 있는 회로도이다. 특히 PC기반제어 관련 공부를 하다 보면 74LS688 IC의 내부를 공부한 경우가 있을 것이다. 여기에 프로그램의 어드레스와 하드웨어 어드레스를 맞추기 위해서 사용된 회로가 일치 회로이다. 관련 지식을 생각하면서 본 회로를 공부한다면 좀 더 편하게 이해될 것으로 본다.

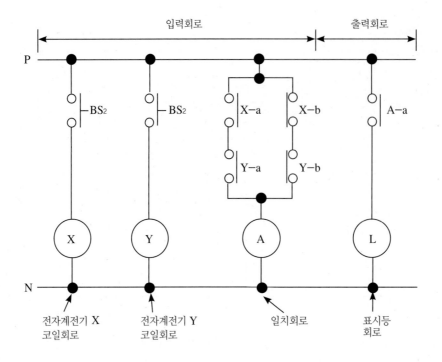

다음은 PLC 프로그램이다. 각각의 소자를 비교해 가면서 이해하도록 한다.

4.7 EX-OR 회로(반일치 회로)

다음은 EX-OR 회로이다. 두 입력이 다를 경우 출력을 확인할 수 있다.

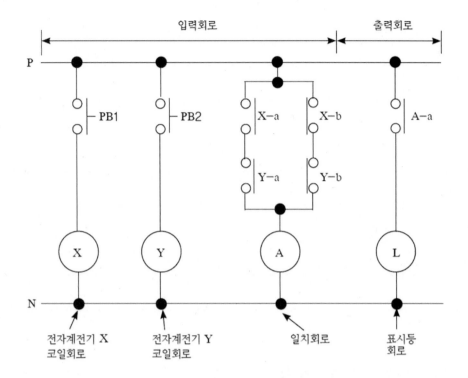

다음은 PLC 회로도이다. 각각의 소자를 비교하면서 확인하도록 한다.

또한 EX-OR 회로도를 이해했다면 여기서 응용을 하나 해보도록 한다. 바로 하나의 스위치로 토글 형태의 기능을 활용하는 응용 예이다. 유용하게 사용될 수 있으니 관심을 갖고 예제를 수행 및 분석해보도록 한다. 특별히 추가되는 명령어는 펄스 입력이다. 다음 그림을 참고한다.

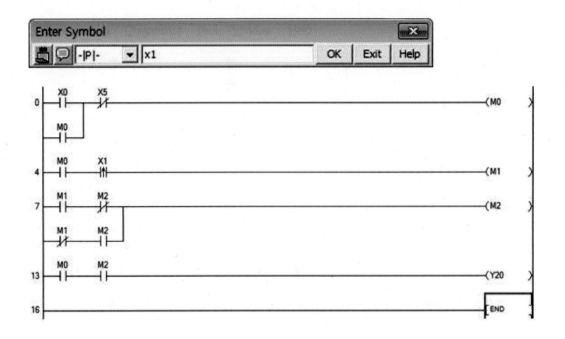

4.8 펄스 상승, 펄스 하강 출력

LDP, LDF, 펄스 연산 시작

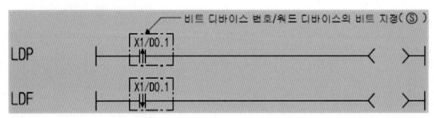

ⓢ : 접점으로 사용하는 디바이스

┤↑├는 펄스 상승 연산시작 명령으로, 지정 비트 디바이스의 펄스 상승 시(OFF→ON)에만 워드 디바이스의 비트 지정 시에는 지정이 0 →1으로 변화했을 때에만 ON한다. 이 명령은 ON 중 실행 명령의 펄스화 명령(MOVP 등)과 동일한다.

┤↓├는 펄스 하강 연산 시작 명령으로 지정 비트 디바이스의 펄스 하강 시(ON→OFF)에 ON한다.

워드 디바이스의 비트 지정 시에는 지정 비트가 1 → 0으로 변화했을 때 ON한다. 명령어를 사용한 프로그램이 없다 하더라도 참고하고 비교해서 이해하면 좀 더 편리하리라 본다.

다음 타이밍도를 보며 확인하면 보다 쉽게 이해될 것이다.

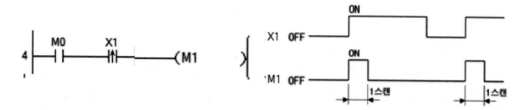

펄스 상승, 펄스 하강 출력(PLS, PLF)의 경우는 1스캔동안만 출력이 ON된다. 한 스캔이 무엇인지 이 책을 참고하는 독자라면 누구든 알 수 있을 것으로 생각한다. 입력 신호가 아무리 오랫동안 ON 상태를 유지한다 하더라도 변화가 없다. 오로지 1회임을 의미하는 1스캔동안의 출력으로 마무리한다. 예제를 통해서 깊이 있게 이해하도록 하자. 명령어에 P자가 붙어 있으면 기능이 모두 동일하다는 것을 이해하고 다음 단계로 넘어가도록 한다.

동작설명

PB(X0)를 ON했을 때 펄스상승(PLS) 명령을 실행하면 Y20을 1스캔동안 출력한다.

PB(X1)를 ON했을 때 펄스하강(PLF) 명령을 실행하면 Y21을 1스캔동안 출력한다.

PLS, PLF

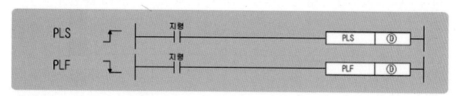

ⓓ : 펄스화하는 디바이스(비트)

예제 프로그램

PLS 지령의 OFF→ON 시에 지정 디바이스를 1스캔 ON하고, 그 이외(ON→ON, ON→OFF, OFF→OFF)일 때는 OFF 상태를 유지한다. 그러나 여기서는 그림으로 명령을 이해하는 형태이지 실제 출력을 눈으로 확인하기는 어렵다는 것을 이해해 주길 바란다. 1스캔은 너무 짧은 시간이므로 눈으로 확인하지 못할 수도 있기 때문이다.

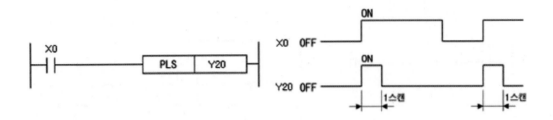

예제 프로그램

PLF 지령의 ON→OFF 시에 지정 디바이스를 1스캔 ON하고, 그 이외(OFF→OFF, OFF→ON, ON→ON)일 때에는 OFF 상태를 유지한다.

펄스 상승, 펄스 하강 출력(PLS, PLF) 명령 실행 후에 PLC의 RUN/STOP 키 스위치를 RUN→STOP으로 하고, 다시 RUN으로 해도 펄스 상승, 펄스 하강 출력(PLS, PLF) 명령은 실행되지 않는다.

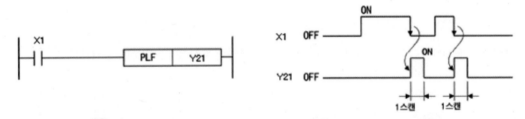

예제 프로그램

다음 프로그램을 확인하고 분석해 보도록 한다. 스위치 X0를 한 번씩 On/Off를 할 때마다 램프가 하나씩 On될 것이다. 응용해서 하나씩 Off 되는 과정도 진행하도록 한다.

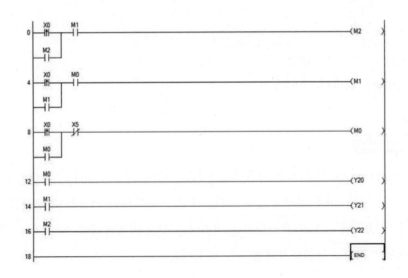

예제 프로그램 PULSE 구동 상승에지 회로구현

예제 프로그램 펄스구동 하강에지 회로구현

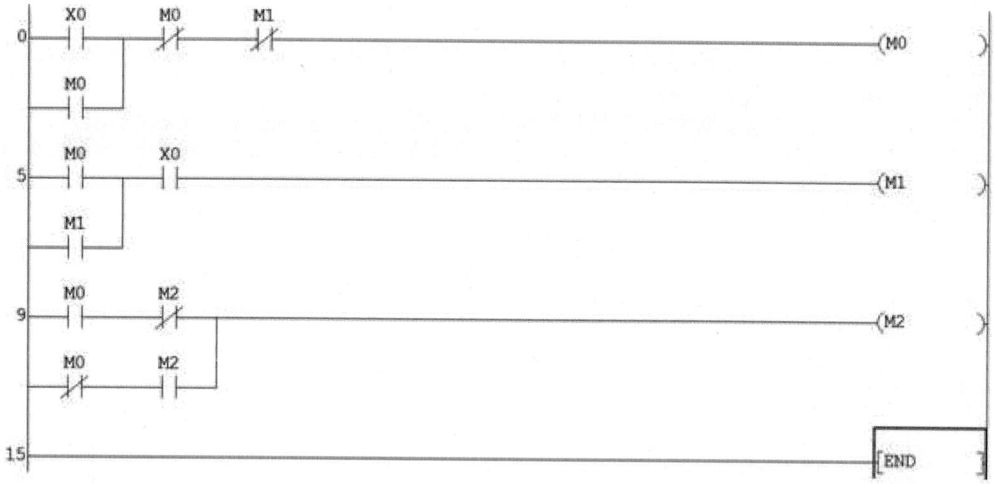

4.9 인터록 회로

다음은 인터록 회로도이다. 이 회로는 동시에 구동될 경우 문제가 되는 장치제어에 사용된다. 예를 들어, 모터의 정회전과 역회전은 동시에 진행될 수 없다. 이런 경우 동시 동작을 막기 위해서 이런 개념의 회로를 프로그램에 도입한다.

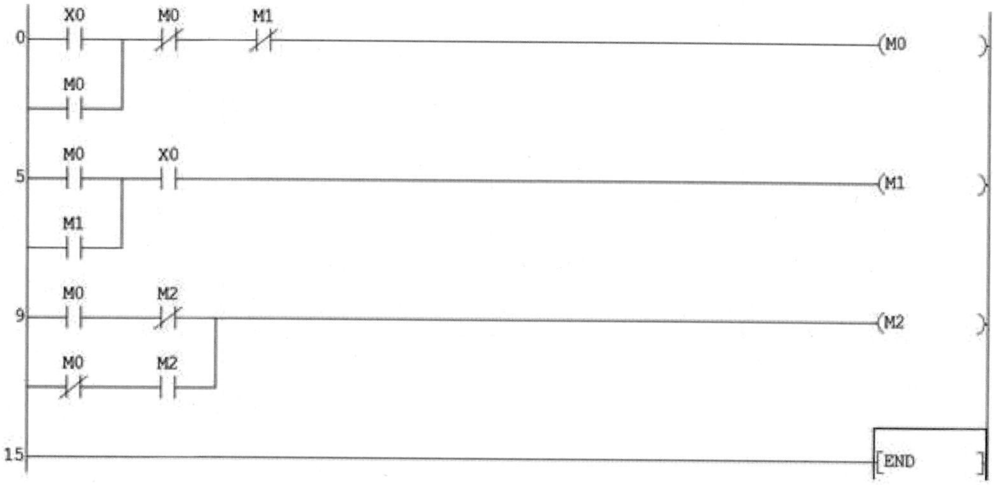

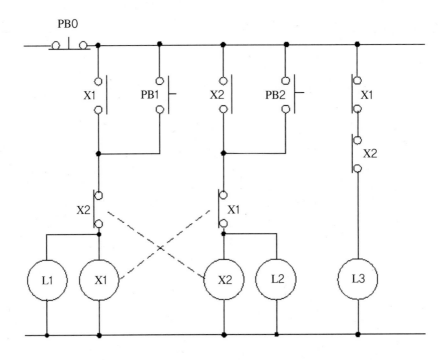

다음은 PLC 프로그램이다. 각각의 소자를 비교하면서 프로그램과 시퀀스 회로를 이해하도록 한다. 전체 화면과 프로그램을 나타내는 그림을 첨부하니 참고하기 바란다.

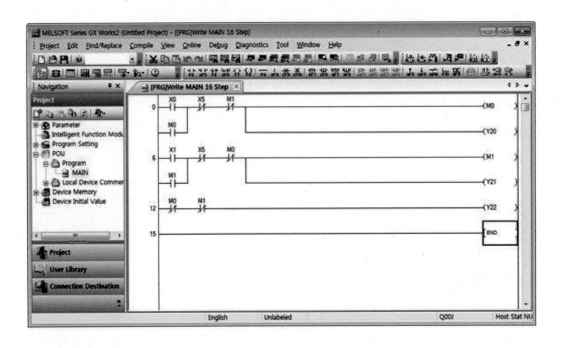

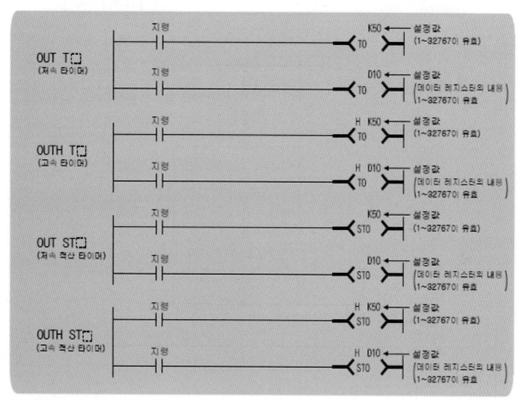

4.10 타이머 활용 회로

① : 타이머 번호

설정값 : 타이머의 설정값

다음 시퀀스도는 타이머 활용 회로도이다. 이 회로도는 설명이 필요할 듯 싶다. 타이머의 일반 접점과 타이머가 적용된 접점 두 종류가 사용되었기 때문에 좀 혼동스러울 수가 있다. 먼저 동작을 살펴본다.

먼저 PB1의 Push Button 스위치를 1회 On/Off하면 타이머의 코일로 전원이 공급되어 동작을 시작하고, 이때 타이머가 적용되지 않은 접점 "T-a"를 통해서 전원 신호를 직접 공급받아 자기유지를 하게 된다. 전기적인 타이머에는 이와 같은 접점을 갖고 있다. PLC 프로그램에서는 "M0"가 이 역할을 한다. 아래와 같은 일반 타이머는 10분의 1초 타이머이다. 즉, "K30"은 3초를 의미한다. 그리고 "K"는 상수를 사용할 때 접두어로 반드시 사용되어야 한다.

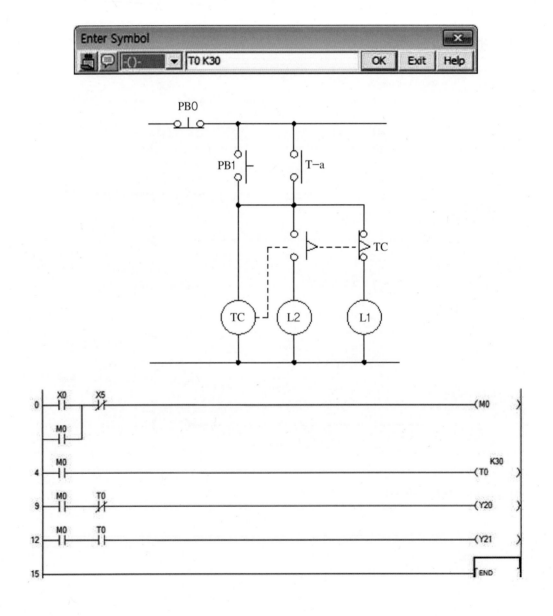

고속 타이머 적용 PLC 프로그램을 다음 그림에 소개한다. 고속 타이머는 100분의 1초이다. 다음 그림과 같이 타이핑해 주면 고속 타이머로 사용될 수 있다.

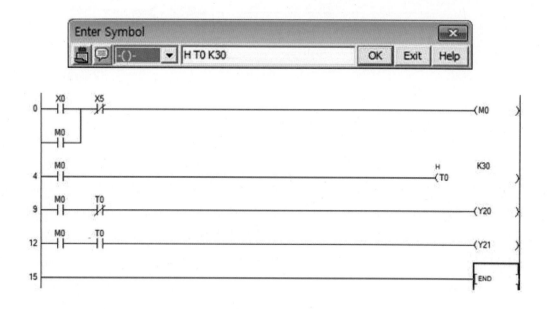

온 지연 타이머(On Delay Timer) 접점은 코일 여자 후 설정 시간만큼 늦게 동작한다. 앞에서도 언급했지만 다시 정리하면 타이머 설정값은 K1~K327687까지이다. 여기서 저속(100 ms) 타이머는 0.1~3276.7초이고, 고속(10ms) 타이머는 0.01~327.67초의 범위에서 동작이 가능하다. 본 PLC의 타이머 종류는 다음 표와 같이 4가지이다.

종 류	타이머 번호 (초기값)
저속 타이머 ········100ms 단위로 타임 카운트	초기값 TO~T2047(2048개)
고속 타이머 ········10ms 단위로 타임 카운트	
저속 적산 타이머 ··100ms 단위로 타임을 적산	초기값 0개
고속 적산 타이머 ··10ms 단위로 타임을 적산	(파라미터 에서 변경 가능)

4.11 카운터 사용

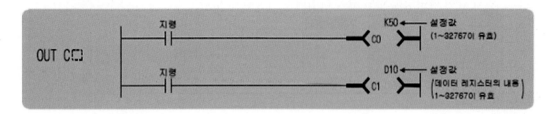

① : 카운터 번호

설정값 : 카운터 설정값

카운터의 사용은 아래 프로그램과 같다. 코일을 이용해서 카운터를 설정하고, 카운터 값을 리셋할 때는 ![F8] 을 이용한다. 입력 방법은 아래 그림과 같다. 카운터값은 설정값에 도달했을 때나 그 이상일 때의 출력을 보여주는 형태의 명령어이다. 타이머와 마찬가지로 카운터의 설정값은 10진수 정수(K)만 사용할 수 있으며, 카운터의 설정값에 16진 정수(H), 실수는 사용할 수 없다. OUT 명령까지의 연산 결과가 OFF→ON으로 변화했을 때 현재값(카운트값)을 +1하며, 카운트업(현재값=설정값)하면 a접점은 ON되고, b접점은 OFF된다. 또한 연산 결과가 ON 상태일 때는 더 이상 카운트되지 않고, 카운트업 이후는 RST 명령을 실행할 때까지 카운트값 및 접점의 상태는 변화하지 않고 유지된다. 타이머와 마찬가지로 설정값에 마이너스인 수(−32768~−1)는 설정할 수 없으며, 설정값이 0인 경우는 1과 동일하게 처리한다. 카운터의 설정값의 범위는 K0 ~ K32767까지이다.

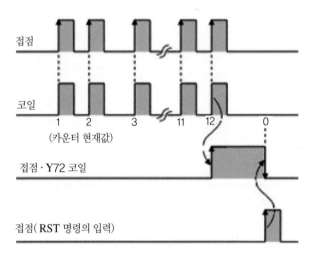

카운터 동작 타이밍 챠트

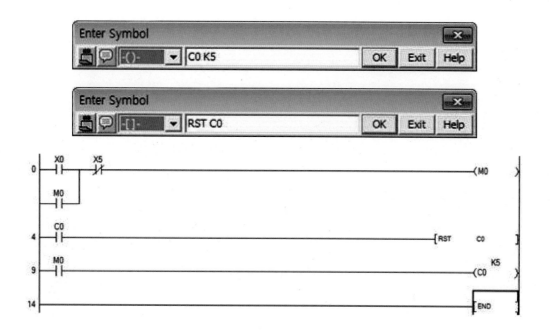

예제 프로그램

C10의 설정값을 X0이 ON했을 때 10으로, X1이 ON했을 때 20으로 하는 프로그램을 작성한다.

4번스텝 : X1 On될 때 10을 Data 레지스터 D0에 저장한다.

8번스텝 : X2 On될 때 20을 Data 레지스터 D0에 저장한다.

17번스텝 : C0은 Data 레지스터 D0에 저장된 데이터를 설정값으로 하여 카운트한다.

22번스텝 : C0의 카운트 결과에 따라 Y20이 ON된다.

12번스텝 : C0의 카운트 결과에 따라 C0의 결과 숫자값을 리셋한다.

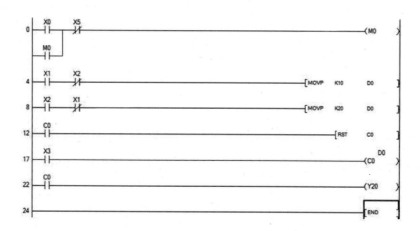

4.12 디바이스의 세트, 리세트

SET

ⓓ : 세트(ON)할 비트 디바이스 번호/워드 디바이스의 비트 지정

RST

ⓓ : 리세트할 비트/워드 디바이스 번호, 워드 디바이스의 비트 지정

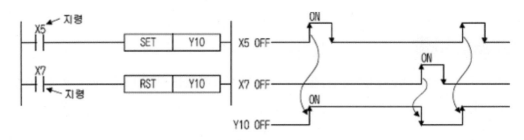

SET F, RST F, 어넌시에이터 세트, 리세트

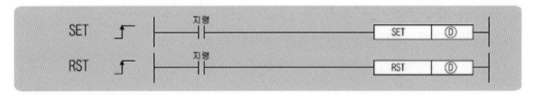

SET ⓓ : 세트할 어넌시에이터 번호(F 번호)

RST ⓓ : 리세트할 어넌시에이터 번호(F 번호)

예제 프로그램

　X1이 ON되면 어넌시에이터의 F11을 ON하고, 특수 레지스터(SD64~SD79)에 11을 저장하며, X2가 ON되면 어넌시에이터 F11을 리세트하고, 특수 레지스터(SD64~SD79) 내의 11을 삭제하는 프로그램이다.

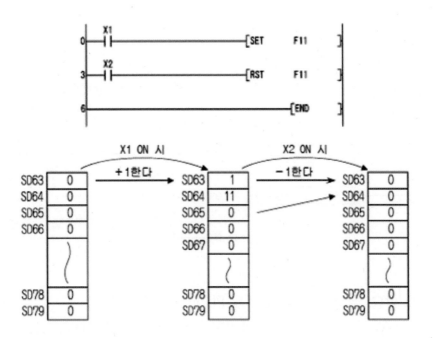

디바이스 세트(SET), 리세트(RST) 명령은 토글 형태의 출력 값을 유지 할 수 있도록 구성된 것이다. 세트(SET)처리하면 출력이 ON 되고, 리세트(RST)처리하면 출력이 OFF된다. 다음 예제를 통해서 의미를 이해하는데 좀 더 도움을 얻도록 한다.

동작설명

PB(X0)를 ON/OFF 1회 했을 때 Y20을 세트(ON)하고, X1가 ON/OFF 1회 했을 때 Y20을 리세트(OFF)한다.

예제 프로그램

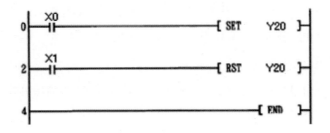

ON시킨 디바이스(여기서는 Y20을 의미함)는 SET 입력이 OFF로 되어도 ON 상태가 유지된다. SET 명령으로 ON한 디바이스는 리세트(RST) 명령으로 OFF할 수 있다.

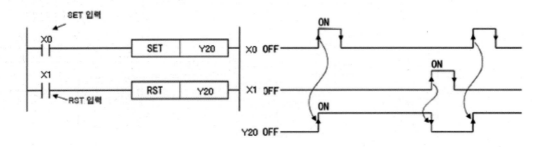

4.13 펄스 상승, 펄스 하강 출력(PLS, PLF)

펄스 상승, 펄스 하강 출력(PLS, PLF)의 경우는 1스캔동안만 출력이 ON된다는 사실이다. 한 스캔이 무엇인지 이 책을 참고하는 독자라면 누구든 알 수 있을 것으로 생각한다. 입력 신호가 아무리 오랫동안 ON 상태를 유지한다 하더라도 변화가 없다. 오로지 1회임을 의미하는 1스캔동안의 출력으로 마무리한다. 예제를 통해서 깊이 있게 이해하도록 하자.

동작설명

PB(X0)를 ON했을 때 펄스 상승(PLS) 명령을 실행하면 Y20을 1스캔동안 출력한다.

PB(X1)를 ON했을 때 펄스 하강(PLF) 명령을 실행하면 Y21을 1스캔동안 출력한다.

PLS 지령의 OFF→ON시에 지정 디바이스를 1스캔 ON하고, 그 이외(ON→ON, ON→OFF, OFF→OFF)일 때는 OFF 상태를 유지한다. 그러나 여기서는 그림으로 명령을 이해하는 형태이지 실제 출력을 눈으로 확인하기는 어렵다는 것을 이해해 주길 바란다. 1스캔은 너무 짧은 시간이므로 눈으로 확인하지 못할 수도 있기 때문이다.

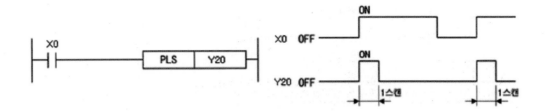

PLF 지령의 ON→OFF 시에 지정 디바이스를 1스캔 ON하고, 그 이외(OFF→OFF, OFF→ON, ON→ON)일 때에는 OFF 상태를 유지한다.

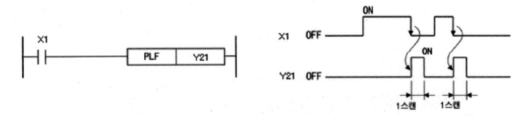

펄스 상승, 펄스 하강 출력(PLS, PLF) 명령 실행 후에 PLC의 RUN/STOP 키 스위치를 RUN→STOP으로 하고, 다시 RUN으로 해도 펄스 상승, 펄스 하강 출력(PLS, PLF) 명령은 실행되지 않는다.

4.14 MEP, MEF, EGP, EGF, INV

EGP, EGF, 에지 릴레이 연산 결과 펄스화

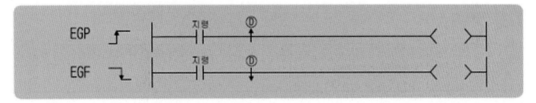

① : 연산 결과를 기억하는 에지 릴레이 번호

[MEP,MEF, 연산결과 펄스화, ↑/↓]

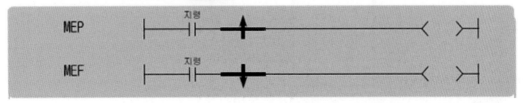

INV, 연산결과 반전,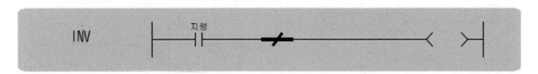

동작설명

아래와 같이 프로그램하고 PB(X0)을 눌러서 어떤 변화가 일어나는지 관찰한다.

X0   Y20

PLC 프로그램

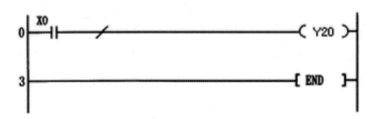

(INV) 명령 직전까지의 연산 결과를 반전한다. 좀 더 이해하기 쉽도록 도표를 이용하면 다음 표와 같고, 타이밍 차트를 이용해서도 이해할 수 있다. 그리고 이 반전 명령어를 이용해서 길게 느러진 OR 부분을 좀 더 편리하게 간략화할 수 있다. 예제를 통해서 이해하도록 한다.

INV 명령의 직전까지의 연산 결과	INV 명령 실행 후의 연산 결과
OFF	ON
ON	OFF

타이밍 차트

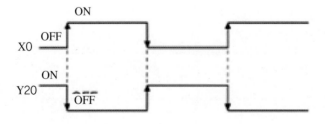

(INV) 명령은 INV 명령의 직전까지가 연산 결과로 작용하기 때문에, AND 명령과 동일한 위치에서 사용하면 된다. 즉, INV 명령은 LD, OR의 위치에서 사용할 수 없다. 그리고 다음과 같이 길게 느러진 OR 명령을 간략하게 한줄로 활용할 수 있다. 이는 디지털 공학에서 배우는 드모르강 법칙을 이용하면 좀 더 쉽게 이해할 수 있다. 반전명령을 이용해서 OR 회로를 구성하면 좀 더 편리하고 간결하게 프로그램을 구성할 수 있다. 드모르강 법칙을 이용해서 래더 다이어그램 프로그램을 아래와 같이 변형해 본다.

$$(Y20) = \overline{\overline{X1} \times \overline{X2} \times \overline{X3}} = \overline{\overline{X1}} + \overline{\overline{X2}} + \overline{\overline{X3}} = X1 + X2 + X3$$

일반적인 OR 회로

[(INV) 명령을 이용한 OR 회로]

FF, 비트 디바이스 출력 반전

$\textcircled{D}$: 반전 하고자 하는 디바이스의 번호

실행 지령이 OFF → ON 시에 $\textcircled{D}$로 지정된 디바이스 상태를 반전한다.

예제 프로그램 X9가 ON되면 Y10의 출력을 반전시키는 프로그램

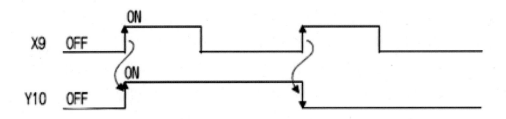

4.15 인덱스 레지스터 Z 사용 방법

인덱스 레지스터는 디바이스 번호를 간접 지정하고 싶을 때 사용한다. 즉 직접 지정하고 있는 디바이스 번호에 인덱스 레지스터의 내용을 더한 디바이스 번호로 지정할 수 있다.

$$\text{D0Z0} \longrightarrow \underset{\text{디바이스 번호}}{\text{이것은 D}(0+Z0)}$$

여기서 Z0이 "0"일 때는 D0를 의미한다. 만약 Z0의 값이 15일 때는 D15가 된다. 인덱스 레지스터는 Z0~Z19를 사용할 수 있다. 인덱스 레지스터에서 Z0는 하나의 변수라 생각하면 되고 이 변수는 16비트로 구성된 워드 디바이스이다. 따라서 −32768~+32768까지 사용할 수 있다. 인덱스 레지스터가 사용가능한 디바이스는 다음 표와 같다.

순번	구분	디바이스명	실예
1	비트 디바이스	X,Y,M,L,S,B,F,JnWX,JnWB,JnWSB	K4Y40Z0
2	워드 디바이스	T,C,D,R,W,JnWW,JnWSW,JnWG	D0Z0
3	상수		K100Z0
4	포인터		

디바이스	내용	사용 예
T	· 타이머의 접점, 코일에는 Z0, Z1만 사용 가능	T0Z0 ─┤╱├─ ─< K100 >─ T1Z1
C	· 카운터의 접점, 코일에는 Z0, Z1만 사용 가능	C0Z1 ─┤╱├─ ─< K100 >─ C1Z0

4.16 파일레지스터 R 사용방법

파일레지스터(R)는 데이터레지스터(D)와 같이 16비트로 구성된 레지스터이다. QCPU의 표준램, 메모리카드(SRAM 카드, FLASH카드)에 설정한다. FLASH 카드에 저장된 레지스터는 프로그램에서는 읽기만 가능하여 데이터 변경은 할 수 없다.

파일레지스터는 데이터를 유지하고 있으므로 전원을 OFF하거나 리셋해도 데이터는 클리어되지 않는다. 따라서 클리어 하기 위해서는 MOV(P) 등을 이용하거나 파라미터 셋팅을 이용해야 한다. 파일레지스터는 파라미터에서 1K점(1024점) 단위로 설정한다. 설정 방법은 다음 그림과 같다.

①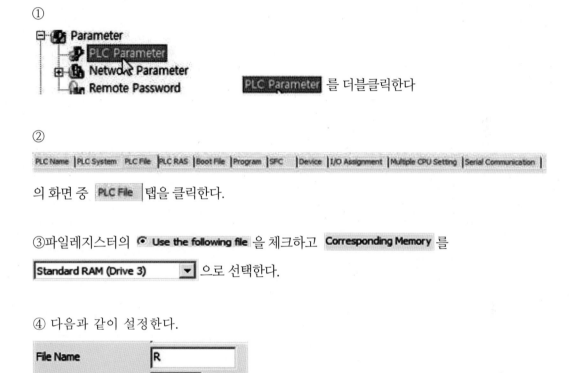

PLC Parameter 를 더블클릭한다

② 의 화면 중 PLC File 탭을 클릭한다.

③파일레지스터의 ⦿ Use the following file 을 체크하고 Corresponding Memory 를
Standard RAM (Drive 3) ▼ 으로 선택한다.

④ 다음과 같이 설정한다.

File Name	R
Capacity	32 K Points
	(1K--4086K Points)

⑤ 설정완료 후 [End] 버튼을 클릭한다. 그리고 다음 STEP에서 [예(Y)] 버튼을 클릭한다.

⑥ 다음은 설정내용을 PLC로 다운로드한다. [OnLine] → [Write to PLC]를 선택하여 온라인 데이터 조작 대화상자를 표시하고, "PLC Data"에서 "Parameter"를 선택하고 "Execute"를 클릭하여 파라미터를 PLC로 다운로드한다.

5.1 마스터 콘트롤(MC, MCR)

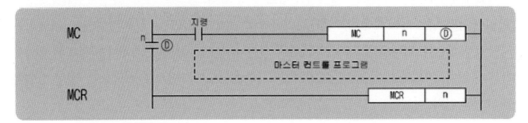

n : 네스팅(N0~N14)

Ⓓ : ON되는 디바이스 번호

MC

마스터 컨트롤 시작 명령으로 MC 명령의 실행 지령이 ON되면 MC 명령에서 MCR 명령 사이의 연산 결과는 멸령(래더프로그램)이 보여진 상태 그대로 유지 된다. MC 명령 실행이 OFF일 때의 MC 명령에서 MCR 명령 사이의 연산 결과는 다음 표과 같다.

디바이스	디바이스 상태
고속타이머, 저속타이머	카운트값은 0, 코일·접점은 모두 OFF
고속·저속 적산 타이머, 카운터	코일은 OFF되지만 카운트값, 접점은 모두 현재상태 유지
OUT 명령에 사용된 디바이스	모두 OFF
SET·RST·SFT 명령, 기본, 응용 명령에 사용된 디바이스	현재상태 유지

MCR

마스터 컨트롤의 해제 명령으로 마스터 컨트롤의 종료를 나타낸다.

마스터 컨트롤 명령은 다음 그림에서 보여준 것과 같이 사용되며, 회로의 공통 모선을 개폐함으로써, 효율성 높은 회로 전환용 시퀀스 프로그램을 작성할 수 있는 명령이다. 마스터 컨트롤 명령은 네스트 구조로 하여 사용할 수 있도록 구성된 명령어이다. 각각의 마스터 컨트롤 구간은 네스팅(N)으로 구별한다. 네스트 구조는 15개(N0~N14)까지가 가능하다. 네스트로

할 경우 MC 명령에서는 네스팅(N)의 작은 번호부터 사용되며, MCR 명령은 큰 번호부터 사용한다. 순번을 반대로 하면 네스트 구조로 되지 않기 때문에 QnACPU는 정상적인 연산을 할 수 없다. 예를 들면, MC 명령에서 네스팅을 N1→N0의 순서대로 지정하고, MCR 명령에서도 네스팅을 N1→N0의 순서대로 지정하면, 세로 모선이 교차하기 때문에 정상적인 마스터 컨트롤 회로가 되지 않는다. 아래 프로그램 그림을 통해서 이해하도록 하자.

GPP 회로 모드에서의 표시   실제의 작동 회로

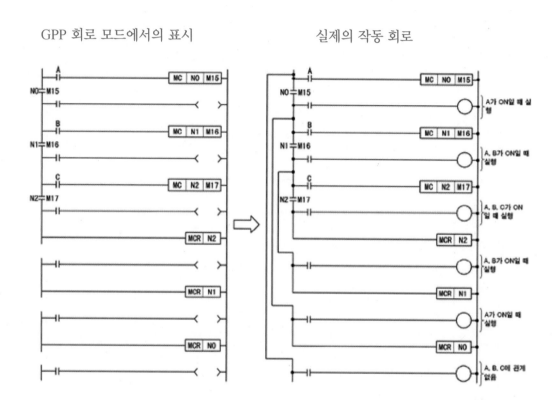

시리제 사용되는 예제 프로그램은 다음 그림과 같다. MC, MCR 문장은 C++ 언어에서 IF 문과 같이 동작한다는 것을 생각하면 좀 더 쉽게 이해될 것으로 본다.

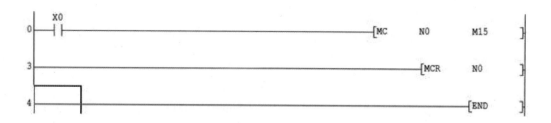

프로그램 설명

1. 시작 스위치 X0를 1회 On/Off 하면 Y20은 On된다. 그리고 Y21과 Y22가 교대로 깜박인다.

2. 스텝 21에 위치하는 X1의 입력이 있을 경우 마스터 컨트롤 기능의 동작이 가능하고 실질적으로 동작 횟수를 카운트한 값을 D10으로 전달하여 BCD로 표기하도록 되어 있다.

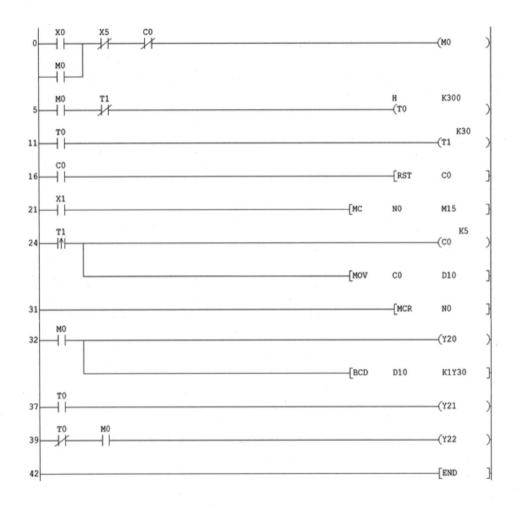

이 명령의 네스팅(N) 번호는 N0~N14까지 15개를 사용할 수 있다. 그리고 MC~MCR 사이의 프로그램의 디바이스 상태는 다음 표와 같다.

순번	내용	명령어	비고
1	모두 OFF	OUT 명령	
2	상태 유지	SET, RST, SFT명령, 카운터값, 적산타이머 값	
3	값이 0으로	100ms 타이머, 10ms 타이머	

5.2 전송명령(MOV, MOVP)

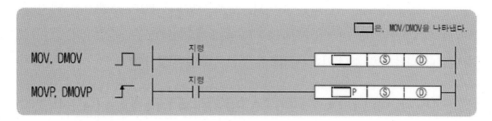

ⓢ : 전송 소스 데이터 또는 데이터가 저장되어 있는 디바이스 번호

ⓓ : 전송 대상 디바이스 번호

ⓢ로 지정된 디바이스의 16비트 데이터를 ⓓ로 지정된 디바이스에 전송하는 명령어이다. 이 명령어에 대한 연산 에러는 없다.

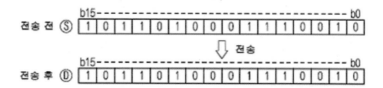

전송 명령인 MOV와 MOVP의 기능과 차이점을 이해하기 위한 부분으로서 예제를 통해서 이해를 돕도록 하자.

동작설명

X1 스위치를 ON하면 T0의 현재값이 D0에 전송되고 X3 스위치를 ON하면 C10의 현재값이 D1에 전송된다. X1 스위치를 ON하면 카운터 C10의 데이터가 지워진다.

PLC 프로그램

입력 조건이 "ON"으로 되면 타이머 T0의 현재값을 데이터 레지스터 D0으로 전송한다. 즉, 소스는 송신하는 곳이고, 목적지는 수신하는 곳이다. 프로그램에서 T0의 현재값은 레지스터에 2진수(BIN)로 저장되어 있다. 이것을 2진수로 데이터 레지스터 D0으로 전송한다. 전송 시에는 변환하지 않는다. 다음 그림은 더 쉽게 이해할 수 있도록 표시한 것이다.

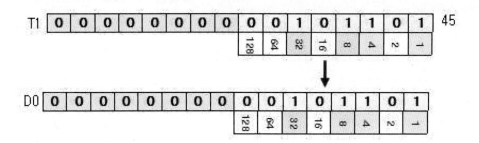

입력 조건이 "ON"으로 되면 10진수 157을 데이터 레지스터 D2로 전송한다. 데이터 레지스터 D2에는 2진수로 저장되며, 10진수(K)는 자동으로 2진수로 변환되어 전송된다.

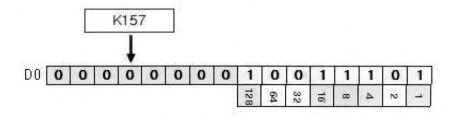

입력 조건이 X5가 "ON"으로 되면 16진수 4A9D를 데이터 레지스터 D3으로 전송한다.

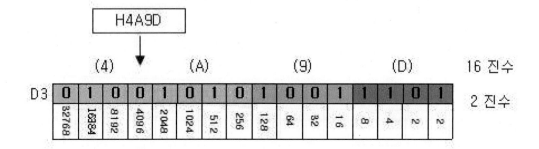

MOV와 MOVP의 차이점은 다음 그림과 같은 기능을 통해서 이해할 수 있다. 여기서 MOVP의 P는 펄스(pulse)의 P이다.

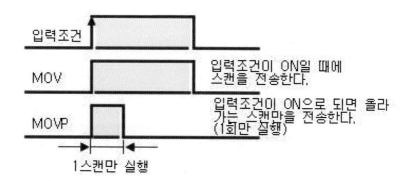

변화하는 데이터를 읽을 때는 MOV 명령을 사용하며, 데이터 설정이나 이상 발생 시의 데이터 불러오기 등과 같은 순간 전송에는 MOVP 명령을 사용하면 좋다. 아래 래더 프로그램은 모두 같은 기능을 한다.

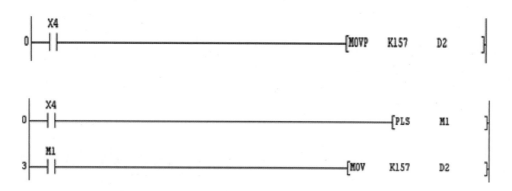

MOV(P), DMOV(P) 데이터 전송에 사용되는 명령어이다. 데이터 전송 시에 사용되는 유사 명령어로서 TO와 FROM 명령어도 있다. 여기서는 MOV(P), DMOV(P)에 대해서 좀 더 알아보도록 한다.

목적지 D 데이터가 워드 장치인 경우

　　　　소 스(S) : 송신 장치

　　　　목적지(D) : 수신 장치

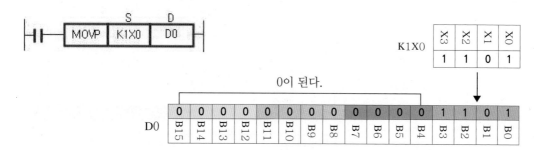

소스 데이터가 워드 장치인 경우

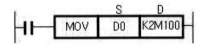

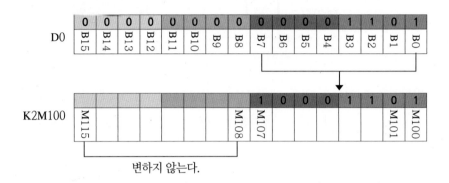

변하지 않는다.

소스 데이터가 정수인 경우

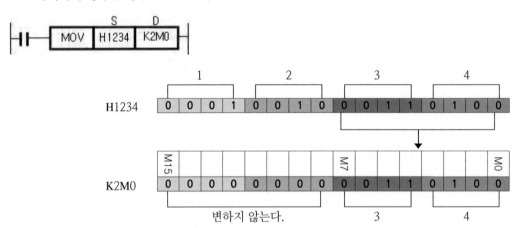

소스 데이터도 비트 장치인 경우

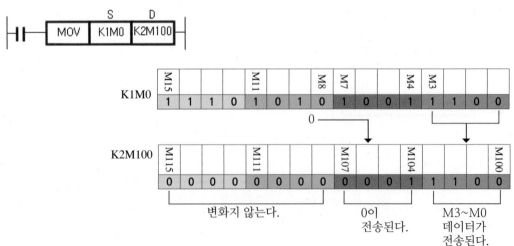

5.3 FMOV(P), BMOV(P) 동일 데이터의 일괄 전송

FMOV(P), 동일 16비트 데이터 블록 전송

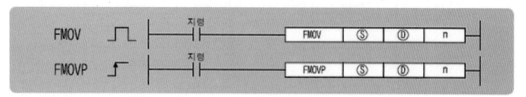

Ⓢ : 전송할 데이터 또는 전송하는 데이터가 저장되어 있는 디바이스의 선두 번호

Ⓓ : 전송 대상 디바이스의 선두 번호

n : 전송수

Ⓢ로 지정된 디바이스의 16비트 데이터를 Ⓓ로 지정된 디바이스부터 n점에 전송한다.

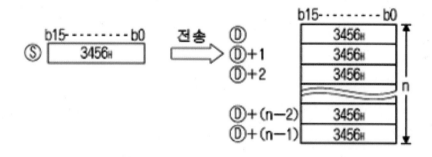

BMOV(P), 블록 16비트 데이터 전송

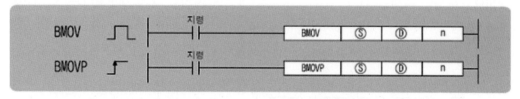

Ⓢ : 전송할 데이터가 저장되어 있는 디바이스의 선두 번호

Ⓓ : 전송 대상 디바이스의 선두 번호

n : 전송수

Ⓢ로 지정된 디바이스부터 n점의 16비트 데이터를 Ⓓ로 지정된 디바이스부터 n점에 일괄 전송한다.

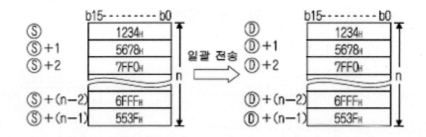

FMOV(P), BMOV(P) 명령을 사용하여 데이터의 변화를 알아보자. BMOV(P)는 블록으로 전송하는 형태이고, FMOV(P)는 동일 데이터 블록 전송을 실행한다. 아래 그림을 통해서 자세히 이해할 수 있을 것이다.

예제 프로그램

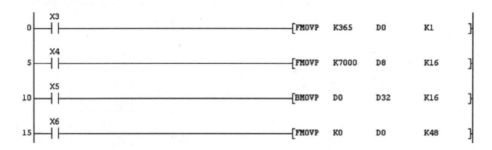

관계지식

〈FMOV〉

FMOV 명령은 입력 조건이 "ON"으로 되면 S에서 지정한 장치 내용을 D에서 지정한 n개의 장치로 전송한다. 여기서 S는 전송하는 데이터 또는 전송하는 데이터가 저장되어 있는 디바이스의 선두 번호이고, D는 전송상대 디바이스의 선두 번호이며, n은 전송수이다.

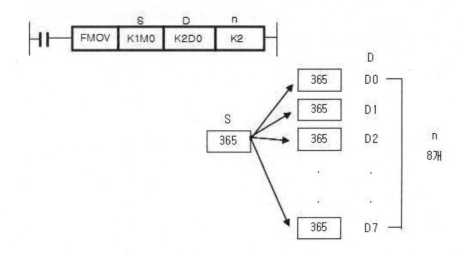

FMOV 명령은 대량의 데이터를 한 번에 삭제할 경우, 즉 일정한 값 예를 들면 "0"으로 셋팅할 경우에 편리하다.

〈BMOV〉

BMOV 명령은 입력 조건이 "ON"으로 되면 S에서 지정한 장치를 선두로 하여 장치에 저장되어 있는 n개의 데이터를 D에서 지정한 장치를 선두로 하는 n개의 장치로 일괄 전송한다.

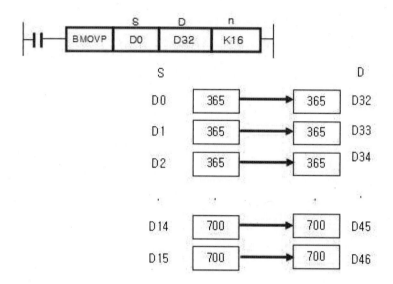

BMOV 명령은 다음과 같은 경우에 편리하다. 로그인 데이터 파일이나 귀중한 데이터(예: 자동 운전용 데이터, 측정 데이터 등)의 래치 영역으로의 대피 시 등이 해당된다. 예를 들어, 파라미터에서 정전 유지용으로 설정한 데이터 레지스터로 대피시켜 정전으로 인한 데이터 소멸을 방지할 수 있다.

5.4 BCD↔BIN 데이터 변환 명령

BCD(P), DBCD(P), BIN 데이터 → BCD 4자리/8자리 변환

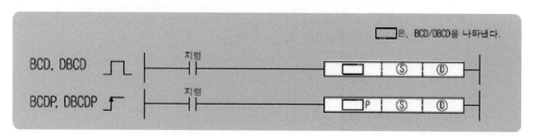

ⓢ : BIN 데이터 또는 BIN 데이터가 저장되어 있는 디바이스의 선두 번호

ⓓ : BCD 데이터가 저장되는 디바이스의 선두 번호

ⓢ로 지정된 디바이스의 BIN 데이터(0~9999)를 BCD으로 변환하여 ⓓ로 지정된 디바이스에 저장한다. DBCD 2워드(32비트) 명령어이다.

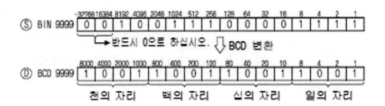

BIN(P), DBIN(P), BCD 4자리/8자리 → BIN 데이터 변환

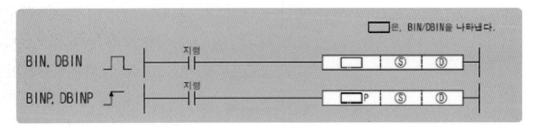

ⓢ : BCD 데이터 또는 BCD 데이터가 저장되어 있는 디바이스의 선두 번호

ⓓ : BIN 데이터가 저장되는 디바이스의 선두 번호

ⓢ로 지정된 디바이스의 BCD 데이터(0~9999)를 BIN으로 변환하여 ⓓ로 지정된 디바이스에 저장한다. DBIN 2워드(32비트) 명령어이다.

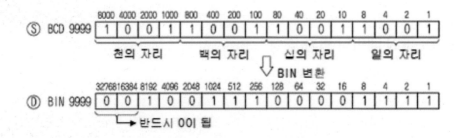

BCD로 나타내는 값을 Binary, 즉 2진수의 값으로 표현하도록 해주는 명령어이다. 구체적인 의미는 그림을 통해서 나타낼 것이니 참고해서 이해하도록 하자.

동작설명

X1 스위치를 ON하면 지정한 장치의 데이터를 디지털 스위치의 값을 지정한 D5에 BIN으로
변환하여 지정한 장치로 전송한다.

디지털 스위치(X10~1F)

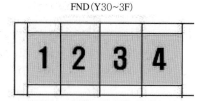
FND(Y30~3F)

예제 프로그램

```
   X1
───┤├──────────────────────────────────────[BIN    K4X 0    D5   ]

   X1
───┤├──────────────────────────────────────[MOV    K4X 0    D6   ]
```

참고로 K4X10에 있어서의 구분은 다음 그림과 같다. BCD 출력을 할 경우나 기타 한꺼번에
출력과 입력을 관리하고자 할 때 또는 값을 이용하고자 할 때 사용하면 편리할 것이다.

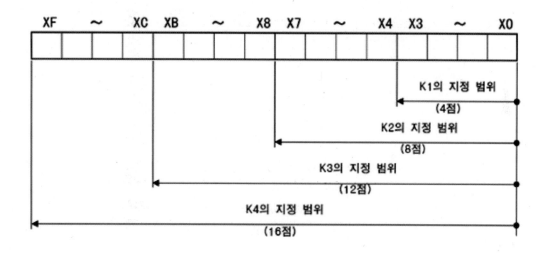

입력 조건이 "ON"으로 되면 변환명령에서 지정한 장치의 데이터를 2진화 10진수(BCD
코드)로 보고 2진수(BIN 코드)로 변환하여 지정한 장치로 전송한다. 다음 그림은 이해를 돕기
위해서 나타낸 그림이다. 십진수 하나의 비트는 이진수 4개의 비트에 해당된다는 것은 잘
이해하리라 생각한다. 명암으로 표시된 각 디지트의 구분을 확인하기 바란다.

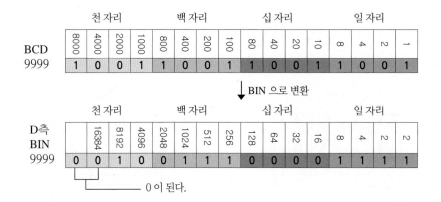

보통 디지털 스위치에서는 BCD 코드를 사용한다. 따라서 디지털 스위치의 데이터를 PLC로 전달할 때는 BIN 명령을 사용면 된다. BCD 값으로 "1234"인 것이 2진수 가중치값으로 보면 4660이 된다. 그러나 이를 BCD → BIN으로 변환하면 같은 값 "1234"로 변환해 준다.

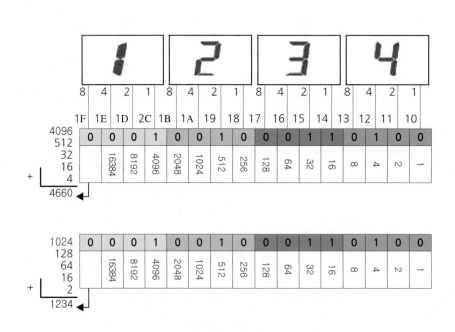

K4X10 이란?

□ 워드 장치 D(데이터 레지스터), T(타이머 현재값), C(카운터 현재값) 등은 1개가 16비트 (1워드)로 구성되어 있고, 원칙적으로 1개의 장치 사이에서 데이터를 전송한다.

□ 비트 장치(X, Y, M 등)도 16점이 모이면 워드 장치와 같은 크기의 데이터로 취급할 수 있다. 단 16개의 장치 번호가 연속해야 한다.

□ 비트 장치의 경우는 4점 단위로 데이터를 취급할 수 있다.

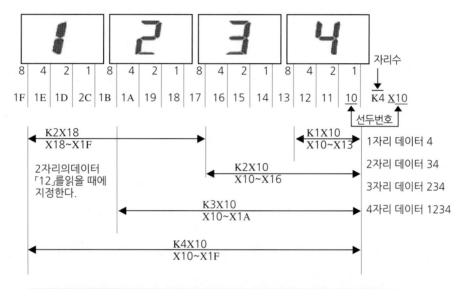

4점 단위로 연속한 장치일 경우 선두 장치는 어디라도 된다.

□ 다른 비트 장치의 데이터도 위와 같이 할 수 있다.
내부 릴레이 M

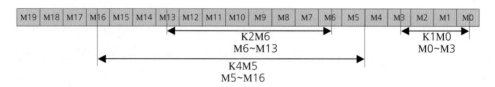

5.5 BIN→BCD 데이터 변환 명령

앞에서 설명한 BCD→BIN 명령과는 반대로 Binary Data를 BCD(2진화 10진코드)로 변환해 주는 명령어이다. 그림과 예제를 통해서 이해하도록 한다.

동작설명

입력(X1) 조건이 ON되고 지정한 장치의 데이터를 2진수(BIN 코드)로 보고 2진화 10진수(BCD 코드)로 변환하여 지정한 장치로 전송한다.

디지털 스위치(X10~1F)   FND(Y30~3F)

PLC 프로그램

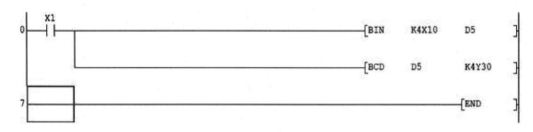

관계지식

대부분의 디지털 표시기에서는 BCD 코드로 숫자를 표시한다. 따라서 PLC의 데이터(타이머나 카운터의 현재값, 연산 결과인 데이터 레지스터의 값)를 표시할 때 사용한다.

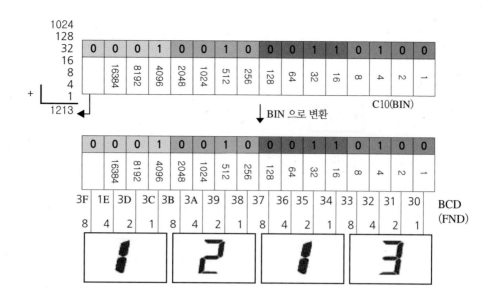

BCD 명령을 사용해 표시할 수 있는 범위

BCD 명령에서는 표시할 데이터(BIN→BCD의 데이터)가 0~9999일 때 가능하다. 이외의
값이면 오류가 발생한다(오류 코드 50 : OPERATION ERROR).

예를 들어, 설정값이 9,999를 넘는 타이머 현재값을 표시할 때에는 DBCD 명령을 사용한다.
이러한 경우에는 99,999,999까지의 숫자를 취급할 수 있다.

5.6 사칙연산 명령(덧셈, 뺄셈)

+ (p) 비트 데이터의 덧셈
− (p) 비트 데이터의 뺄셈

동작설명

덧셈, 뺄셈 명령을 사용하여 연산 프로그램을 연습한다.

PLC 프로그램

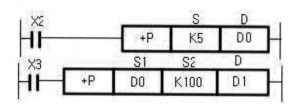

입력 조건이 "ON"으로 될 때마다 S 에서 지정한 장치 내용에 D에서 지정한 장치 내용을 더해 결과를 D의 장치에 저장한다.

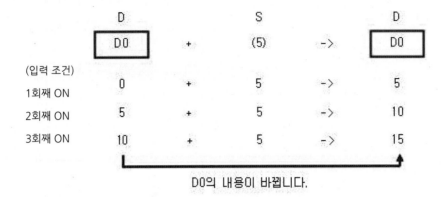

D0의 내용이 바뀝니다.

입력 조건이 "ON"으로 되면 S1에서 지정한 장치 내용과 S2에서 지정한 장치 내용을 더해 결과를 D 의 장치에 저장한다.

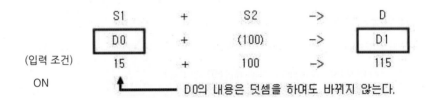

D0의 내용은 덧셈을 하여도 바뀌지 않는다.

주 의

덧셈 및 뺄셈 명령에는 반드시 ┌ +P ┐ ┌ -P ┐ 을 사용해야 한다.

┌ +P ┐ ┌ -P ┐ 로는 스캔마다 연산을 실행할 수 없다. 단 미리 펄스화한 조건이라면 괜찮다.

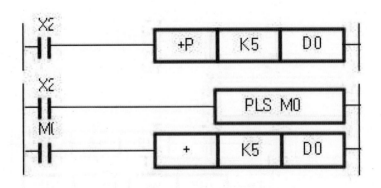

참 고

덧셈 및 뺄셈 처리에서 다음 명령은 같은 기능을 수행한다.

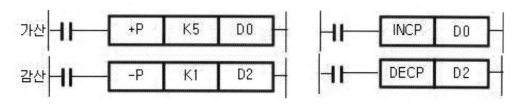

감산 예

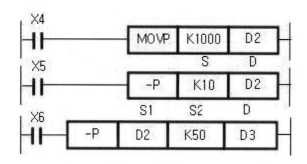

입력 조건이 "ON"으로 될 때마다 D에서 지정한 장치 내용에서 S 에서 지정한 장치
내용을 빼서 결과를 D 의 장치에 저장한다.

D		S		D
D2	–	(10)	->	D2
1000	–	10	->	990
990	–	10	->	980
980	–	10	->	970

D0의 내용이 바뀝니다.

입력 조건이 "ON"으로 되면 S1에서 지정한 장치 내용에서 S2 에서 지정한 장치
내용을 빼서 결과를 D 의 장치에 저장한다.

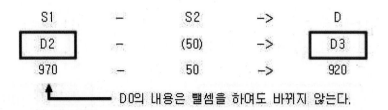

S1	–	S2	->	D
D2	–	(50)	->	D3
970	–	50	->	920

↑ ──── D0의 내용은 뺄셈을 하여도 바뀌지 않는다.

5.7 사칙연산 명령(곱셈, 나눗셈)

* (P) BIN16비트 곱셈

/ (P) BIN16비트 나눗셈

동작설명

곱셈, 나눗셈 명령을 사용하여 연산 프로그램을 연습한다.

PLC 프로그램

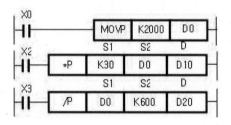

입력 조건이 "TON"으로 되면 S1에서 지정한 장치 내용과 S2에서 지정한 장치 내용을 곱해 그 결과를 D 에서 지정한 장치에 저장한다.

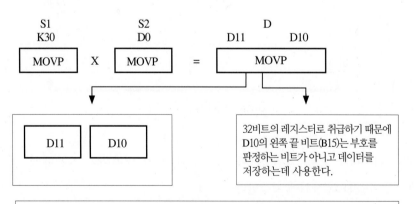

* (P) 명령으로 얻은 연산 결과를 이용하여 프로그래밍할 때는 32비트 명령으로 해야 한다(예를 들어, DMOV 명령, DBCD 명령 등).

입력 조건이 "ON"으로 되면 S1 에서 지정한 장치 내용을 S2 에서 지정한 장치 내용으로 나누어 그 결과를 D 에서 지정한 장치에 저장한다.

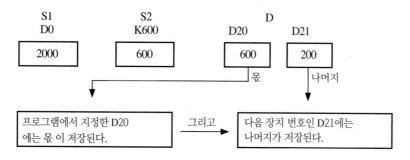

나눗셈의 결과에서 소수점 이하의 수치는 버린다.

D 를 비트 장치로 설정한 경우에는 몫은 저장되지만 나머지는 저장되지 않는다.

음수는 다음과 같이 취급한다.

예) $-5 \div (-3) = 1$나머지 -2

　　$-5 \div (-3) = -1$나머지 -2

0 으로 나누거나 0을 나누면 다음과 같이 된다.

예) 　$0 \div 0$ ⎤

　　　$1 \div 0$ ⎦　　오류 "OPERATION ERROR"

　　　$0 \div 1$ 　　　몫과 나머지가 모두 0

32비트 데이터 명령과 그 필요성

Q 시리즈 PLC의 데이터 메모리는 16비트로 구성된 1워드 단위의 메모리이다. 따라서 전송이나 비교, 연산에서는 보통 1워드 단위로 처리한다.

Q 시리즈 PLC에서는 2워드(32비트) 단위도 취급할 수 있다. 이러한 경우는 각 명령의 선두에 2워드를 의미하는 "D"를 붙인다. 아래의 예를 참조하면 편리하다.

데이터＼명령	1워드	2워드
	16비트	32비트
전송	MOV(P) BIN(P) BCD(P)	DMOV(P) DBIN(P) DBCD(P)
비교	〈, 〉, 〈=, =〉, =, ◇	D〈, D〉, D〈=, D〉=, D=, D◇
연산	+ (P) − (P) * (P) / (P)	D+ (P) D− (P) D* (P) D/ (P)

(계속)

취급 가능한 수치 범위	−32,768 ~ 32,767 (0 ~ 9,999) () 안은 BIN(P), BCD(P) 명령일 때	−2,147,483,648 ~ 2,147,483,648 (0 ~ 99,999,999) () 안은 DBIN(P), DBCD(P) 명령일 때
사리 시정에서 가능한 범위	K1 ~ K4	K1 ~ K8

취급하는 데이터의 크기에 따라 필요하면 2워드(32비트)로 해야 한다. 또한 다음과 같은 경우에는 2워드 명령으로 해야 한다.

① 데이터가 1워드의 범위(−32768~+32767)를 넘을 때

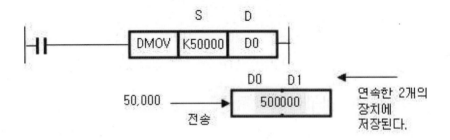

② 16비트 곱셈 명령(1워드 명령)의 결과를 전송할 때

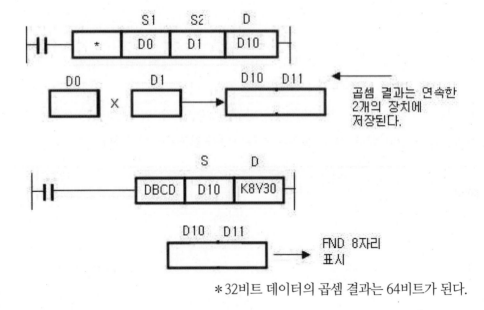

＊32비트 데이터의 곱셈 결과는 64비트가 된다.

③ 32비트 나눗셈 명령의 결과를 이용할 때

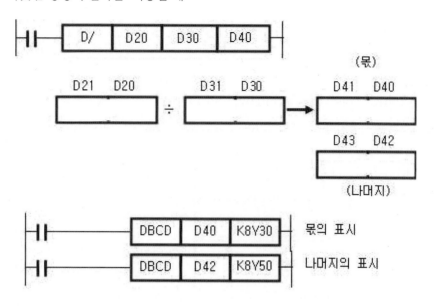

5.8 인덱스 레지스터(Z, V)의 사용법

인덱스 레지스터(Zn, Vn)는 장치 번호를 간접적으로 지정할 때 사용한다. 즉, 직접 지정한 장치 번호에 인덱스 레지스터의 내용을 더해 장치 번호로 지정할 수 있다.

$$\text{D0}^{\text{Z}} \xrightarrow{\text{이것은}} \underset{\text{장치 번호}}{\text{(0+Z)}}$$

예를 들어, Z가 0일 때는 D0을
의미한다.

인덱스 레지스터는 Z, Z1~Z6 · V, V1~V6을 사용할 수 있다.
인덱스 레지스터(Zn, Vn)는 16비트로 구성된 워드 장치이다. 따라서 32768~+32767까지 취급할 수 있다.

인덱스 수식은 다음 장치에 사용할 수 있다.
비트 장치 ....X, Y, M, L, S, B, F   (예 K4Y40Z)
워드 장치 ....T, C, D, R, W   (예 D0Z)

정수.............K, H   (예 K100Z)

포인터 ....P

파일(R) 레지스터 사용법

파일 레지스터(R)는 데이터 레지스터(D)와 같이 16비트로 구성된 레지스터이다.

파일 레지스터는 사용자용 메모리 영역(메모리 카세트 RAM 영역)에 설정한다.

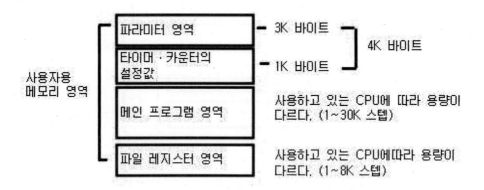

- 파일 레지스터의 데이터는 메모리 카세트의 전지에 의해 유지되기 때문에 전원이 OFF되거나 리셋을 하여도 데이터는 삭제되지 않는다. 삭제할 때는 MOV(P) 명령을 사용하여 파일 레지스터에 0을 저장한다.
- 파일 레지스터 영역은 파라미터에서 1K 점(1024점) 단위로 설정한다.
- 파일 레지스터의 데이터는 전지에 의해 유지된다. 전원을 OFF로 하거나 리셋을 하여도 데이터는 삭제되지 않는다. 데이터를 삭제할 때는 0을 저장해야 한다..

5.9 DECO(P), ENCO(P) 명령

[ENCO(P)] :

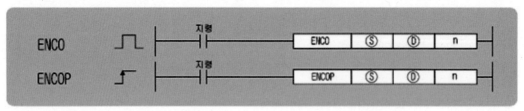

Ⓢ : 인코드 데이터가 저장되어 있는 디바이스의 선두 번호인 디바이스명

Ⓓ : 인코드 결과를 저장할 디바이스 번호로서 16비트

n : 유효비트길이(1~8)이며 16 비트

예) 다음 그림과 같이 Ⓢ의 2n비트 데이터에서 1로 되어 있는 비트에 대응하는 바이너리값을
   Ⓓ에 저장한다.

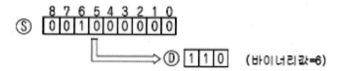

n은 1~8을 지정할 수 있다. 그리고 n=0일 때는 처리되지 않으며 Ⓓ의 내용이 변경되지 않는다.

DECO(P), 8→256비트 디코더

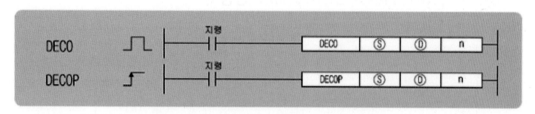

Ⓢ : 디코드 데이터가 저장되어 있는 디바이스의 번호인 16/32비트

Ⓓ : 디코드 결과를 저장할 디바이스 선두 번호로서 디바이스명

n : 유효비트길이(1~8)이며 0은 무처리(16비트)

예) 다음 그림과 같이 Ⓢ의 n비트로 지정된 바이너리값에 대응하는 Ⓓ의 Bit 위치를 ON 한다.

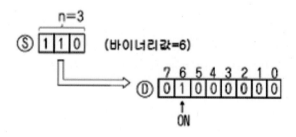

n은 1~8을 지정할 수 있다. 그리고 n=0일 때는 처리되지 않으며 Ⓓ로 지정된 디바이스부터 2n
비트의 내용은 변경되지 않는다.

엔코더와 디코더 명령어이다. M0와 M1의 동작에 의해 명령어가 실행되도록 구성되어 있다.

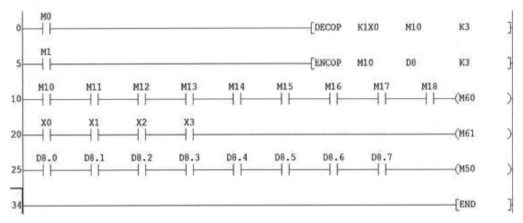

5.10 CALL, RET, FEND, CJ, SCJ, JMP 명령어

CALL

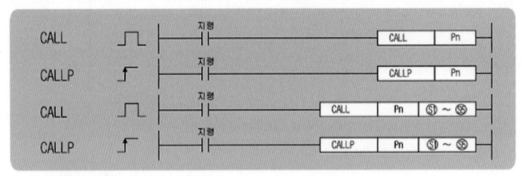

Pn : 서브루틴 프로그램의 선두 포인터 번호

Ⓢ① ~ Ⓢ⑤ : 서브루틴 프로그램에 인수로서 건네주는 디바이스 번호

명령을 실행하면 Pn으로 지정된 포인터의 서브루틴 프로그램을 실행한다. 동일 프로그램 파일 내의 포인터로 지정된 서브 루틴 프로그램과 공통 포인터로 지정된 서브 루틴 프로그램을 실행할 수 있다.

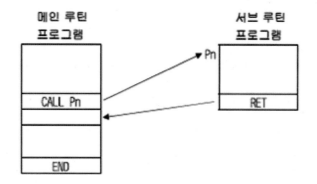

RET, 서브 루틴 프로그램에서의 리턴

서브 루틴 명령을 종료하고 서브 루틴 프로그램을 호출한 스텝의 다음 스텝으로 돌아온다.

FEND, 메인 루틴 프로그램 종료

FEND 명령은 END 명령과 같이 사용되는 명령어이다. 프로그램의 래더 블록마다 연산을 종료하고 싶을 때 CJ, SCJ 명령과 함께 사용이 가능하며, CALL, RET 명령어를 활용한 서브루틴 프로그램사용 시도 활용이 가능하며 인터럽트 프로그램 사용 시 역시 가능하다.

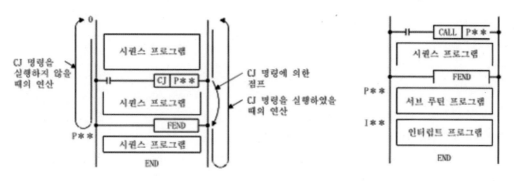

(a) CJ명령에 의한 래더 블록별 연산의 경우   (b) 서브 루틴 프로그램, 인터럽트 프로그램이 있는 경우

단 FEND 명령은 시퀀스 프로그램 내에서는 여러 개의 사용도 가능하나 서브루틴과 인터럽트 프로그램 안에서는 사용이 불가능하다. 또한 메인 및 서브루틴 프로그램의 최종에는 사용할 수 없다. 최종은 반드시 END 명령을 사용해야 한다.

예제 프로그램

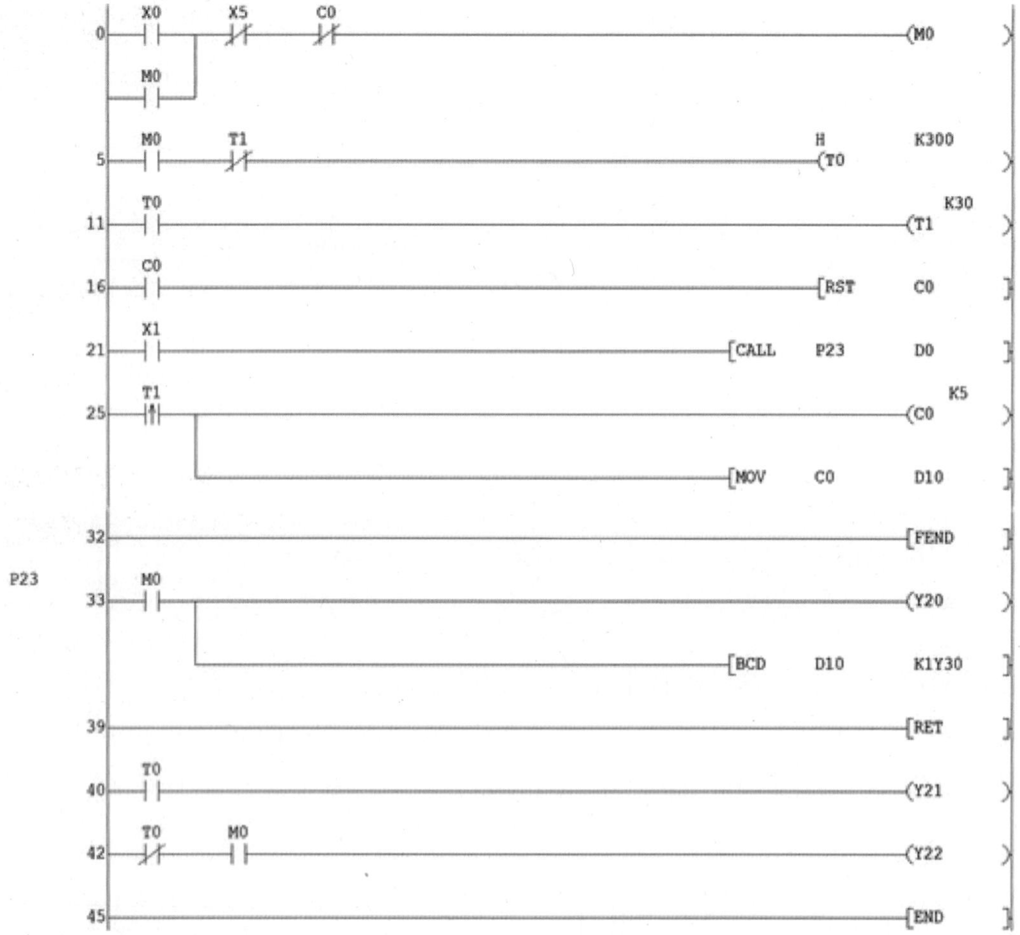

```
         X0      X5     C0
  0 ─┤├──┬──┤/├───┤/├──────────────────────────────(M0 )─
         M0 │
      ─┤├───┘

         M0      T1                               H   K300
  5 ─┤├───┤/├──────────────────────────────────────(T0 )─

         T0                                            K30
 11 ─┤├──────────────────────────────────────────────(T1 )─

         C0
 16 ─┤├────────────────────────────────────[RST   C0   ]

         X1
 21 ─┤├────────────────────────────────────[CJ    P23  ]

         T1                                             K5
 24 ─┤↑├──┬──────────────────────────────────────────(C0 )─
          │
          └────────────────────────────[MOV   C0    D10 ]

 31 ──────────────────────────────────────────────[FEND ]

        M0
P23
 32 ─┤├──┬───────────────────────────────────────────(Y20 )─
         │
         └────────────────────────────[BCD   D10   K1Y30]

        T0
 38 ─┤├──────────────────────────────────────────────(Y21 )─

        T0      M0
 40 ─┤/├────┤├───────────────────────────────────────(Y22 )─

 43 ──────────────────────────────────────────────[END  ]
```

[CJ, SCJ, JMP, 포인터 분기명령

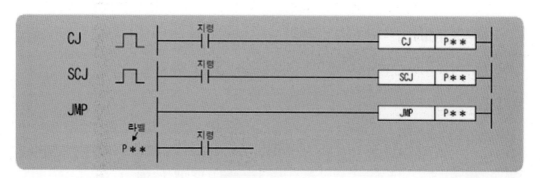

P** : 점프(할) 위치의 포인터 번호(디바이스명)

CJ

실행 지령이 ON되었을 때 동일 프로그램 파일 내에 있는 지정된 포인터 번호의 프로그램을 실행한다. 실행 지령이 OFF 되어 있을 때는 다음 스텝의 프로그램을 실행한다.

SCJ

실행 지령이 OFF→ON된 다음 스캔부터 동일 프로그램 파일 내에 있는 지정된 포인터 번호의 프로그램을 실행한다. 실행 지령이 OFF 및 ON→OFF되면 다음 스텝의 프로그램을 실행한다.

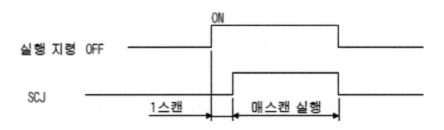

JMP

무조건 동일 프로그램 파일 내에 있는 지정된 포인터 번호의 프로그램을 실행한다.

5.11 MAX, MIN

MAX(P), DMAX(P) 16비트/32비트 데이터 최댓값 검색

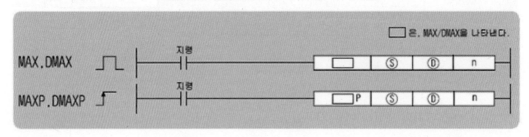

Ⓢ : 최댓값을 검색하는 디바이스의 선두 번호

Ⓓ : 최댓값의 검색 결과를 저장할 디바이스의 선두 번호

n : 검색 데이터수

설명

　Ⓢ로 지정된 디바이스부터 n점의 16비트 BIN 데이터에서 최댓값을 검색하여 Ⓓ로 지정된 디바이스에 저장한다. Ⓢ로 지정된 디바이스부터 검색하여 최초로 검출된 최댓값에 저장되어 있는 디바이스 번호가 Ⓢ부터 몇 번째인지를 Ⓓ+1에 저장하고, 최댓값의 개수를 Ⓓ+2에 저장한다. DMAX 명령어는 32비트용이다.

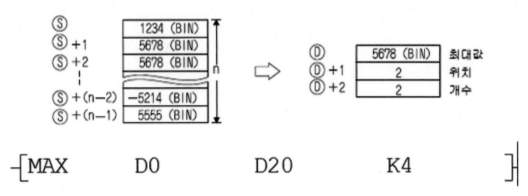

　위의 명령어 "MAX"에서 D0은 시작 번지이고 이곳부터 "K4", 즉, 4개까지의 데이터 레지스터에 있는 수치 중에서 가장 큰 값을 찾아서 목적번지 데이터 레지스터인 "D20"에 결과를 저장하라는 명령어이다.

예제 프로그램

　X0이 ON되면 D100~D103에 저장되어 있는 값의 데이터에서 R0~R3에 저장되어 있는 값의 데이터를 빼고, 그 결과 중에서 최댓값을 검색하여 D200~D202에 저장하는 프로그램

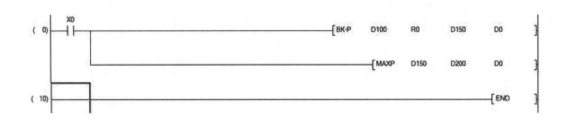

동작

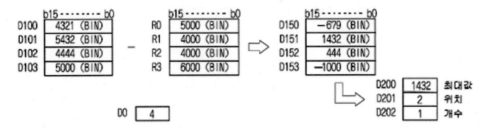

MIN(P), DMIN(P), 16비트/32비트 데이터 최솟값 검색

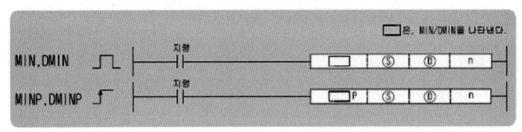

ⓢ : 최솟값을 검색하는 디바이스의 선두 번호

ⓓ : 최솟값의 검색 결과를 저장할 디바이스의 선두 번호

n : 검색 데이터수

설명

ⓢ로 지정된 디바이스부터 검색하여 최초로 검출된 최솟값에 저장되어 있는 디바이스 번호가 ⓢ부터 몇 번째인지를 ⓓ+1에 저장하고, 최솟값의 개수를 ⓓ+2에 저장한다. DMIN은 32비트 명령어이다.

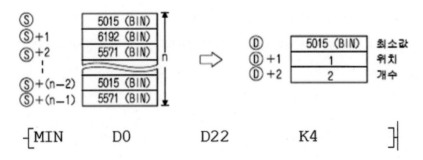

위의 명령어 "MIN" 역시 D0은 시작 번지이고 이곳부터 "K4", 즉, 4개까지의 데이터 레지스터에 있는 수치 중에서 가장 적은 값을 찾아서 목적번지 데이터 레지스터인 "D22"에 결과를 저장하라는 명령어이다.

X0이 ON되면 D100~D103에 저장되어 있는 값의 데이터에서 R0~R3에 저장되어 있는 값의
데이터를 더하고, 그 결과 중에서 최솟값을 검색하여 D200~D202에 저장하는 프로그램

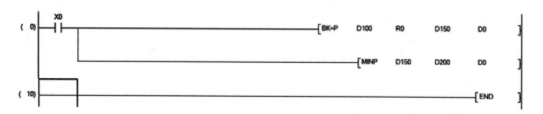

동작

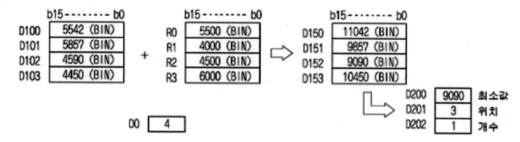

결과값을 비트로 확인할 수 있도록 배열했다. 좀 더 쉽게 이해하고자 나열한 것이니 참고했으면 한다.

5.12 PWM, DUTY 명령어

PWM

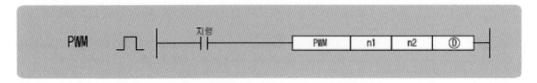

n1 : ON 시간 또는 ON 시간이 저장되어 있는 디바이스 번호

n2 : 주기 또는 주기가 저장되어 있는 디바이스 번호

Ⓓ : 펄스 출력하는 디바이스 번호

n1로 지정된 ON 시간과 n2로 지정된 주기의 펄스를 Ⓓ로 지정된 출력 모듈에 출력한다.

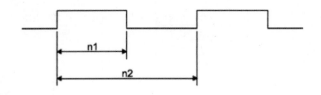

DUTY

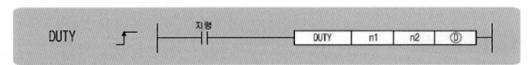

n1 : ON 스캔수

n2 : OFF 되는 스캔수

Ⓓ : 사용자용 타이밍 클럭(SM420~SM424, SM430~SM434)

Ⓓ로 지정된 사용자용 타이밍 클록(SM420~SM424, SM430~SM434)을 n1로 지정된 스캔 동안 ON하고, n2로 지정된 스탬동안 OFF 한다.

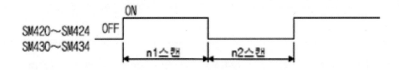

PWM(Pulse Width Modulation)은 아래 명령어와 같이 사용할 수 있다. 아래 명령어 파라미터 중 "K100"은 신호가 "ON"되는 시간이고, "K1000"은 전체 주기이다. 단위는 ms이다. 그리고 "Y20"은 출력 Bit이다.

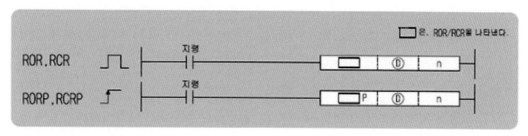

DUTY 명령어의 경우 "K100"은 "ON"되는 시간의 스캔타임 횟수를 나타내고, "K30"은 "Off"되는 스캔타임 횟수를 나타낸다. 출력은 SM420 특수 레지스터를 활용해서 확인할 수 있다.

5.13 ROTATE, SHIFT

ROR(P), RCR(P) 16비트 데이터의 오른쪽 로테이션

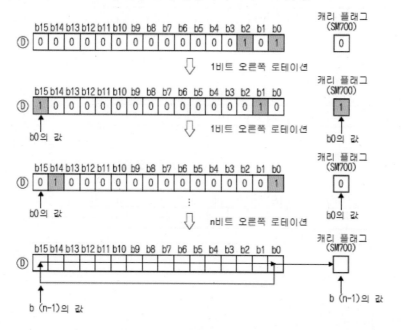

ⓓ : 로테이션하는 디바이스의 선두번지이며 16비트

n : 로테이션하는 횟수(0~15)이며 16비트

ROR

예) ⓓ로 지정된 디바이스의 16비트 데이터를 캐리 플래그를 제외하고 n비트 오른쪽으로 회전한다. 캐리플래그는 ROR의 실행 전 상태에 따라 ON/OFF된다.

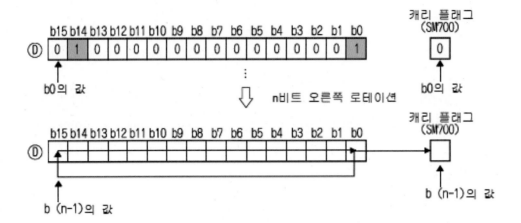

n은 0~15를 지정한다. 그런데 n에 16이상의 값을 지정한 경우 n/16의 나머지 만큼만 회전한다.

RCR

①로 지정된 디바이스의 16비트 데이터를 캐리 플래그를 포함하여 n비트 오른쪽으로 회전한다. 마찬가지로 캐리 플래그는 RCR의 실행 전 상태에 따라 ON/OFF된다.

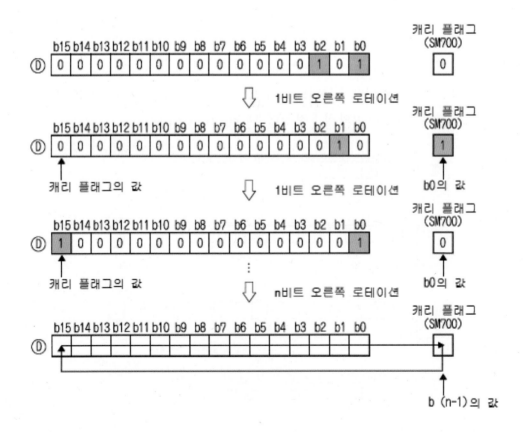

[ROL(P) RCL(P), 16비트 데이터의 왼쪽 로테이션]

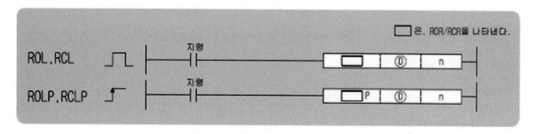

① : 로테이션하는 디바이스의 선두번지이며 16비트

n : 로테이션하는 횟수(0~15)이며 16비트

ROL

예) ①로 지정된 디바이스의 16비트 데이터를 캐리 플래그를 제외하고 n비트 왼쪽으로 회전한다. 캐리플래그는 ROL의 실행 전 상태에 따라 ON/OFF된다.

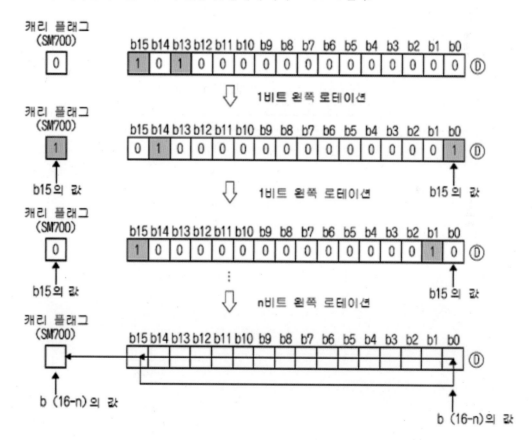

RCL

ⓓ로 지정된 디바이스의 16비트 데이터를 캐리 플래그를 포함하여 n비트 왼쪽으로 회전한다.
마찬가지로 캐리 플래그는 RCL의 실행 전 상태에 따라 ON/OFF된다.

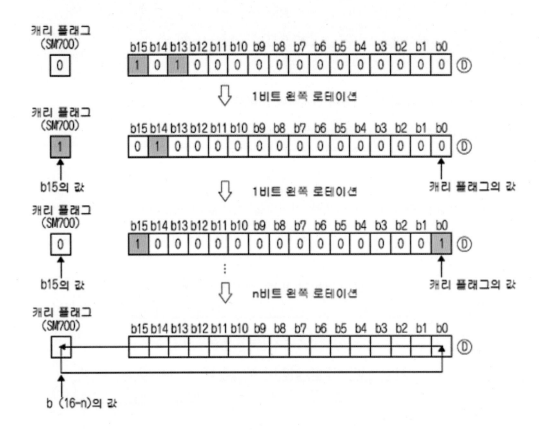

또한 32비트 데이터 오른쪽 로테이션 명령어에 [DROR(P), DRCR(P)]와 32비트 데이터 왼쪽
로테이션 명령어[DROL(P), DRCL(P)]에 있으니 필요시 참고하도록 한다.

SFR(P) SFL(P), 16비트 데이터의 n비트 로른쪽 시프트, 왼쪽 시프트

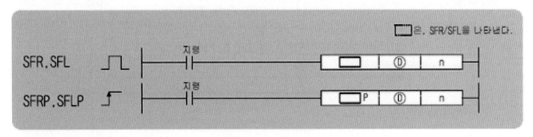

ⓓ : 시프트 데이터가 저장되어 있는 디바이스의 선두 번호

n : 시프트하는 횟수(0~16비트)

SFR

Ⓓ로 지정된 디바이스의 16비트 데이터를 n비트 오른쪽으로 시프트한다. 이때 최상위부터 n비트는 0이 된다.

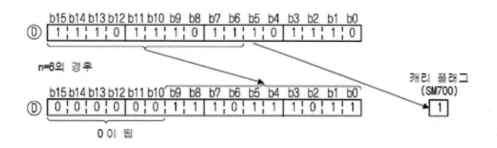

SFL

Ⓓ로 지정된 디바이스의 16비트 데이터를 n비트 왼쪽으로 시프트한다. 최하위부터 n비트는 0이 된다.

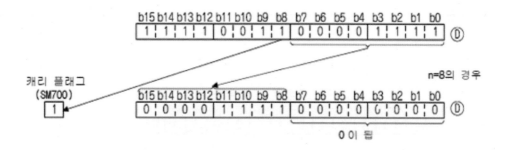

BSFR(P) BSFL(P), n비트 데이터의 1비트 오른쪽 시프트, 왼쪽 시프트

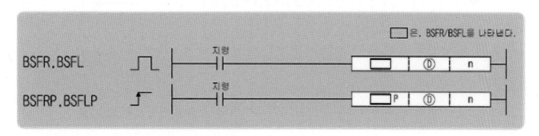

Ⓓ : 시프트하는 디바이스의 선두 번호

n : 시프트를 실행하는 디바이스의 개수

BSFR

①로 지정된 디바이스부터 n점을 오른쪽으로 1비트 시프트한다. ①+(n1)로 지정되는
디바이스는 0이 된다.

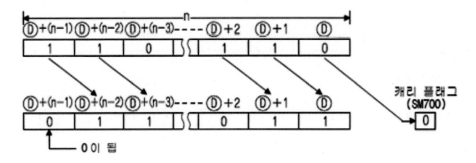

예제 프로그램

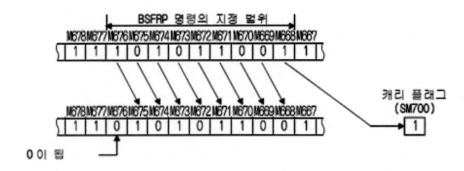

[동작]

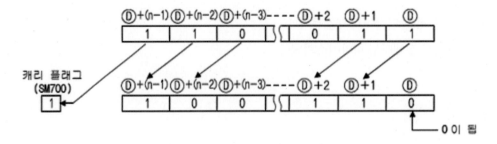

BSFL

①로 지정된 디바이스부터 n점을 왼쪽으로 1비트 시프트한다. ①로 지정된 디바이스는 0이 된다.

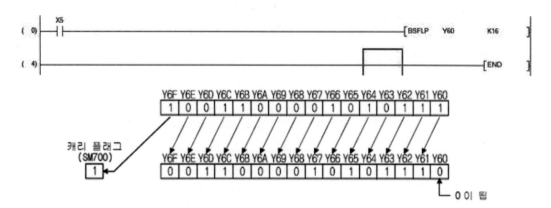

참고로 n워드 데이터의 1워드 오른쪽 시프트, 왼쪽 시프트[DSFR(P), DSFL(P)] 가 있다.

SFT(P), 비트 디바이스 시프트

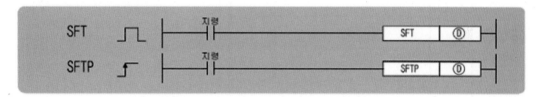

ⓓ : 시프트할 디바이스 번호(비트)

– 비트 디바이스의 경우 –

ⓓ로 지정된 디바이스는 1개 작은 번호의 디바이스 ON/OFF 상태를 ⓓ로 지정된 디바이스로 시프트하고 1개 작은 번호의 디바이스를 OFF한다. 예를 들어, SFT 명령으로 M11을 지정한 경우, SFT 명령 실행 시 M10의 ON/OFF를 M11로 시프트하고 M10을 OFF한다.

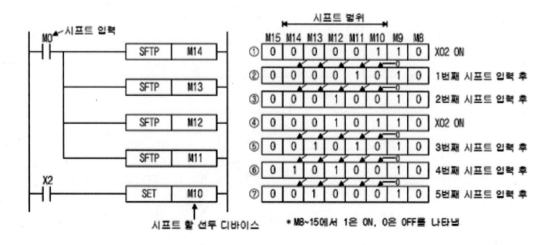

– 워드 디바이스의 비트 지정의 경우 –

ⓓ로 지정된 디바이스는 1개 작은 비트의 1/0 상태를 ⓓ로 지정된 디바이스로 시프트하고, 1개 작은 비트를 0으로 한다. 예를 들어, SFT 명령으로 D0.5[D0의 비트 5(b5)]를 지정한 경우 SFT 명령 실행 시에 D0 b4의 1/0을 b5로 시프트하고 b4을 0으로 한다.

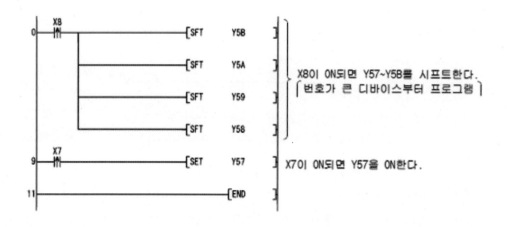

예제 프로그램   X8이 ON되면 Y57~Y5B를 시프트하는 프로그램

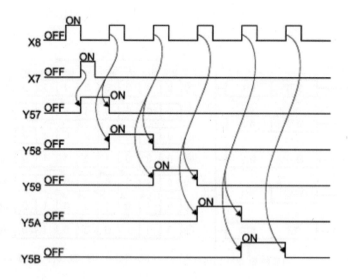

동작 타이밍 차트

아래 프로그램은 참고용 프로그램이다.

```
      X0
0  ──┤├──┬───────────────────────────────────────[MOVP   K12      D0  ]
        │
        ├───────────────────────────────────────[MOVP   K5       D1  ]
        │
        ├───────────────────────────────────────[MOVP   K8096    D20 ]
        │
        └───────────────────────────────────────[MOVP   K15      D3  ]

      X1
9  ──┤↑├──┬──────────────────────────────────────[SFR    D0       K1  ]
         │
         ├──────────────────────────────────────[SFL    D1       K2  ]
         │
         ├──────────────────────────────────────[ROR    D20      K5  ]
         │
         └──────────────────────────────────────[ROL    D3       K4  ]

     D20.0  D20.1  D20.2  D20.3  D20.4  D20.5  D20.6  D20.7  D20.8
22 ──┤├────┤├────┤├────┤├────┤├────┤├────┤├────┤├────┤├────(M20 )

     D20.9  D20.A  D20.B  D20.C  D20.D  D20.E  D20.F  D21.0  D21.8
32 ──┤├────┤├────┤├────┤├────┤├────┤├────┤├────┤├────┤├────(M20 )

42 ──────────────────────────────────────────────────────[END ]
```

5.14 BSET, BRST

BSET(P) BRST(P), 워드 디바이스의 비트 세트/리셋

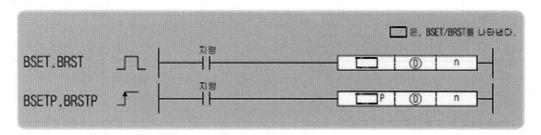

⑩ : 비트 세트, 리셋을 실행하는 디바이스 번호

n : 비트 세트, 리셋을 실행하는 비트 번호(0~15)

BSET

①로 지정된 워드 디바이스의 n번째 비트를 세트(1)한다. n이 15를 초과하면 하위 4비트의
데이터를 사용한다.

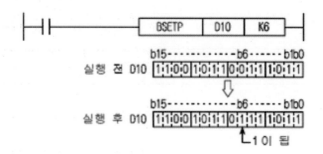

BRST

①로 지정된 워드 디바이스의 n번째 비트를 리셋(0)한다. n이 15를 초과하면 하위 4비트의
데이터를 사용한다.

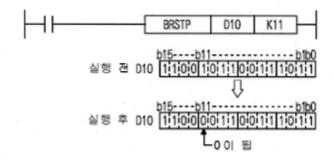

예제 프로그램

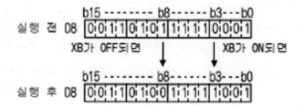

동작

5.15 TEST, DTEST

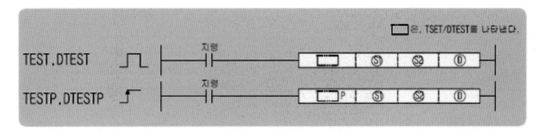

⑤ : 추출할 비트 데이터가 저장되어 있는 디바이스 번호

⑤ : 추출할 비트 데이터의 위치[TEST(0~15), DTEST(0~31)]

Ⓓ : 추출할 비트 데이터를 저장할 비트 디바이스 번호(비트)

TEST, 비트 테스트

⑤로 지정된 워드 디바이스 내의 ⑤로 지정된 위치의 비트 데이터를 추출하여 Ⓓ에 지정된 비트 디바이스에 쓴다. Ⓓ로 지정된 비트 디바이스는 해당 비트가 "0"일 때 OFF되고 "1"일 때 ON된다. ⑤가 16이상일 때는 n/16하여 나머지에 대당하는 비트가 해당된다. DTEST 명령은 2워드(32비트)를 다루는 명령어이다. 사용법은 TEST 명령과 유사하다.

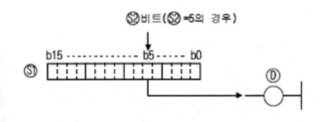

예제 프로그램

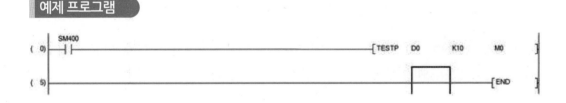

동작

5.16 BKRST(P)

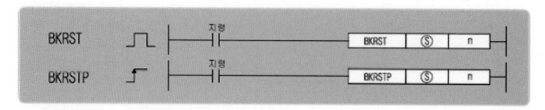

ⓈⓈ : 리셋할 디바이스의 선두 번호

n : 리셋을 실행하는 디바이스수

BKRST(P), 비트 디바이스의 일괄 리셋

ⓈⓈ로 지정된 비트 디바이스부터 n점의 비트 디바이스를 리셋한다.

예제 프로그램 X0이 ON 되면 M0부터 M7까지 OFF하는 프로그램

동작설명

예제 프로그램 X20이 ON되면 D10의 2번째 비트(b2)부터 D11의 1번째 비트(b1)까지
0으로 하는 프로그램

동작설명

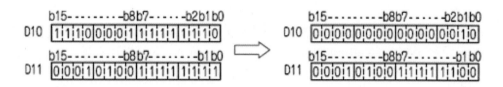

5.17 SER(P), DSER(P)

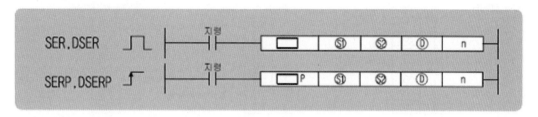

Ⓢ : 검색 데이터 또는 검색 데이터가 저장되어 있는 디바이스의 선두 번호

Ⓢ₂ : 검색되는 데이터 또는 검색되는 데이터가 저장되어 있는 디바이스의 선두 번호

Ⓓ : 검색 결과를 저장할 디바이스의 선두 번호

n : 검색 개수

SER(P) DSER(P), 16비트/32비트 데이터 검색

Ⓢ 으로 지정된 디바이스의 16비트 데이터를 키워드로 하여 Ⓢ₂ 로 지정된 디바이스의 16비트 데이터부터 n점을 검색한다. 키워드와 일치한 개수를 Ⓓ+1로 지정된 디바이스에 저장되고 최초로 일치한 디바이스 번호(Ⓢ₂ 로 부터의 상댓값)가 Ⓓ로 지정된 디바이스에 저장된다.

DSER은 32비트용 명령어이고 사용법은 유사하다.

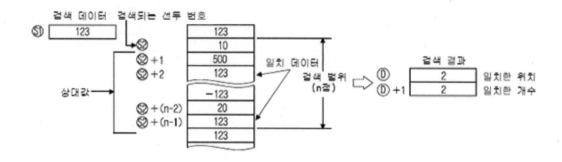

여기서 추가적으로 SM702를 검색방법 설정용 특수릴레이로 사용됨을 이해하면 좀 더 쉬운 프로그램을 할 수 있다. 먼저 SM702가 OFF의 경우 순차 탐색법 또는 선형 탐색법이라 하고, 이는 검색되는 데이터의 선두부터 검색데이터와 비교해 가는 방법이다. 그리고 SM702가 ON일 경우인데, 이를 2분법 탐색법이라 한다. 오름차순으로 정렬되어 있는 데이터에 대해 탐색 범위 중에 가운데가 되는 값을 조사하여 그 값과 찾고자 하는 값의 대소에 따라 어느 한쪽으로 탐색 범위를 좁힌다. 이를 반복하여 요구하는 데이터를 검색하는 방법이다. 다음 그림을 참고하자.

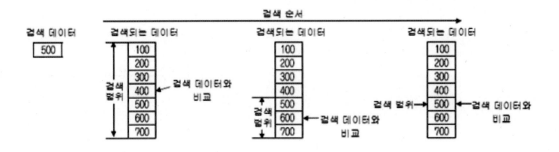

예제 프로그램

X0이 ON되면 D100~D105를 D0의 내용으로 검색하여 검색 결과를 W0, W1에 저장하는 프로그램

동작

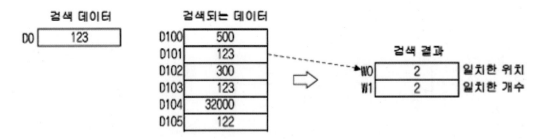

5.18 SUM(P), DSUM(P) [16비트/32비트 데이터의 비트 체크]

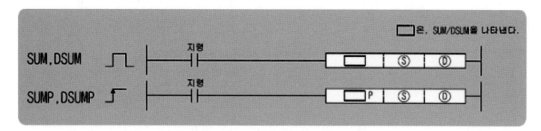

ⓢ : 1로 되어 있는 비트의 총개수를 카운트하는 디바이스의 선두 번호

ⓓ : 비트의 총개수를 저장하는 디바이스의 선두 번호

SUM

ⓢ로 지정된 디바이스의 16비트 데이터 가운데 1로 되어 있는 비트의 총개수를 ⓓ로 지정된
디바이스에 저장한다. DSUM은 32비트 명령어이다.

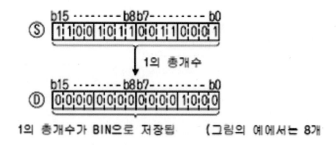

예제 프로그램

X0이 ON되면 X8~X17 중에서 ON되어 있는 비트수를 D0에 저장하는 프로그램

동작

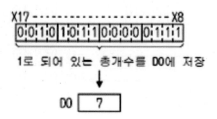

5.19 DIS(P) [16비트 데이터의 4비트 분리]

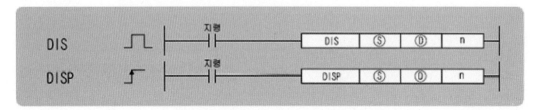

ⓢ : 분리하는 데이터가 저장되어 있는 디바이스의 선두 번호

ⓓ : 분리된 데이터를 저장할 디바이스 선두 번호

n : 분리수(1~4), 0은 무처리

설 명

    ⓢ로 지정된 16비트 데이터의 하위 n자리(1자리 4비트)의 데이터를 ⓓ로 지정된 디바이스부터 n점의 하위 4비트에 저장한다. ⓢ로 지정된 디바이스부터 n점의 상위 12비트는 0이 된다.

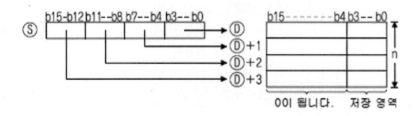

예제 프로그램   X0이 ON되면 D0에서 16비트 데이터를 4비트마다 분리하여 D10~D13에 저장하는 프로그램

동작

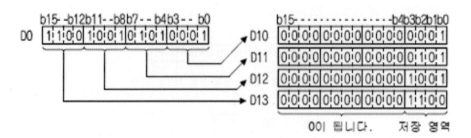

5.20 UNI(P) [16비트 데이터의 4비트 결합]

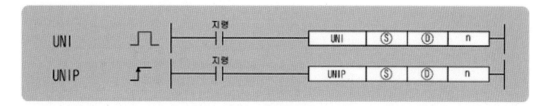

ⓢ : 결합할 데이터가 저장되어 있는 디바이스의 선두 번호

ⓓ : 결합된 데티터를 저장할 디바이스 선두 번호

n : 결합 개수(1~4), 0은 무처리

설 명

　ⓢ로 지정된 디바이스부터 n점의 16비트 데이터의 하위 4비트를 ⓓ로 지정된 16비트 디바이스에 결합한다. ⓓ로 지정된 디바이스 상위(4-n) 자리의 비트는 0이 된다.

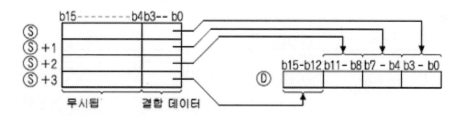

예제 프로그램　X0이 ON되면 D0에서 16비트 데이터를 4비트마다 분리하여 D10~D13 에 저장하는 프로그램

동작

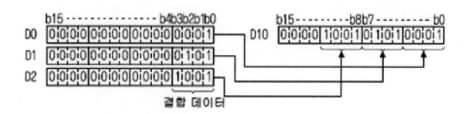

5.21 WTOB(P), BTOW(P) [바이트 단위 데이터 분리, 결합]

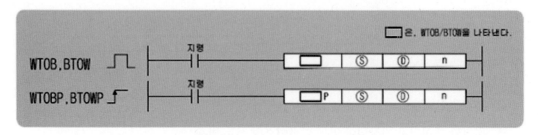

⑤ : 바이트 단위로 분리, 결합할 데이터가 저장되어 있는 디바이스의 선두 번호

ⓓ : 바이트 단위로 분리, 결합한 결과를 저장할 디바이스의 선두 번호

n : 분리, 결합하는 바이트 데이터의 개수

WTOB(P), 바이트 단위 데이터 분리

⑤로 지정된 디바이스 번호 이후에 저장되어 있는 16비트 데이터를 바이트로 분리하여 ⓓ로 지정된 디바이스 번호 이후에 저장한다.

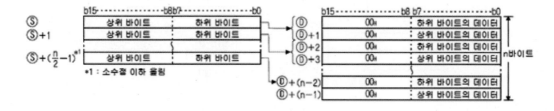

예를 들어, n = 5일 경우 ⑤~(⑤+2)의 하위 8비트까지의 데이터를 ⓓ~(ⓓ+4)에 저장한다.

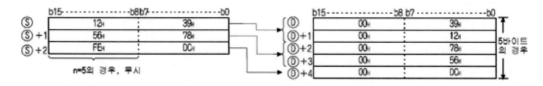

동작

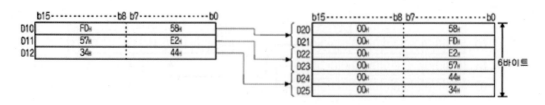

BTOW(P), 바이트 단위 데이터 결합

ⓢ로 지정된 디바이스 번호 이후에 저장되어 있는 n워드 16비트 데이터의 하위 8비트를 워드 단위로 결합하여 ⓓ로 지정된 디바이스 번호 이후에 저장한다. ⓢ로 지정된 디바이스 번호 이후에 저장되어 있는 n워드 데이터의 상위 8비트는 무시된다. 또한 n이 홀수인 경우 n번째 바이트의 데이터가 저장되어 있는 디바이스의 상위 8비트에 0을 저장한다.

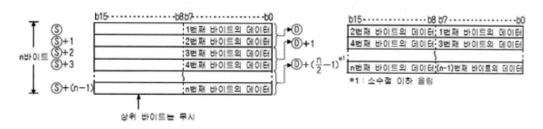

5.22 SORT, DSORT [16비트/32비트 데이터 정렬]

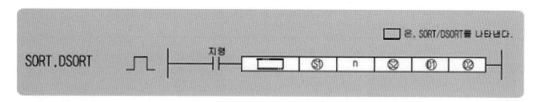

ⓢ : 정렬할 테이블의 선두 디바이스 번호

n : 정렬 데이터수

ⓥ : 1회의 실행 시에 비교되는 데이터수

ⓓ : 정렬 완료 시에 ON되는 비트 디바이스 번호

ⓥ : 시스템 사용 디바이스

SORT

ⓢ부터 n점의 16비트 데이터를 오름차순/내림차순으로 정렬한다. 정렬 순서는 SM703의 ON 시 내림차순으로 정렬하고 OFF 시는 오름차순으로 정렬한다.

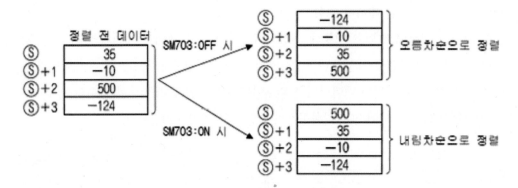

정렬 실행 완료까지의 최대실행횟수는 $n \times (n-1)/2$[회]가 된다. 예를 들어, n=10이면, $10 \times (10-1) /2 = 45$회가 된다. 이때 ⑫ =2로 하면 정렬완료까지 45/2=22.5로 23스캔이 된다. DSORT는 연산 방식은 같은 32비트 연산 명령자이다.

예제 프로그램 X1이 ON 되면 D0부터 10점의 16비트 데이터를 X0의 상태에 따라 오름 차순 또는 내림차순으로 정렬하는 프로그램

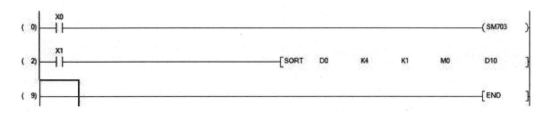

동작설명

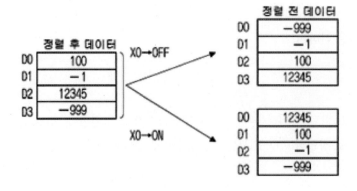

동작 상태를 접점과 레지스터를 활용해서 직접 이해하기 위한 프로그램

```
 0   X0
    ─┤├─┬─────────────────────────────────[MOVP  K12    D0  ]
       │
       ├─────────────────────────────────[MOVP  K15    D1  ]
       │
       ├─────────────────────────────────[MOVP  K100   D2  ]
       │
       ├─────────────────────────────────[MOVP  K8096  D3  ]
       │
       └─────────────────────────────────[MOVP  K3     D4  ]

     X2
11  ─┤├──────────────────────────────────────────────(SM703 )

     X1
13  ─┤↑├─┬──────────[SORT  D0    K5    K5    M0    D100 ]
        │
        ├────────────────────────────────[MOV  D1    D150 ]
        │
        ├────────────────────────────────[MOV  D2    D50  ]
        │
        ├────────────────────────────────[MOV  D3    D51  ]
        │
        └────────────────────────────────[MOV  D4    D51  ]

     M200
28  ─┤├──────────────────────[+P  D100   D101   D102 ]

32  ───────────────────────────────────────────────[END ]
```

5.23 WSUM(P) [16비트 데이터 합계 산출]

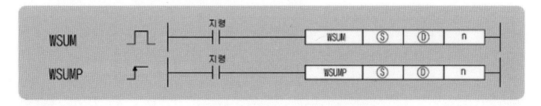

ⓢ : 합계를 산출하는 데이터가 저장되어 있는 디바이스의 선두 번호

ⓓ : 합계를 저장하는 디바이스의 선두 번호

n : 데이터 개수

동작설명

ⓢ로 지정된 디바이스부터 n점의 16비트 데이터를 모두 더하여 ⓓ로 지정된 디바이스에 저장한다. DWSUM(P)는 32비트 데이터 합계 산출 명령이다.

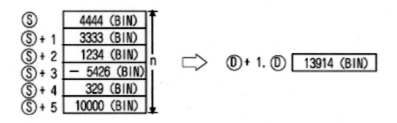

예제 프로그램　X1이 ON되면 D10~D14의 16비트 데이터를 더하여 D100, D101에 저장하는 프로그램

동작

5.24 AND, OR 등 설정 데이터가 2개인 경우

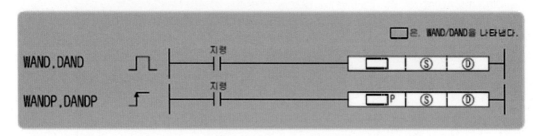

ⓢ : 논리적으로 실행하는 데이터 또는 데이터가 저장되어 있는 디바이스의 선두 번호

ⓓ : 논리적으로 실행하는 데이터가 저장되어 있는 디바이스의 선두 번지

WAND

    Ⓓ로 지정된 디바이스의 16비트 데이터와 Ⓢ로 지정된 디바이스의 16비트 데이터를 비트마다 논리적으로 하여 결과를 Ⓓ로 지정된 디바이스에 저장한다. 여기서 비트 디바이스의 경우 자리 지정에 의한 점수 이후의 디바이스는 0으로 연산한다.

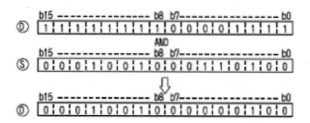

DAND

    Ⓓ로 지정된 디바이스의 32비트 데이터와 Ⓢ로 지정된 디바이스의 32비트 데이터를 비트마다 논리적으로 하여 결과를 Ⓓ로 지정된 디바이스에 저장한다. 여기서 비트 디바이스의 경우 자리 지정에 의한 점수 이후의 디바이스는 0으로 연산한다.

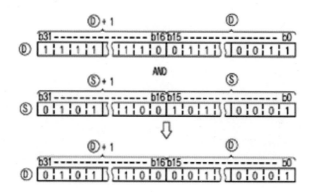

설정 데이터가 3개인 경우는 다음과 같다.

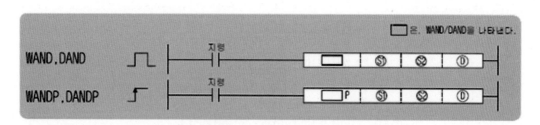

Ⓢ Ⓢ : 논리적으로 실행하는 데이터 또는 데이터가 저장되어 있는 디바이스의 선두 번호

Ⓓ : 논리적으로 실행하는 데이터가 저장되어 있는 디바이스의 선두 번지

설정 데이터가 3개일 경우 [WAND]의 실행은 ⑤①로 지정된 디바이스의 16비트 데이터와 ⑤②로 지정된 디바이스의 16비트 데이터를 비트마다 논리적으로 하여 결과를 ⑩로 지정된 디바이스에 저장한다. 그리고 [DAND]의 실행은 ⑤①로 지정된 디바이스의 32비트 데이터와 ⑤②로 지정된 디바이스의 32비트 데이터를 비트마다 논리적으로 하여 결과를 ⑩로 지정된 디바이스에 저장한다.

블록 논리곱, BKAND(P) −BIN16비트

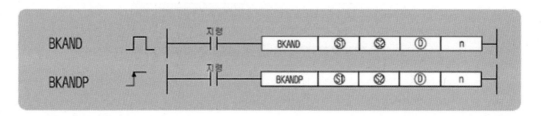

⑤① ⑤② : 논리적으로 실행하는 데이터 또는 데이터가 저장되어 있는 디바이스의 선두 번호
⑩ : 논리적으로 실행하는 데이터가 저장되어 있는 디바이스의 선두 번
n : 연산 데이터 개수

⑤①으로 지정된 디바이스부터 n점의 내용과 ⑤②로 지정된 디바이스로부터 n 점의 내용을 논리적으로 하여 결과를 ⑩로 지정된 디바이스 이후에 저장한다. 다음 그림을 참고한다.

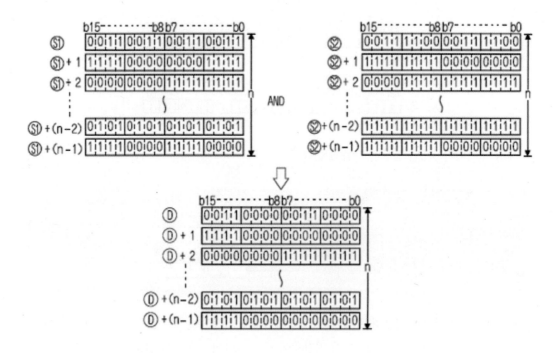

WOR, DOR

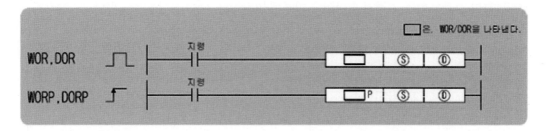

⑤ : 논리적으로 실행하는 데이터 또는 데이터가 저장되어 있는 디바이스의 선두 번호

Ⓓ : 논리적으로 실행하는 데이터가 저장되어 있는 디바이스의 선두 번지

Ⓓ로 지정된 디바이스의 16/32비트 데이터와 ⑤로 지정된 디바이스의 16/32비트 데이터를 비트마다 논리적으로 하여 결과를 Ⓓ로 지정된 디바이스에 저장한다. 여기서 비트 디바이스의 경우 자리 지정에 의한 점수 이후의 디바이스는 0으로 연산한다. 앞에서 설명한 것과 같이 W로 시작하면 16비트이고, D로 시작하면 32비트이다. 아래 그림은 16비트(WOR)의 예이다. 설정 데이터가 3개의 경우 역시 AND 명령과 같이 이해하면 된다.

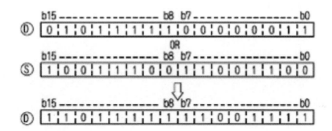

블록논리합, BKOR(P)

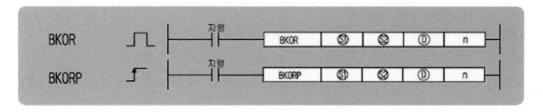

⑤1 ⑤2 : 논리적을 실행하는 데이터 또는 데이터가 저장되어 있는 디바이스의 선두 번호

Ⓓ : 논리적을 실행하는 데이터가 저장되어 있는 디바이스의 선두 번지

n : 연산 데이터 개수

⑤으로 지정된 디바이스부터 n점의 내용과 ⑤로 지정된 디바이스로부터 n점의 내용을
논리합하여 결과를 ⑩로 지정된 디바이스 이후에 저장한다. 다음 그림을 참고한다.

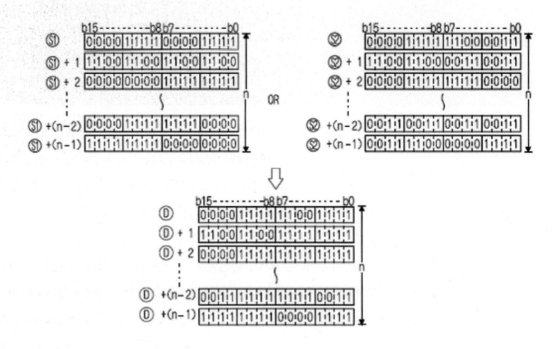

배타적 논리합, WXOR(P), DXOR(P)

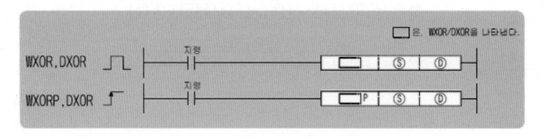

⑤ : 논리적으로 실행하는 데이터 또는 데이터가 저장되어 있는 디바이스의 선두 번호

⑩ : 논리적으로 실행하는 데이터가 저장되어 있는 디바이스의 선두 번지

⑩로 지정된 디바이스의 16/32비트 데이터와 ⑤로 지정된 디바이스의 16/32비트
데이터를 비트마다 배타적 논리합하여 결과를 ⑩로 지정된 디바이스에 저장한다. 여기서
비트 디바이스의 경우 자리 지정에 의한 점수 이후의 디바이스는 0으로 연산한다. 앞에서
설명한 것과 같이 W로 시작하면 16비트이고, D로 시작하면 32비트이다. 다음 그림은
16비트(WXOR)의 예이다. 설정 데이터가 3개의 경우 역시 AND 명령과 같이 이해하면 된다.

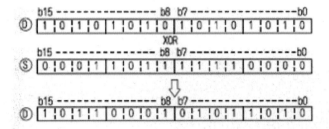

블록 배타적 논리합, BKXOR(P)

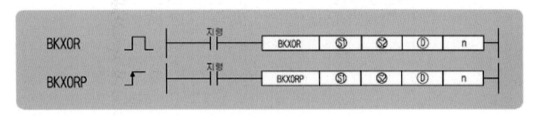

⑤ ⑥ : 논리적으로 실행하는 데이터 또는 데이터가 저장되어 있는 디바이스의 선두 번호

ⓓ : 논리적으로 실행하는 데이터가 저장되어 있는 디바이스의 선두 번지

n : 연산 데이터 개수

⑤로 지정된 디바이스부터 n점의 내용과 ⑥로 지정된 디바이스로부터 n 점의 내용을 배타적 논리합하여 결과를 ⓓ로 지정된 디바이스 이후에 저장한다. 다음 그림을 참고한다.

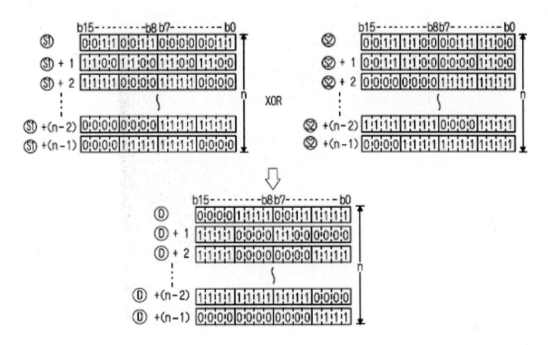

부정 배타적 논리합, WXNR(P), DXNR(P)

일치 연산이라고도 불리는 연산기호이다.

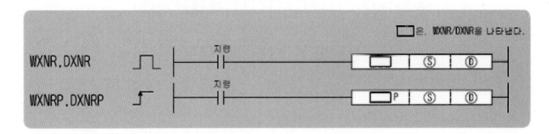

ⓢ : 논리적으로 실행하는 데이터 또는 데이터가 저장되어 있는 디바이스의 선두 번호

ⓓ : 논리적으로 실행하는 데이터가 저장되어 있는 디바이스의 선두 번지

ⓓ로 지정된 디바이스의 16/32비트 데이터와 ⓢ로 지정된 디바이스의 16/32비트 데이터를 비트마다 부정 배타적 논리합하여 결과를 ⓓ로 지정된 디바이스에 저장한다. 여기서 비트 디바이스의 경우 자리 지정에 의한 점수 이후의 디바이스는 0으로 연산한다. 앞에서 설명한 것과 같이 W로 시작하면 16비트이고, D로 시작하면 32비트이다. 아래 그림은 16비트(WXOR)의 예이다. 설정 데이터가 3개의 경우 역시 AND 명령과 같이 이해하면 된다.

블록 부정 배타적 논리합, BKXNR(P)

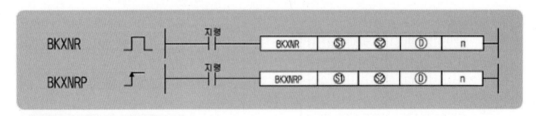

ⓢ ⓢ : 논리적으로 실행하는 데이터 또는 데이터가 저장되어 있는 디바이스의 선두 번호

ⓓ : 논리적으로 실행하는 데이터가 저장되어 있는 디바이스의 선두 번지

n : 연산 데이터 개수

ⓢ으로 지정된 디바이스부터 n점의 내용과 ⓢ로 지정된 디바이스로부터 n 점의 내용을 배타적 논리합하여 결과를 ⓓ로 지정된 디바이스 이후에 저장한다. 다음 그림을 참고한다.

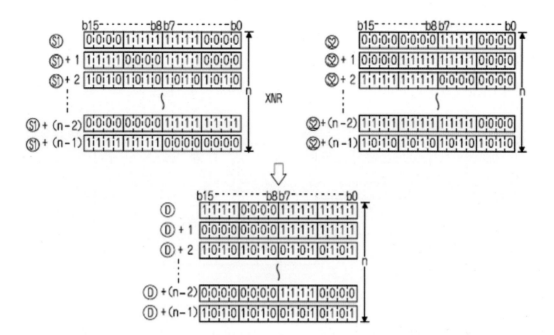

다음은 예제 프로그램이다. 참고해서 이해하도록 한다.

```
      X0
 0 ───┤├─────────────────────────────────[MOVP  K12    D0    ]
      │
      └────────────────────────────────────[MOVP  K5     D1    ]

      X1
 5 ───┤├─────────────────────────────────[WAND  D0     D1     D20  ]
      │
      ├──────────────────────────────────[WOR   D0     D1     D22  ]
      │
      ├──────────────────────────────────[WXOR  D0     D1     D24  ]
      │
      ├──────────────────────────────────[WXNR  D0     D1     D26  ]
      │
      ├──────────────────────────────────[+P    D0     D1     D30  ]
      │
      └──────────────────────────────────[+P    K3     D30   ]

      D26.0  D26.1  D26.2  D26.3  D26.4  D26.5  D26.6  D26.7  D26.8
24 ───┤├────┤├────┤├────┤├────┤├────┤├────┤├────┤├────┤├───────(M20 )

      D26.9  D26.A  D26.B  D26.C  D26.D  D26.E  D26.F  D21.0  D21.8
34 ───┤├────┤├────┤├────┤├────┤├────┤├────┤├────┤├────┤├───────(M20 )

44 ──────────────────────────────────────────────────────────[END  ]
```

5.25 비교명령어

BIN 16비트 데이터 비교 (=, <>, >, <=, <, >=)

BIN 16비트 데이터 비교 (=, <>, >, <=, <, >=) 명령은 일상적인 수학 기호와 같이 이해하면 된다.

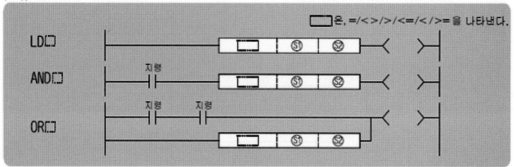

위의 그림을 참고해서 설명하자. S1로 지정된 디바이스의 BIN 16비트 데이터와 S2로 지정된 디바이스의 BIN 16비트 데이터를 a접점으로 취급하여 비교 연산을 실행하는 명령으로서, 비교 연산 결과는 다음 표와 같다.

내 명령 기호	조 건	비교 연산 결과	내 명령 기호	조 건	비교 연산 결과
=	S1=S2	ON상태	=	S1≠S2	OFF상태
<>	S1≠S2		<>	S1=S2	
>	S1>S2		>	S1≤S2	
<=	S1≤S2		<=	S1>S2	
<	S1<S2		<	S1≥S2	
>=	S1≥S2		>=	S1<S2	

S1,S2 에 16진수의 정수를 지정할 경우 최상위 비트(b15)가 1로 되는 수치(8~F)를 지정한 경우는 BIN값을 마이너스로 간주하여 비교함으로써 주의해야 한다. 부호표시 비트라는 것을 이해해 주길 바란다.

동작설명 X10~X1F의 데이터와 Y30~3F의 데이터를 비교하여 같으면(=) Y20점등, 이외 (<>)일 때 Y21점등, 미만(>)일 때 Y22점등, 크거나 같을(< =) 때 Y23점등한다.

디지털 스위치(X10~1F)

+	+	+	+
1	**2**	**3**	**4**
—	—	—	—

FND(Y30~3F)

1	**2**	**3**	**4**

PLC 프로그램

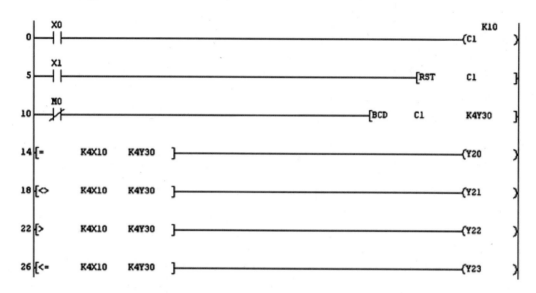

프로그램 해석

14행 : X10~X1F의 데이터와 Y30~Y3F의 데이터를 비교하여 X10~X1F의 데이터와
　　　 Y30~Y3F의 데이터가 일치했을 때 Y20이 ON 된다

18행 : X10~X1F의 데이터와 Y30~Y3F의 데이터를 비교하여 X10~X1F의 데이터와
　　　 Y30~Y3F의 데이터가 같지 않을 때 Y21이 ON 된다.

22행 : X10~X1F의 데이터와 X30~Y3F의 데이터를 비교하여 X10~X1F의 데이터와
　　　 Y30~Y3F의 데이터가 적을 때 Y22가 ON 된다.

26행 : X10~X1F의 데이터와 Y30~Y3F의 데이터를 비교하여 (X10~X1F 값)≤(Y30~3F 값)
　　　 일 때 Y23이 ON 된다.

5.26 연습문제

1 상승에지(┤↑├)의 기능을 할 수 있도록 일반 접점 명령어만을 이용해서 만들어 보도록 한다. 상승에지 명령어에 대한 이해를 돕고 시퀀스를 분석하는 과정을 알아보는 예제이다.

```
       X0      M0      M1
0  ┤├──┬──┤ ├──┤ ├──────────────────────────(M0 )
       │
       M0
      ┤├

       M0      X0
5  ┤├──┬──┤ ├──────────────────────────────(M1 )
       │
       M1
      ┤├

       M0      M2
9  ┤├──┬──┤ ├──────────────────────────────(M2 )
       │
       M0      M2
      ┤↑├──┤ ├

15 ────────────────────────────────────────[END ]
```

2 하강에지(┤↓├) 기능을 할 수 있도록 일반 접점 명령어만을 이용해서 만들어 보도록 한다. 하강에지 명령어에 대한 이해를 돕고 시퀀스를 분석하는 과정을 알아보는 예제이다.

```
       X0
0  ┤├──┬────────────────────────────────────(M0 )
       │
       M0
      ┤├

       X0      M0
3  ┤/├──┤ ├──────────────────────────────────(M1 )

       M1      M10     M11
6  ┤├──┬──┤/├──┤/├──────────────────────────(M10 )
       │
       M10
      ┤├

       M10     M1      M10
11 ┤/├──┬──┤ ├──┤/├──────────────────────────(M11 )
       │
       M11
      ┤├

       C0
16 ┤├──────────────────────────────[RST    C0 ]

       M10                                      K10
21 ┤├────────────────────────────────────────(C0 )

26 ────────────────────────────────────────[END ]
```

3 기본 명령어를 이용한 동작 시퀀스 프로그램을 아래 순서도에 맞게 작성하고 동작하도록 한다.

    1. PB1을 ON/OFF 1회 하면 LAMP1이 ON 된다.

    2. LAMP2는 3초 후에 ON되어 상태를 유지한다.

    3. PB2를 1회 ON/OFF하면 모두 OFF 된다.

    4. LAMP2가 3초간격으로 점멸하게 한다.

    5. LAMP2가 5회 반복 동작 후, LAMP1, 2 모두 OFF된다.

    6. LAMP3과 2가 3초 간격으로 ON/OFF를 상호동작하고 위의 5회를 2회 완료하면 OFF된다.

4 편측 솔레노이드의 3회 반복 동작 프로그램이다. 관련 회로를 구성해서 프로그램과 같이
　동작하도록 구성해보도록 한다(X1: 후진센서, X2:전진센서). 동작 시퀀스는 아래와 같다.

　1. 시작 스위치(X0) 1회 ON/OFF 전진 시작

　2. 전진 완료 후(전진센서 X2) 3초 대기

　3. 3초 후 후진 시작

　4. 후진 완료 후 3초 대기

　5. 3초 후 전진 시작

　6. 전진 완료 확인 후 바로 후진

　7. 후진 완료 후 작업 종료

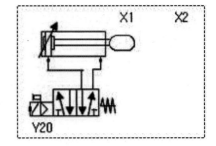

5 양측 솔레노이드의 3회 반복 동작 프로그램이다. 관련 회로를 구성해서 프로그램과 같이 동작하도록 구성해보도록 한다(X1: 후진센서, X2:전진센서). 동작 시퀀스는 아래와 같다.

1. 시작 스위치(X0) 1회 ON/OFF 전진 시작
2. 전진 완료 후(전진센서 X2) 3초 대기
3. 3초 후 후진 시작
4. 후진 완료 후 3초 대기
5. 3초후 전진 시작
6. 전진 완료 확인 후 바로 후진
7. 후진 완료 후 작업 종료

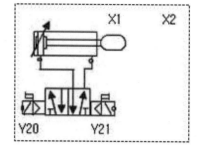

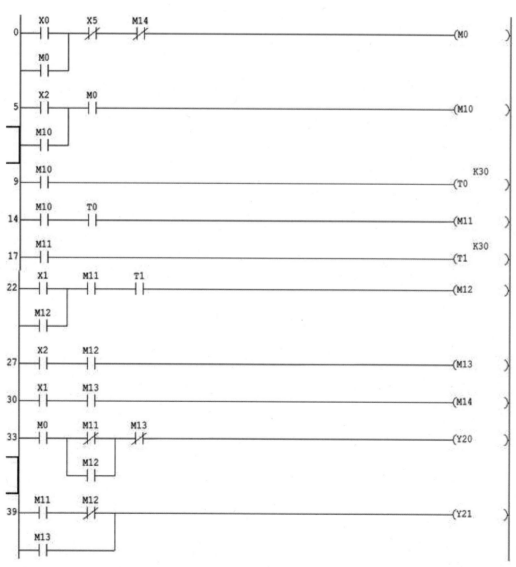

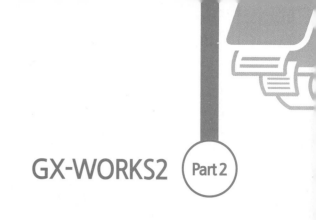

GX-WORKS2 (Part 2)

1. 구조화 명령

2.1 FOR~NEXT, BREAK(P)

FOR ~ NEXT

n : FOR~NEXT 사이의 반복 횟수(1~32767)

FOR ~ NEXT 문장은 반복적으로 프로그램을 실행하고자 할 때 사용되는 문장 명령어이다. 아래 프로그램을 활용해서 동작 방법을 이해하도록 한다. FOR ~NEXT 문장은 FOR 문 뒤에 있는 상수(n)만큼 동작하는데 중간에서 BREAK 문의 실행에 의해서 빠자나갈 수도 있다. 즉, FOR~NEXT 명령 사이의 프로그램을 무조건 n회 실행하고 나면 NEXT 명령 다음의 스텝을 처리한다. FOR~NEXT 명령 사이의 프로그램을 실행하고 싶지 않을 때는 CJ, SCJ 명령으로 점프할 수 있다. FOR의 네스팅은 16중까지 가능하다.

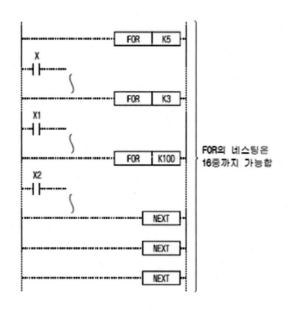

BREAK(P), FOR ~ NEXT의 강제종료

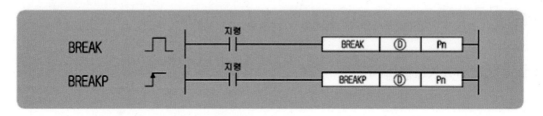

ⓓ : 잔여 반복 횟수를 저장하는 디바이스 번호

Pn : 반복처리를 강제 종료하였을 때의 분기 위치 표인터 번호(디바이스명(포인터)]

동작설명

　　FOR~NEXT 명령에 의한 반복 처리를 강제적으로 종료하고, Pn으로 지정된 포인터로 실행
위치를 옮긴다.

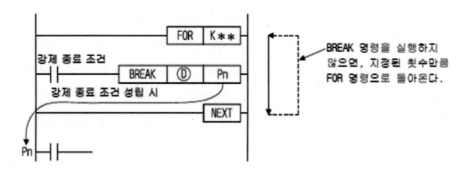

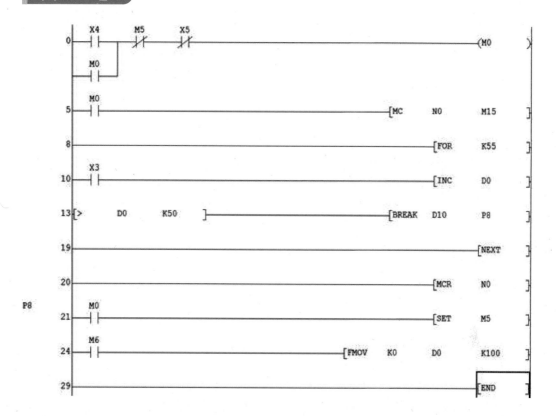

2.2 CALL(P), RET

CALL(P), 서브루틴 프로그램 호출

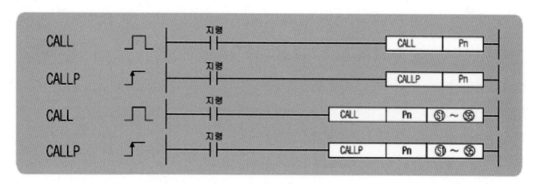

Pn : 서브루틴 프로그램의 선두 포인터 번호(디바이스명)

⑤① ~ ⑤⑤ : 서브루틴 프로그램에 인수로서 건네주는 디바이스 번호(비트, 16비트, 32비트)

동작 설명

CALL(P) 명령을 실행하면 Pn으로 지정된 포인터의 서브루틴 프로그램을 실행한다.

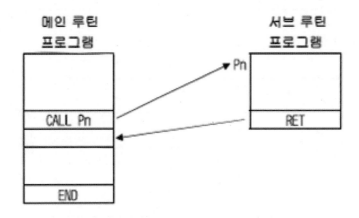

CALL(P) 명령의 네스팅은 16중까지 가능하며 이네스팅은 CALL(P), FCALL(P), ECALL(P), EFCALL(P), XCALL 명령이 사용된 총 개수의 합을 의미한다.

RET, 서브루틴 프로그램에서의 리턴

서브루틴 프로그램을 종료하는 명령어이다. 본 명령어를 실행할 경우 CALL(P), FCALL(P), ECALL(P), EFCALL(P), XCALL 명령의 다음 스텝으로 돌아온다.

예제 프로그램　　X0을 ON하면 X5의 데이터가 FX0으로 전달된다. 순서대로 확인해보자. CALL 명령에 작성된 디바이스 이름과 관계 없이 첫번째 비트 인수는 FX0이 된다. 즉, X5 -> FX0 / FY0 -> X5 순서로 데이터가 흘러간다. M0은 마찬가지로 M0 -> FX1 / FY1 -> M0 이다. 프로그램과 잘 대조해서 이해해 보도록 한다.

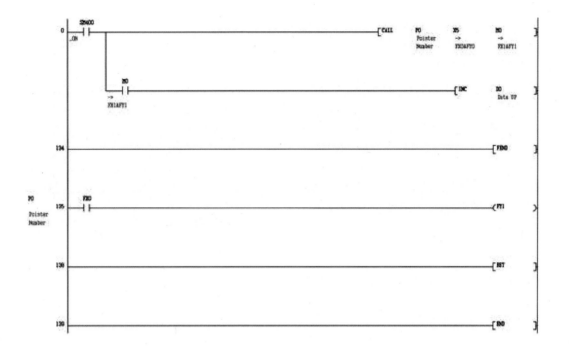

응용 프로그램

CALL 명령어 인수의 번호는 순차적으로 증가한다. 즉, M50 -> FX0(FY0) / D30 -> FD1 / M60 -> FX2(FY2) 이다. 또한 FD영역은 4 WORD의 크기를 가지고 있다. D30 ~ D33 -> FD0 -> D30 ~ D33 으로 데이터가 흘러간다. 아래 프로그램은 M60을 ON하면 D30에 K8192의 데이터가 저장되고, M50을 ON하면 D30의 데이터를 2씩 나눗셈하는 프로그램이다.

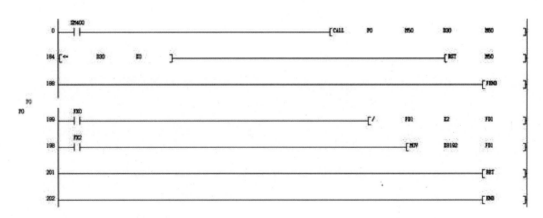

2.3 FCALL(P) [서브루틴 프로그램 출력 OFF 호출]

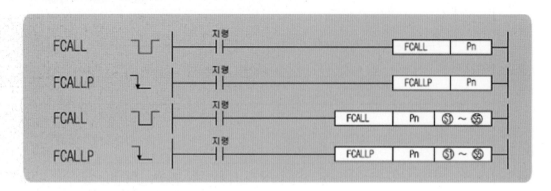

Pn : 서부루틴 프로그램의 선두 포인터 번호(디바이스명)

⑤1 ~ ⑤5 : 서브루틴 프로그램에 인수로서 건네주는 디바이스 번호(비트, 16비트, 32비트)

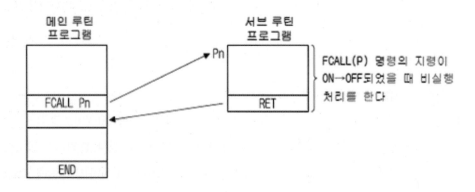

ECALL(P), 프로그램 파일 간 서브루틴 호출

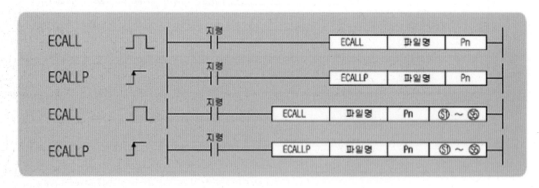

파일명 : 호출되는 프로그램 파일명(문자열)

Pn : 서브루틴 프로그램의 선두 포인터 번호(디바이스명)

⑤1 ~ ⑤5 : 서브루틴 프로그램에 인수로서 건네주는 디바이스 번호(비트, 16비트, 32비트)

동작설명

ECALL(P) 명령을 실행하면 지정 프로그램 파일명을 가진 Pn으로 지정된 포인터의 서브루틴 프로그램을 실행한다. ECALL(P) 명령에서는 다른 프로그램 파일의 로컬 포인터를 사용하는 서브루틴 프로그램을 호출할 수도 있다.

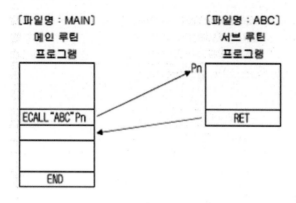

예제 프로그램 CALL명령에서 OUT(코일)으로 리턴된 M20(FY1)의 경우 강제로 디바이스가 SET된다.

그리고 이럴 경우 CALL명령과 FCALL명령을 조합하면 M30이 ON→OFF로 변경될 때, FCALL 명령에 의해 FY1(M40)의 처리가 무효가 된다. 아래 프로그램을 참고하자.

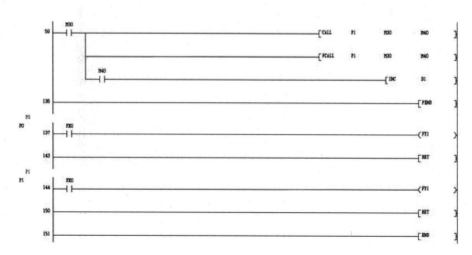

EFCALL(P), 프로그램 파일 간 서브루틴 프로그램 출력 OFF 호출

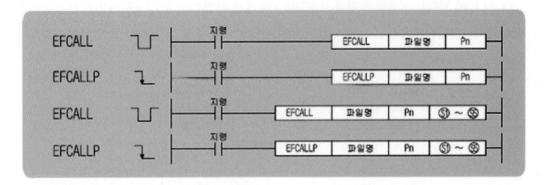

파일명 : 호출되는 프로그램 파일명(문자열)

Pn : 서브루틴 프로그램의 선두 포인터 번호(디바이스명)

Ⓢ₁ ~ Ⓢ₅ : 서브루틴 프로그램에 인수로서 건네주는 디바이스 번호(비트, 16비트, 32비트)

2.4 인덱스 수식, IX, IXEND [래더 프로그램 전체의 인덱스 수식]

인덱스 수식

　　인덱스 수식은 인덱스 레지스터[Z?]를 사용하는 간접 설정 방법이다. 시퀀스 프로그램에서
인덱스 수식을 사용하면, 사용하는 디바이스는 (직접 지정하고 있는 디바이스 번호) + (인덱스
레지스터의 내용)이 된다. 예를 들어, D2Z2를 지정하고 있을 때 Z2의 내용이 3이면 D5가 된다.
인덱스 레지스터는 16개(Z0~Z15)가 있고, 각 인덱스 레지스터에는 -32768~32768을 설정할
수 있다. 동작 예는 아래 그림과 같다.

```
    X0
 ┤├───────[MOV  K-1      Z0  ]┤   Z0에 -1을 저장한다.

    X0
 ┤├───────[MOV  D10Z0    D0  ]┤   D10Z0=D{10+(1)}=D9의 데이터를
                                  D0에 저장한다.
                ∿∿∿
                 └──────▶ 인덱스 수식
```

인덱스 수식은 다음의 제약사항을 제외하고 접점, 코일, 기본명령, 응용명령에서 사용하는 모든
디바이스를 사용할 수 있다.

디바이스	내 용
K,H	32 비트 상수
E	부동 소수점 데이터
$	문자열 데이터
[],[]	워드 디바이스의 비트 지정
FX,FY,FD	펑션 디바이스
P	라벨로서의 포인터
I	라벨로서의 인터럽트 포인터
Z	인덱스 레지스터
S	스텝 릴레이
T,ST	타이머 설정값
C	카운터 설정값

인덱스 수식이 불가능한 디바이스

디바이스	내 용	사용 예
T	• 타이머의 접점, 코일에는 Z0, Z1만 사용 가능	T0Z0 ── K100 ─< T1Z1 >─
C	• 카운터의 접점, 코일에는 Z0, Z1만 사용 가능	C0Z1 ── K100 ─< C1Z0 >─

인덱스 레지스터에 제약이 있는 디바이스

IX, IXEND 래더 프로그램 전체의 인덱스 수식

Ⓢ : 인덱스 수식 데이터가 저장되어 있는 디바이스의 선두 번호

동작설명

　IX 명령부터 IXEND 명령까지의 래더 프로그램의 각 디바이스 전체에 인덱스 수식 테이블로
설정된 수식값을 사용하여 디바이스 번호를 인덱스 수식한다.

디바이스명	인덱스 레지스터 번호		디바이스명	인덱스 레지스터 번호
ⓢ 타이머(T)의 수식값	Z0	ⓢ +8	데이터 레지스터 (D)의 수식값	Z8
ⓢ +1 카운터(C)의 수식값	Z1	ⓢ +9	링크 레지스터 (W)의 수식값	Z9
ⓢ +2 입력(X)의 수식값	Z2	ⓢ +10	파일 레지스터 (R)의 수식값	Z10
ⓢ +3 출력(Y)의 수식값	Z3	ⓢ +11	버퍼 레지스터 I/O No. (U)의 수식값	Z11
ⓢ +4 내부 릴레이(M)의 수식값	Z4	ⓢ +12	버퍼 레지스터 (G)의 수식값	Z12
ⓢ +5 래치 릴레이(L)의 수식값	Z5	ⓢ +13	링크 다이렉트 디바이스 네트워크 No. (J)의 수식값	Z13
ⓢ +6 링크 릴레이(B)의 수식값	Z6	ⓢ +14	파일 레지스터 (ZR)의 수식값	Z14
ⓢ +7 에지 릴레이(V)의 수식값	Z7	ⓢ +15	포인터(P)의 수식값	Z15

＊1 : 베이직모델 QCPU 사용시 Z10 이후의 인덱스 레지스터에는 대응하지 않음

예제 프로그램

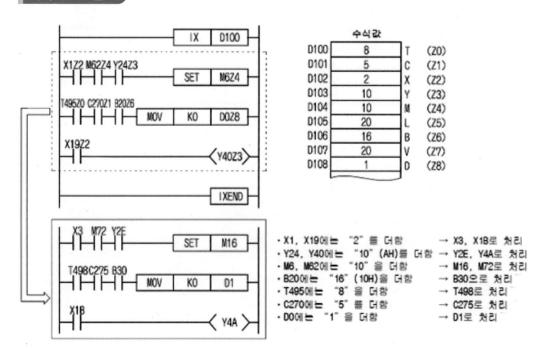

IXDEV, IXSET, 래더 프로그램 전체의 인덱스 수식에 있어서의 수식값 지정

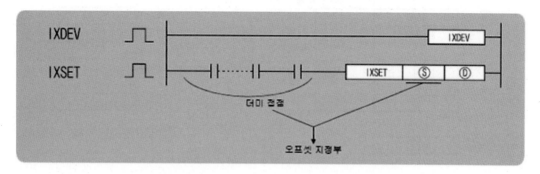

⑤ : 인덱스 수식 데이터가 저장되는 디바이스의 선두 번호(포인터값만 사용)

⑩ : 인덱스 수식 데이터가 저장되는 디바이스의 선두 번호(포인터 이외)

동작 설명

　IX, IXEND 명령에서 사용하는 인덱스 수식 테이블을 작성하는 명령이다. 오프셋 지정부에
지정된 디바이스 오프셋값을 ⑩로 지정된 인덱스 수식 테이블에 세트한다. 지정하지 않으면 0이
입력된다.

2.5 FIFW(P), 데이터 테이블에 대한 데이터 쓰기

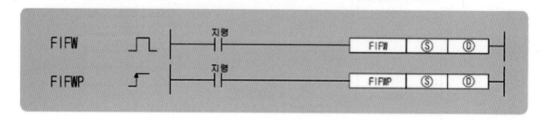

⑤ : 테이블에 대한 쓰기 데이터 또는 데이터가 저장되어 있는 디바이스 번호

⑩ : 테이블의 선두 번지

동작 설명

　⑤로 지정된 16비트 데이터를 ⑩로 지정된 데이터 테이블에 젖장한다. ⑩에는 테이블에
저장되어 있는 데이터수를 저장하고, ⑩+1 이후에는 ⑤에 저장된 데이터를 차례로 저장한다.

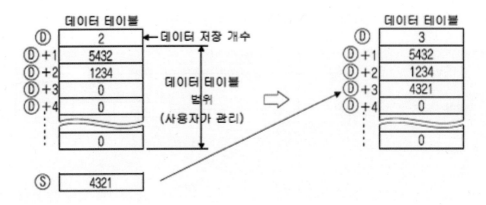

FIFW 명령을 처음 실행하는 경우는 ⒟로 지정된 디바이스값을 클리어할 것을 권한다.

예제 프로그램 X1이 ON되면 R0 이후의 데이터 테이블에 D0의 데이터를 저장하는 프로그램

동작

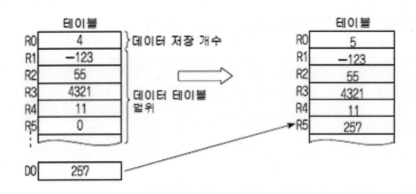

예제 프로그램 X1이 ON되면 D38~D44의 데이터 테이블에 X20~X2F의 데이터를 저장하고, 데이터 저장 개수가 6을 초과하면 Y20을 ON하여 FIFW 명령을 실행할 수 없도록 하는 프로그램

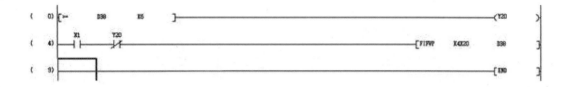

동작

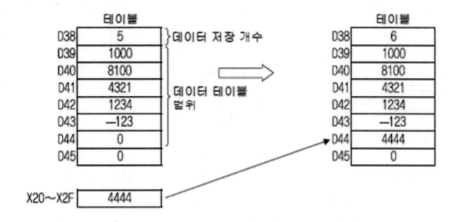

2.6 FIFR(P) [테이블에서의 선입 데이터 읽기]

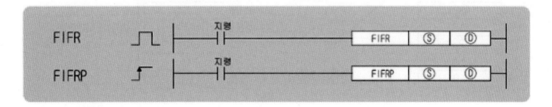

　Ⓢ : 테이블에서 읽은 데이터가 저장되는 디바이스의 선두 번호

　Ⓓ : 테이블의 선두 번호

　Ⓓ로 지정된 테이블의 가장 먼저 입력된 데이터(Ⓓ+1)를 Ⓢ로 지정된 디바이스에 저장한다. FIFR 명령을 실행한 다음에는 데이터 테이블의 데이터가 1개씩 시프트된다. Ⓓ에 저장되어 있는 값이 0일 때는 FIFR 명령이 실행되지 않도록 인터록 처리해야 한다. Ⓓ의 값이 0일 때와 데이터 테이블 범위가 해당 디바이스 범위를 초과했을 때 FIFR 명령을 실행한 경우에는 연산 에러가 되어 에러 플래그 SM0이 ON되고 에러코드가 SD0에 저장된다. Ⓓ가 0일 때의 에러코드는 4100이고, 디바이스 범위 초과 시 에러코드는 4101이다.

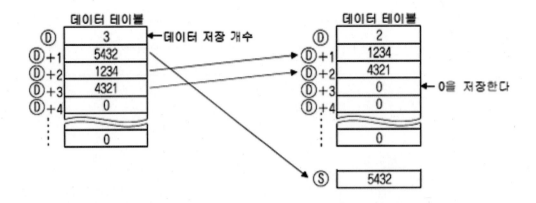

X1이 ON되면 R0~R7의 데이터 테이블에서 R1의 데이터를 D0에 저장하는 프로그램

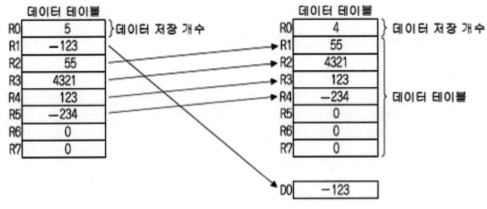

X1이 ON되면 D38~D43의 데이터 테이블에 D0의 데이터를 저장하고, 데이터 저장 개수가 5가 되면 데이터 테이블의 D39의 데이터를 R0에 저장하는 프로그램

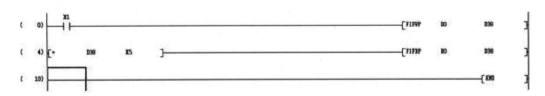

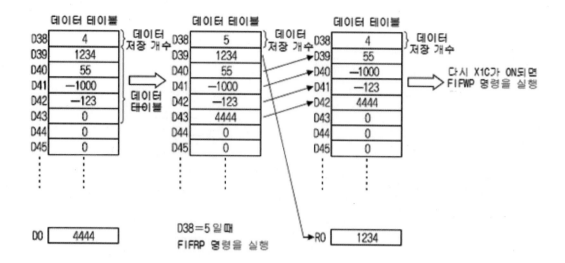

D0 | 4444

D38=5 일때
FIFRP 명령을 실행

R0 | 1234

2.7 FPOP(P) [데이터 테이블에서의 후입 데이터 읽기]

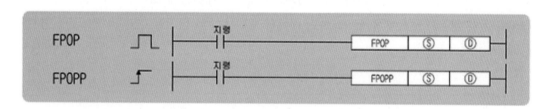

Ⓢ : 테이블에서 읽은 데이터가 저장되는 디바이스의 선두 번호

Ⓓ : 테이블의 선두 번호

Ⓓ로 지정된 테이블의 마지막에 저장되어 있는 데이터를 Ⓢ로 지정된 디바이스에 저장한다. FPOP 명령을 실행한 다음에는 FPOP 명령으로 읽은 데이터가 저장되어 있는 디바이스가 0이 된다. 이 명령어 또한 Ⓓ에 저장되어 있는 값이 0일 때 FPOP 명령이 실행되지 않도록 인터록 처리해야 한다. Ⓓ의 값이 0일 때와 데이터 테이블 범위가 해당 디바이스 범위를 초과했을 때 FPOP 명령을 실행한 경우에는 연산 에러가 되어 에러 플래그 SM0이 ON되고 에러코드가 SD0에 저장된다. Ⓓ가 0일 때의 에러코드는 4100이고, 디바이스 범위 초과 시 에러코드는 4101이다.

예제 프로그램 X2가 ON되면 R0~R7의 데이터 테이블의 마지막에 저장되어 있는 데이터를 D0에 저장하는 프로그램

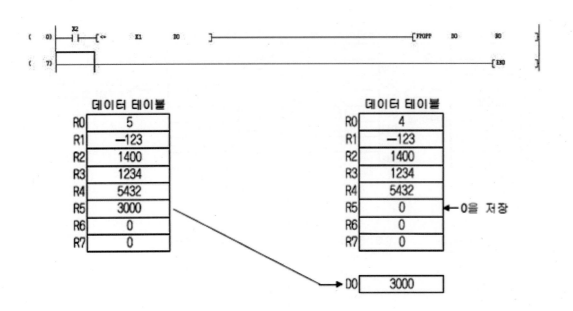

예제 프로그램   X1이 ON되면 D38~D43의 데이터 테이블에 D0의 데이터를 저장하고, 데이터 저장 개수가 5일 때 X2를 On하면 데이터 테이블의 마지막에 저장되어 있는 데이터를 R0에 저장하는 프로그램

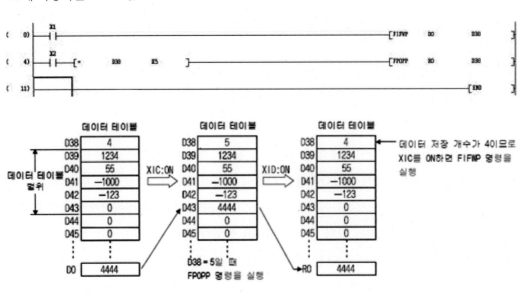

2.8 FDEL(P), FINS(P) [데이터 테이블의 데이터 삭제, 삽입]

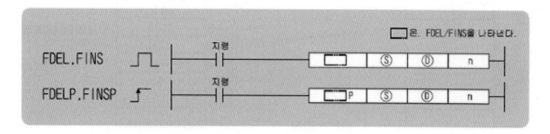

ⓢ : 삽입할 데이터가 저장되어 있는 디바이스의 선두 번호 또는 삭제 데이터가 저장되어
  있는 디바이스의 선두 번호.

ⓓ : 테이블의 선두 번호

n : 삽입/삭제하는 테이블 위치

FDEL

  ⓓ로 지정된 데이터 테이블의 n번째 데이터를 삭제하고, ⓓ로 지정된 디바이스에 저장한다.
FDEL 명령 실행 후에는 데이터 테이블의 n+1번째 이후의 데이터가 1개씩 시프트된다.

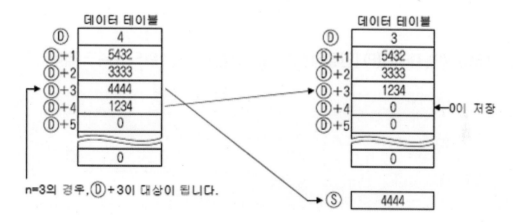

FINS

  ⓢ로 지정된 16비트 데이터를 ⓓ로 지정된 데이터 테이블의 n번째 삽입한다. FINS 명령 실행
후에는 데이터 테이블의 n번째 데이터부터 1개씩 시프트된다.

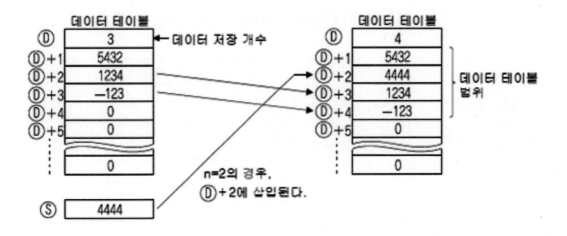

에러코드표

순번	에러코드	내용
1	4101	FDEL 명령 시 ⑩부터 n번째 위치가 데이터 저장 개수보다 클 때
2		FINS 명령 시 ⑩부터 n번째 위치가 데이터 저장 개수 +1보다 클 때
3		FDEL, FINS 명령 시 n 값이 ⑩의 테이블의 디바이스 범위 초과 시
4		FDEL, FINS 명령 시 데이터 테이블 범위가 해당 디바이스 범위 초과 시
5	4100	n=0으로 FDEL, FINS 명령을 실행하였을 때
6		⑩의 값이 0으로 FDEL 명령을 실행하였을 때

2.9 FROM(P), DFRO(P) [인텔리전트 기능 모듈에서의 1워드, 2워드 데이터 읽기]

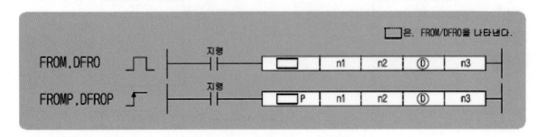

n1 : 인텔리전트 기능 모듈의 선두 입출력 번호

n2 : 읽은 데이터의 선두 어드레스

⑩ : 읽은 데이터를 저장할 디바이스의 선두 번호

n3 : 읽기 데이터수[FROM(P) : 1~6144, DFRO(P) : 1~3072(A/QnA만)]

FROM

버퍼 메모리 엑세스 명령어 중 하나로서 n1로 지정된 인텔리전트 기능 모듈의 n2로 지정된 버퍼 메모리 어드레스부터 n3워드의 데이터를 읽고 ⓓ로 지정된 디바이스 이후에 저장한다. DFRO 명령어는 2워드용이다. 예제 프로그램은 서보시스템 제어 예제를 참고해서 이해하면 편할 것으로 판단된다.

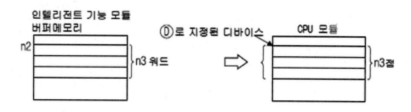

2.10 TO(P), DTO(P) [인텔리전트 기능 모듈에 대한 1워드, 2워드 데이터 쓰기]

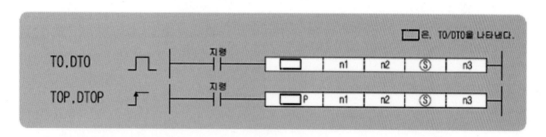

n1 : 인텔리전트 기능 모듈의 선두 입출력 번호

n2 : 데이터가 쓰여있는 영역의 선두 어드레스

ⓢ : 쓰기 데이터 또는 쓰기 데이터가 저장되어 있는 디바이스의 선두 번호

n3 : 쓰기 데이터수[FROM(P) : 1~6144, DFRO(P) : 1~3072(A/QnA만)]

TO

ⓢ로 지정된 디바이스부터 n3점의 데이터를 n1로 지정된 인텔리전트 기능 모듈의 n2로 지정된 버퍼 메모리 어드레스 이후에 쓴다. DTO는 기능이 동일한 2워드(32비트) 명령어이다.

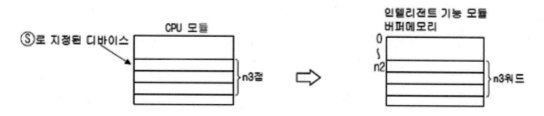

⑤에 상수를 지정한 경우 동일한 데이터(⑤에 지정된 값)를 지정한 버퍼 메모리부터 n3워드에 쓴다. ⑤에는 −32768~32768 또는 0H~FFFFH를 지정할 수 있다.

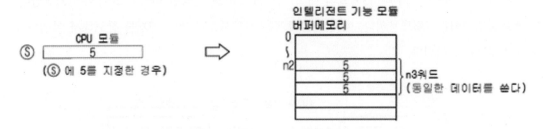

예제 프로그램은 FROM 명령어와 마찬가지로 서보시스템 제어 예제를 참고하기 바란다.

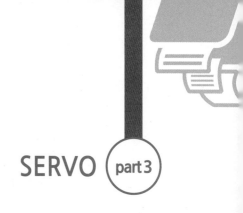

SERVO (part 3)

서보 제어란 제어량이 목푯값을 추종하도록 구성된 피드백(Feedback) 제어의 일종으로 신뢰성 있는 정밀한 제어에 주로 사용된다. 이 장에서는 서보 모터를 통한 서보 시스템을 살펴보고, GX-WORKS2를 통한 파라미터와 프로그램 작성을 살펴보도록 한다.

3.1. 서보 시스템의 구성

서보 모터를 이용한 시스템은 여러 가지 방법으로 구성 할 수 있으나, 아래 예시와 같이 크게 세 가지의 모듈로 구성된다.

① 상위제어기 : 서보 모터를 기동하기 위해 「제어 컨트롤러」(PLC, PC 등)와 접속하여 사용하는 모듈로 펄스 형태의 「지령(기동)신호」를 생성하며, 모터 제어에 필요한 각종 명령을 「제어 컨트롤러」에 제공한다.

② 서보 드라이버 : 「상위제어기」로부터 펄스 형태의 지령 신호에 따라 제어출력을 생성해 서보 모터를 구동하는 장치이며, 서보 모터의 「엔코더(회전검출기)」의 「피드백신호」를 받아 서보 모터의 위치/속도 제어를 실행한다.

③ 서보 모터 : 일반적으로 「AC동기형모터」에 회전검출기인 「엔코더」가 결합된 형태로 모터의 회전에 따라 엔코더의 회전 각도가 펄스 형태로 출력된다.

서보 시스템의 예

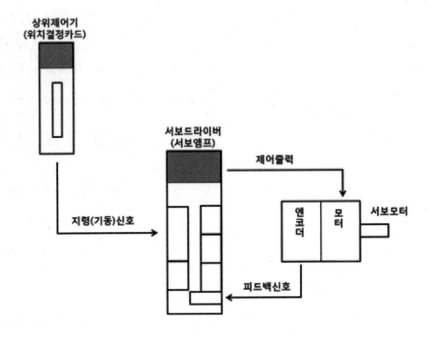

3.1.1. 상위제어기(위치결정카드) 구성

상위제어기는 접속되는 컨트롤러에 따라 그 형태 및 명칭이 달라지곤 한다. 특히 PLC에 장착하여 사용하는 상위제어기의 경우 흔히 「위치결정카드(Positioning Card)」라고 하며, 이 책에 사용된 위치결정카드는 미쓰비시 사의 「QD75MH2」를 사용한다.

「QD75MH2」는 크게 세 개의 외부 연결 포트를 가지고 있으며, 그 구성은 아래와 같다.

서보 시스템의 예

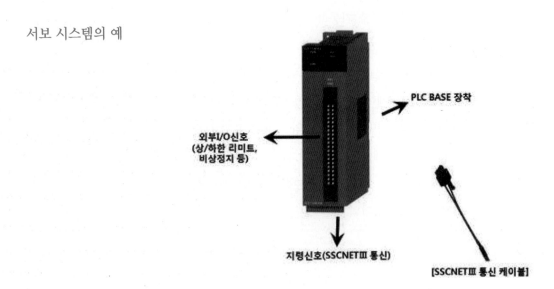

위치결정카드는 기본적으로 모듈형 Q시리즈 PLC의 「BASE에 장착하도록 구성되어 있으며, 「지령신호」는 미쓰비시 사 통신 규격인 「SSCNETⅢ 통신 케이블」을 통해 서보 드라이버로 전달된다.

「외부I/O신호」는 대표적으로 「FLS(상한 리미트 센서)」, 「RLS(하한 리미트 센서)」, 「DOG(근접 도그 센서)」, 「EMI(비상정지)」가 있으며, 특히 FLS, RLS, EMI의 경우 안전에 관련된 신호로 N.C(Normal Close, B접점)으로 구성해야 한다.

3.1.2. 서보 드라이버 구성

서보 드라이버는 「서보 앰프」라고도 하며, 입력되는 지령신호에 따라 「범용Type서보 앰프」와 「통신Type서보 앰프」로 나뉜다. 이 책에서 사용되는 「MR-J4-10B」 서보 앰프의 경우는 「SSCNETⅢ 통신Type서보 앰프」이다.

서보 드라이버(서보 앰프) MR-J4-10B 구성

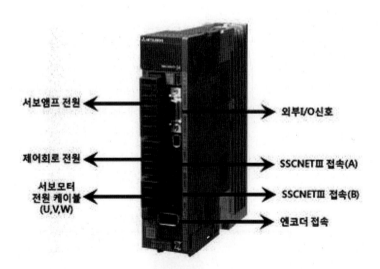

위치결정카드 QD75MH2의 경우 2개의 서보 드라이버와 연결이 가능하며, 이때 SSCNETⅢ 케이블은 다음과 같이 구성한다.

서보드라이버(서보앰프) MR-J4-10B 구성

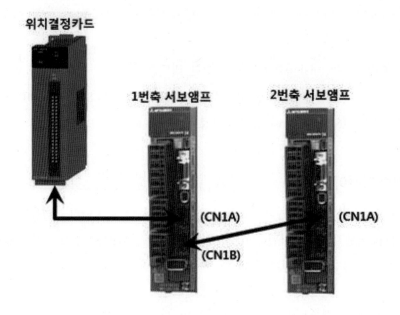

3.1.3. 서보 모터 구성

서보 모터의 가장 큰 특징으로는 회전검출기(엔코더)가 모터와 일체로 구성되어 있다는 점이다. 엔코더는 서보 모터가 회전할 때마다 펄스신호를 생성하여 서보 드라이버에 전달한다. 특히 이 책에 사용된 HG-KR13 서보 모터의 경우 「1회전에 262144(18Bit)개의 펄스 신호」가 생성되며, 이것을 「엔코더의 분해능」이라고 한다.

서보 모터와 서보 드라이버 구성

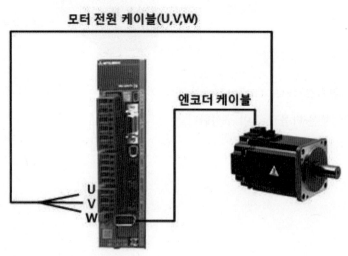

3.1.4 2축 서보 시스템 구축 실습

2축 서보 시스템 구성 예

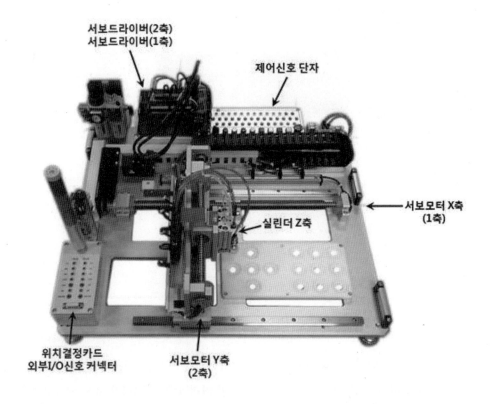

서보드라이버(2축)
서보드라이버(1축)

제어신호 단자

서보모터 X축
(1축)

실린더 Z축

위치결정카드
외부I/O신호 커넥터

서보모터 Y축
(2축)

2축 서보 시스템을 구동하기 위해 먼저 아래와 같이 배선이 잘 되어 있는지 확인한다.

서보 드라이버와 서보 모터 간의 「모터 전원 케이블」 및 「엔코더 케이블」이 잘 연결되어있는지 확인한다[1.1.3. 서보모터 구성 참조].

서보 드라이버(1축) CN1A 커넥터와 위치결정카드 간에 「SSCNETⅢ케이블」을 통한 연결을 확인한다[1.1.2. 서보드라이버 구성 참조].

서보 드라이버(1축) CN1B 커넥터와 서보드라이버(2축) CN1A 커넥터의 「SSCNETⅢ 케이블」을 통한 연결을 확인한다[1.1.2. 서보드라이버 구성 참조].

위 세 가지의 배선이 완료되면 그 다음 「외부I/O신호」를 확인한다. 「외부I/O신호」는 위치결정카드의 전면 커넥터와 서보 드라이브의 CN1 커넥터에 각각 배선할 수 있으나, 이 책에서는 위치결정카드를 이용하여 배선하는 것을 실습하도록 한다.

위치결정카드에 「외부I/O신호」를 입력하기 위해서 아래 그림과 같이 케이블을 이용하여 배선하도록 한다.

위치결정카드의 외부I/O신호 입력 케이블 결선

서보 모터 기동에 필요한 「외부I/O신호」는 「제어신호단자」를 통해 바나나 케이블을 이용하여 배선하도록 한다. 실습장비는 NPN 센서들로 이루어져 있으며 모터와 가까운 위치에 있는 센서를 RLS(하한 리미트 센서), 모터와 가장 먼 거리에 있는 센서가 FLS(상한 리미트 센서)라는 점을 명심하도록 한다.

외부I/O신호의 결선 예

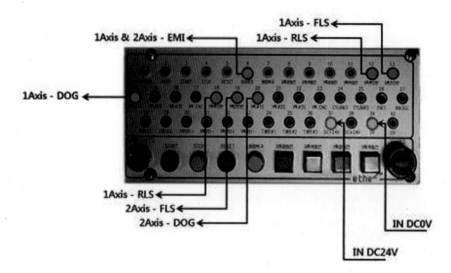

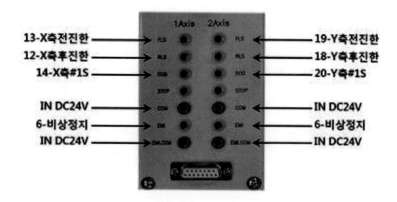

3.2. 서보 파라미터 설정

서보 모터를 기동하기 위해서는 각종 파라미터(매개변수)를 설정해야 한다. 서보 모터 기동에 필요한 파라미터는 위치결정카드와 서보 드라이버에 각각 설정을 해야 하며, 이 책에서는 GX-WORKS2를 이용한 파라미터 설정법을 익히도록 한다.

3.2.1. Intelligent Function Module(지능형 기능 모듈)

미쓰비시 사의 PLC에서 A/D 변환, D/A 변환, 위치제어, 온도제어 등을 수행하는 카드를 「Intelligent Function Module」이라고 한다. 즉, 위치결정카드를 이용하기 위해서는 GX-WORKS2 프로젝트 상에 「Intelligent Function Module」 → 「Positioning Module」 을 추가해야 한다.

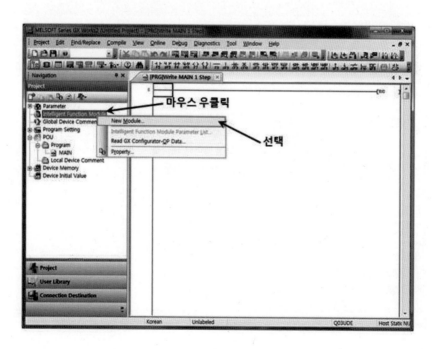

새 모듈을 추가하기 위해서는 위치결정카드의 모델명(QD75MH2) 및 위치결정카드가 꽂혀있는
BASE의 슬롯 번호, 선두I/O를 미리 알고 있어야 한다. 각 모듈의 모델명, 슬롯 번호, 선두I/O는
GX-WORKS2 상단 메뉴바의 「Diagnostics」 → 「System Monitor」에서 확인 할 수 있다.

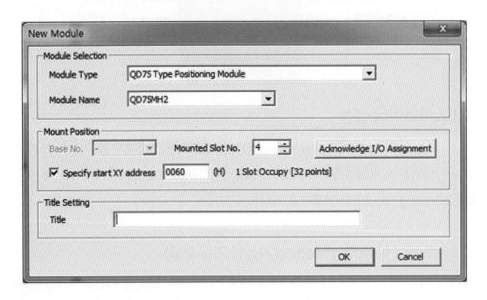

「Intelligent Function Module」이 정상적으로 추가가 되면 아래와 같이 각종 파라미터를
설정할 수 있는 메뉴를 확인할 수 있다.

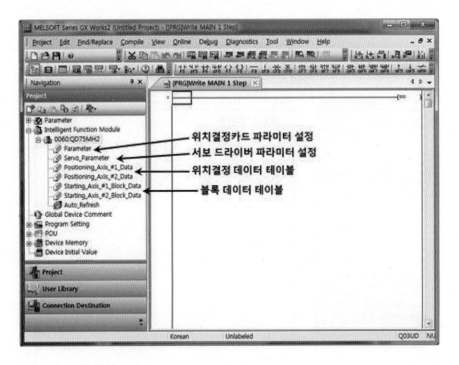

3.2.2. 위치결정카드 파라미터 설정

QD75MH2 위치결정카드는 6개의 군으로 이루어진 수많은 파라미터들로 구성되어 있다. 그 중에서도 서보 모터 기동에 꼭 필요한 주요 파라미터들을 살펴보도록 한다.

① Basic parameters 1 : 기본적인 하드웨어 세팅 파라미터

Item	Axis #1	Axis #2
Basic parameters 1	Set according to the machine and applicable motor when system is started up.(This parameter	
Unit setting	0:mm	0:mm
No. of pulses per rotation	262144 pulse	262144 pulse
Movement amount per rotation	5000.0 um	5000.0 um
Unit magnification	1:x1 Times	1:x1 Times

- Unit setting : 프로그램에서 처리할 위치데이터의 단위를 설정
- No. of pulses per rotation : 1회전당 펄스수를 의미하며, 엔코더의 분해능을 입력
- Movement amount per rotation : 1회전당 이동거리로 감속기를 사용하지 않을 시, 볼스크류의 리드를 입력
- Unit magnification : 단위 배율을 의미하며, 이 책에서는 1:1 배율을 사용

② Basic parameters 2 : 시스템 최대 속도 제한 및 기본 가감속 시간

Basic parameters 2		
Speed limit value	10000.00 mm/min	10000.00 mm/min
Acceleration time 0	200 ms	200 ms
Deceleration time 0	200 ms	200 ms

- Speed limit value : 서보 시스템의 전체 속도 제한값
- Acceleration time 0 : 기본 가속 시간으로 정지 상태에서 Speed limit value까지 가속하는 데 걸리는 시간
- Deceleration time 0 : 기본 감속 시간으로 Speed limit value에서 정지 상태까지 감속하는 데 걸리는 시간

③ Detailed parameters 1 : 백래쉬 보정 / 소프트웨어 리미트 / 외부I/O신호로직 등

Detailed parameters 1	Set according to the system configuration when the system is started up.(This parameter	
Backlash compensation amount	0.0 um	0.0 um
Software stroke limit upper limit value	214748364.7 um	214748364.7 um
Software stroke limit lower limit value	-214748364.8 um	-214748364.8 um
Software stroke limit valid/invalid selection	0:Valid	0:Valid
Command in-position width	10.0 um	10.0 um
Torque limit setting value	300 %	300 %
M code ON signal output timing	0:WITH Mode	0:WITH Mode
Speed switching mode	0:Standard Speed Switch Mode	0:Standard Speed Switch Mode
Interpolation speed designation method	0:Composite Speed	0:Composite Speed
Current feed value during speed control	0:Not update of sending current value	0:Not update of sending current value
Input signal logic selection:External command/switching signal	0:Negative Logic	0:Negative Logic
Input signal logic selection:Near-point signal	0:Negative Logic	0:Negative Logic
Input signal logic selection:Manual pulse generator input	0:Negative Logic	0:Negative Logic
External input signal selection	0:Use Input of QD75MH	0:Use Input of QD75MH
Manual pulse generator input selection	0:A Phase/B Phase Mode(4 Multiply)	
Speed-position function selection	0:Speed-position switching control (INC Mode)	0:Speed-position switching control (INC Mode)
Forced stop valid/invalid selection	0:Valid	

④ Detailed parameters 2 : 가감속 시간 / JOG 최대 속도 제한 및 가감속 / 긴급정지 등

Detailed parameters 2	Set according to the system configuration when the system is started up. (Set as required.)	
Acceleration time 1	1000 ms	1000 ms
Acceleration time 2	1000 ms	1000 ms
Acceleration time 3	1000 ms	1000 ms
Deceleration time 1	1000 ms	1000 ms
Deceleration time 2	1000 ms	1000 ms
Deceleration time 3	1000 ms	1000 ms
JOG speed limit value	6000.00 mm/min	6000.00 mm/min
JOG operation acceleration time selection	0:200	0:200
JOG operation deceleration time selection	0:200	0:200
Acceleration/deceleration process selection	0:Trapezoidal Acceleration/Deceleration Processing	0:Trapezoidal Acceleration/Deceleration Processing
S-curve ratio	100 %	100 %
Sudden stop deceleration time	1000 ms	1000 ms
Stop group 1 sudden stop selection	0:Normal Deceleration Stop	0:Normal Deceleration Stop
Stop group 2 sudden stop selection	0:Normal Deceleration Stop	0:Normal Deceleration Stop
Stop group 3 sudden stop selection	0:Normal Deceleration Stop	0:Normal Deceleration Stop
Positioning complete signal output time	300 ms	300 ms
Allowable circular interpolation error width	10.0 um	10.0 um
External command function selection	0:External Positioning Start	0:External Positioning Start
Speed control 10 x multiplier setting for degree axis	0:Invalid	0:Invalid
Restart allowable range when servo OFF to ON	0 pulse	0 pulse

- Acceleration time 1/2/3 : 기본 가속 시간 이외에 선택하여 사용할 수 있는 가속 시간

- Deceleration time 1/2/3 : 기본 감속 시간 이외에 선택하여 사용할 수 있는 감속 시간

- JOG speed limit value : JOG 속도 제한 값으로 Basic parameters 2의 Speed limit value 이하로 설정

- JOG operation acceleration time selection : JOG 운전 시, 사용할 가속 시간 선택으로 Acceleration time 0/1/2/3 중에 택 1

- JOG operation deceleration time selection : JOG 운전 시, 사용할 감속 시간 선택으로 deceleration time 0/1/2/3 중에 택 1

⑤ OPR basic parameters : 원점복귀 기본 파라미터

OPR basic parameters	Set the values required for carrying out OPR control.(This parameter become valid when the	
OPR method	5:Count Method(2)	5:Count Method(2)
OPR direction	1:Reverse Direction(Address Decrease Direction)	1:Reverse Direction(Address Decrease Direction)
OP address	0.0 um	0.0 um
OPR speed	2000.00 mm/min	2000.00 mm/min
Creep speed	200.00 mm/min	200.00 mm/min
OPR retry	1:Retry OPR with limit switch	1:Retry OPR with limit switch

- OPR method : 원점복귀 방법 지정

 - 「Near-point Dog Method」/「Count Method(1)」/의 경우 서보 모터 엔코더의 Z상을 이용하므로 서보 전원 투입 후 최소 1회 이상 JOG 운전을 통해 서보 모터를 1회전 기동해야 한다.

 - 「Count Method(2)」는 근접도그센서를 이용한 원점복귀로 원점복귀 중 근접도그센서가 On하는 순간 Creep speed로 감속하며, 그 후 「OPR derailed parameters」의 「Setting for the movement amount after near-point dog ON」에 설정한 거리만큼 이동한 후 원점복귀를 완료한다.

- OPR direction : 원점복귀 방향 지정

- OPR address : 원점복귀 완료 시, 좌푯값 지정

- OPR speed : 원점복귀 기동 속도

- Creep speed : 근접도그센서 감지 후 감속되는 속도 지정

- OPR retry : 원점복귀 중 상/하한 리미트 센서가 감지될 경우 서보 모터를 정지할지 혹은 원점복귀 방향을 반대로 바꿀지 선택

⑥ OPR detailed parameters : 원점복귀 상세 파라미터

OPR detailed parameters	Set the values required for carrying out OPR control.	
Setting for the movement amount after near-point dog ON	5000.0 um	5000.0 um
OPR acceleration time selection	0:200	0:200
OPR deceleration time selection	0:200	0:200
OP shift amount	0.0 um	0.0 um
OPR torque limit value	300 %	300 %
Operation setting for incompletion of OPR	0:Not execute positioning	0:Not execute positioning
Speed designation during OP shift	0:OPR Speed	0:OPR Speed
Dwell time during OPR retry	0 ms	0 ms

- Setting for the movement amount after near-point dog ON : 원점복귀 방법을 「Count Method(1)/(2)」로 지정한 경우 근접도그센서 감지 후 이동거리 지정
  - 단 원점복귀 속도와 크리프 속도가 빠를수록 그리고 원점복귀 감속 시간이 길수록 세팅값이 증가한다. 이 세팅값이 충분치 않을 경우 원점복귀 정지 시 에러 발생
- OPR acceleration time selection : 원점복귀 시 가속 시간 선택
- OPR deceleration time selection : 원점복귀 시 감속 시간 선택

3.2.3. 서보 드라이버 파라미터 설정

MJ-J4-10B 서보 드라이버는 통신Type서보 앰프로서 SSCNETⅢ 통신케이블을 통해 GX-WORKS2 상에서 파라미터 설정이 가능하다. 서보 드라이버의 파라미터들은 주로 모터에 인가되는 부하에 따라 자동으로 튜닝되는 것이 많다. 다만 몇 가지 파라미터들은 사용자가 직접 설정해야 되는 부분이 있기에 아래에서 살펴보도록 한다.

Item	Axis #1	Axis #2
Servo amplifier series	Used to select the servo amplifier series, which is connected to the QD75MH.	
Servo series	1:MR-J3-B	1:MR-J3-B
Basic setting parameters	Set basic setting in this parameter.	
Control Mode	Use to select the control mode.	
Control construction selection	0	0
Regenerative brake option	Used to select the regenerative brake option.	
Regenerative brake option	00h:Not use option at 7Kw or less amplifier	00h:Not use option at 7Kw or less amplifier
Absolute position detection system	Used to select the absolute position detection system.	
Absolute position detection system selection	0:Invalid(Use in incremental system)	0:Invalid(Use in incremental system)
Function selection A-1	Used to select the forced stop of the servo amplifier.	
Forced stop input selection	1:Invalid(Not use forced stop input)	1:Invalid(Not use forced stop input)
Auto tuning mode	Set the item presumed in auto tuning mode	
Gain adjustment mode	1:Automatic Tuning Mode 1	1:Automatic Tuning Mode 1
Auto tuning response	12:37.0Hz	12:37.0Hz
In-position range	100 pulse	100 pulse
Rotation direction selection	0:CCW direction in increasing positioning address	1:CW direction in increasing positioning address
Encoder output pulses	4000 pulse/rev	4000 pulse/rev
Encoder output pulses 2	0	0

① Servo amplifier series → Servo series : 서보 드라이버의 종류를 선택한다.

② Function selection A-1 → Forced stop input selection : 비상정지의 사용 여부를 선택한다. 본 실습에서는 비상정지를 위치결정카드로 배선을 하였기에 이 파라미터 항목을 「Invalid(Not use forced stop input」으로 선택한다.

③ Auto tuning mode → Rotation direction selection : 모터 정회전 기동 명령 시, 모터의 회전방향을 선택하는 것으로써, 1축은 CCW / 2축은 CW로 서로 다르게 설정한다.

• 본 실습에서는 모터 쪽을 하한(역회전)으로 하고 모터에서 멀어지는 방향을 상한(정회전)으로 실습하도록 한다.

• 1번 축은 모터와 볼스크류가 타이밍밸트를 이용하여 연결되어 있으며, 2번 축은 커플링을 이용하여 연결되어 있어 서로 회전 방향에 따른 정/역방향이 반대이다.

3.2.4. 파라미터 쓰기

「Intelligent Function Module」로 설정한 데이터는 GX-WORKS2 메뉴바 상단의 [Online] → [Write to PLC]를 통해 PLC로 전송할 수 있다.

단, 파라미터는 전원이 On/Off된 후 적용되는 부분도 존재하므로 파라미터값을 변경 후에는 반드시 장비의 전원을 On/Off 하도록 한다.

① [Online] → [Write to PLC]

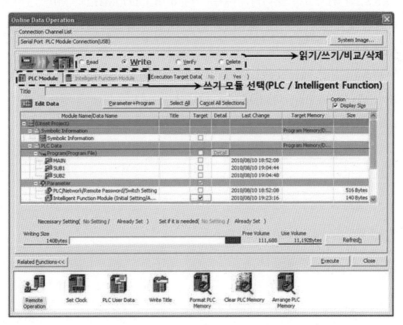

② [Online] → [Write to PLC] → [Intelligent Function Module]

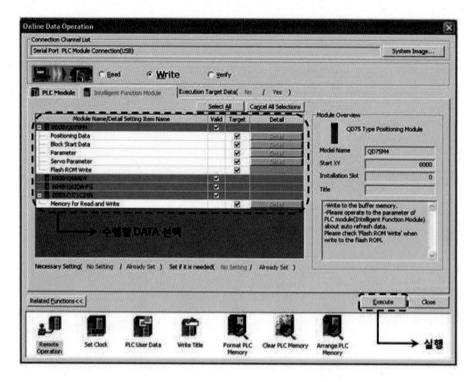

3.2.5. 위치결정 모니터

GX-WORKS2의 위치결정 모니터 기능을 이용하면 QD75MH2와 MR-J3-10B와의 통신 상태, 서보 모터의 운전 및 동작 상태, 외부I/O신호의 연결 상태 등을 모니터할 수 있다.

- GX-WORKS2 상단 메뉴바의 [Tools] → [Intelligent Function Module Tool] → [QD75/LD75 Positioning Module] → [Positioning Monitor]를 선택한다.

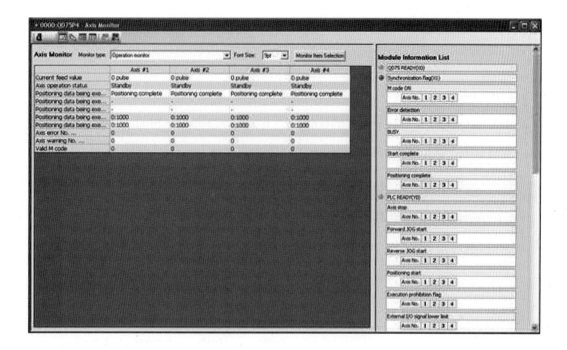

• 표시내용

항목	내용
툴바	각 기능을 실행하는 툴 버튼 각 툴 버튼에서 각 이력을 확인하거나 모니터를 시작/정지
모니터 종류	운전 모니터
	동작 모니터(축 제어)
	동작 모니터(속도/위치 제어)
	동작 모니터(원점복귀 모니터)
	동작 모니터(JOG/수동 펄스 발생기)
	서보 모니터(서보 상태)
	서보 모니터(토크 제어/서보 부하율)
	서보 모니터(토크 파라미터 설정 내용)
	서보 모니터(서보 파라미터 에러)
모듈 정보 일람	QD75 준비 완료(X0), 동기용 플래그(X1), M 코드 ON 등의 항목을 축마다 모니터한다.

3.2.6. 위치결정 테스트

GX-WORKS2의 위치결정 테스트 기능을 이용하여 프로그램의 작정 전 미리 서보를 기동해볼 수 있다.

① GX-WORKS2 상단 메뉴바의 [Tools] → [Intelligent Function Module Tool]
   → [QD75/LD75 Positioning Module] → [Positioning Test]를 선택한다.

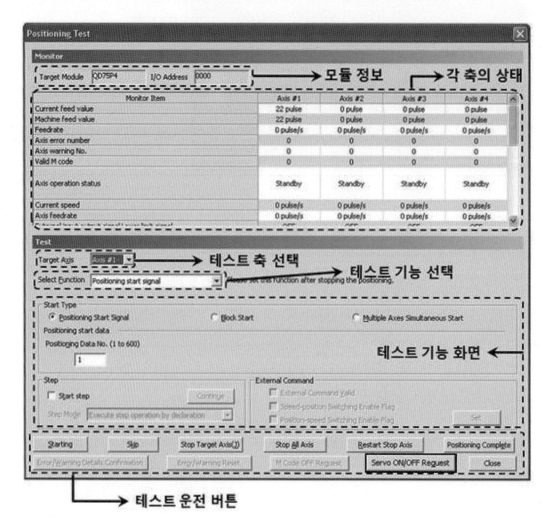

② 모듈 정보와 각 축의 상태를 확인하고, 테스트할 축을 선택한다.

③ QD75MH2의 경우 「Servo ON」을 테스트 운전 버튼의 「Servo ON/OFF Request」 버튼을 통해 수행할 수 있다.

- Starting : 설정된 위치결정을 기동
- Skip : 위치결정 기동 중에 클릭하면 실행 중인 연속 위치결정을 감속 정지하여 다음 위치 결정 No.의 기동을 실행
- Stop Target Axis : 위치결정 기동 중에 클릭하면 "Target Axis"에 선택되어 있는 축에 대하여 위치결정 제어를 정지
- Stop All Axis : 위치결정 기동 중에 클릭하면 모듈의 전축에 대하여 위치결정 제어를 정지
- Restart Stop Axis : 위치결정 정지 중에 클릭하면 정지 중인 위치결정을 재기동
- Positioning Complete : 다음 위치결정 No.가 기동하기 전에 위치결정을 종료
- Error/Warning Details Confirmation : 에러 또는 경고가 발생하고 있는 축이 "Target Axis"로 설정되어 있는 경우에 대상축의 에러/경고 내용 확인 화면을 표시
- Error/Warning Reset : 에러 또는 경고가 발생하고 있는 축이 "Target Axis"로 설정되어 있는 경우에 대상축의 에러/경고를 클리어
- M Code OFF Request : M 코드 ON 중에 축이 "Target Axis"로 설정되어 있는 경우에 M 코드 ON 상태를 OFF로 변경
- Servo ON/OFF Request : QD75M/MH일 때 서보 ON/OFF 요구를 실행. 수행하고자 하는 테스트 기능을 선택하여, 서보 모터를 기동한다.
- Positioning start signal : 위치결정 데이터 No.를 지정하여 테스트 기동
- JOG / Manual Pulse Generator / OPR : JOG / 수동펄스발생기 / 원점복귀를 테스트기동

3.3. 서보 프로그램 작성

서보 시스템의 배선과 파라미터 및 테스트 운전이 끝나면 GX-WORKS2를 통해 서보 기동 프로그램을 작성할 수 있다.

3.3.1. CPU와 위치결정카드(QD75MH) 간의 입출력 신호

신호방향 : QD75MH -> CPU			신호방향 : CPU -> QD75MH		
디바이스	신호명칭		디바이스	신호명칭	
X0	QD75 준비완료		Y0	시퀀스 Ready	
X1	동기용 플래그		Y1	전체축 서보 ON	
X2	사용금지		Y2	사용금지	
X3			Y3		
X4	축1	M 코드 ON	Y4	축1	축 정지
X5	축2		Y5	축2	
X6	축3		Y6	축3	
X7	축4		Y7	축4	
X8	축1	에러검출	Y8	축1	정전 JOG 기동
X9	축2		Y9	축1	역전 JOG 기동
XA	축3		YA	축2	정전 JOG 기동
XB	축4		YB	축2	역전 JOG 기동
XC	축1	BUSY	YC	축3	정전 JOG 기동
XD	축2		YD	축3	역전 JOG 기동
XE	축3		YE	축4	정전 JOG 기동
XF	축4		YF	축4	역전 JOG 기동
X10	축1	기동완료	Y10	축1	위치결정 기동
X11	축2		Y11	축2	
X12	축3		Y12	축3	
X13	축4		Y13	축4	
X14	축1	위치결정완료	Y14	축1	실행금지 플래그
X15	축2		Y15	축2	
X16	축3		Y16	축3	
X17	축4		Y17	축4	
X18	사용금지		Y18	사용금지	
X19			Y19		
X1A			Y1A		
X1B			Y1B		
X1C			Y1C		
X1D			Y1D		
X1E			Y1E		
X1F			Y1F		

3.3.2. 버퍼 메모리(Buffer Memory)

버퍼 메모리란 CPU와 주변장치 사이에 발생하는 전송속도의 차이를 해결하기 위한 임시 기억장치로 Flash ROM에 기록된 각종 파라미터들의 정보가 초기 전원 ON 시 버퍼 메모리 영역에 기입된다. CPU는 이 버퍼 메모리 영역에 서보 기동에 필요한 파라미터를 쓰거나 혹은 필요한 정보를 읽기 가능하다. 버퍼 메모리 영역은 주소와 데이터로 이루어져 있어 사용자가 MOV/TO/FROM 명령 등을 통해 해당 주소에 데이터를 읽거나 쓰기가 가능하며, 해당 버퍼 메모리는 각 주소마다 고유 기능(파라미터)이 지정되어 있어 그 기능에 맞게 서보를 기동하게 된다.

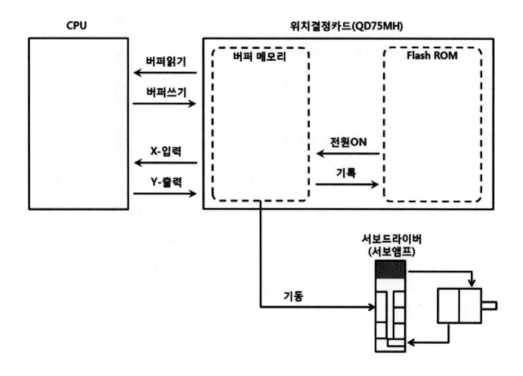

3.3.3. 서보 ON/OFF 프로그램

서보 모터는 운전 정지 시에도 제 위치를 기억하는 정지 토크를 가지고 있다. 또한 모터 정지 시에 외란에 의해 모터의 현재 위치가 바뀌더라도 엔코더의 피드백 펄스를 이용하여 제 위치를 찾아가려는 성질을 가지고 있다. 이러한 정지 토크 기능을 서보 ON이라고 하며, 서보 기동 전 꼭 서보가 ON 상태인지 확인해야 한다.

서보 ON 기능은 서보 드라이브의 종류에 따라 외부 스위치에 의한 서보 ON 방식과 통신 지령에 따른 서보 ON으로 나뉜다. 이 책에서 사용되는 서보 드라이브 MR-J4-10B는 통신Type 서보드라이브로써 "Y61" 신호에 의해 서보 ON/OFF를 할 수 있다.

① QD75MH의 버퍼 메모리 및 입출력 신호

PLF 지령의 ON→OFF 시에 지정 디바이스를 1스캔 ON하고, 그 이외(OFF→OFF, OFF→ON, ON→ON)일 때에는 OFF 상태를 유지한다.

영역	기능	주소	
		1축	2축
QD75 입출력신호 (선두I/O : 60)	QD75 → CPU Ready	X60	
	CPU → QD75 Ready	Y60	
	전체 축 서보 On	Y61	
PLC 입출력신호	비상정지(b접점)	X5	

서보 기동 프로그램은 제일 먼저 CPU와 QD75 간 Ready 신호를 주고받는 것으로 시작된다. Ready 신호는 일반적으로 CPU에서 QD75에 "Y60"을 통해 준비 요구 신호를 보내면, QD75에서 CPU로 "X60"을 통해 준비 응답을 한다.

X60을 통해 QD75의 준비를 확인하면 "Y61"을 통해 서보를 ON할 수 있다.

② PLC 프로그램

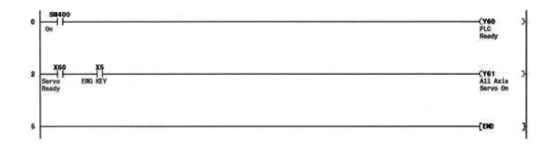

3.3.4. JOG 운전 프로그램

JOG 운전이란 임의의 이동량 만큼 서보 모터를 기동하는 방법이다. JOG 운전을 위해서는 JOG 최대 속도/JOG 가감속 시간 등의 파라미터와 JOG 현재 속도를 결정하는 버퍼 메모리 주소 및 JOG 정/역회전 기동 신호가 필요하다.

① QD75MH의 버퍼 메모리 및 입출력 신호

영역	기능	주소	
		1축	2축
버퍼메모리	JOG 기동 속도	G1518	G1618
		G1519	G1619
QD75 입출력신호 (선두I/O : 60)	QD75 → CPU Ready	X60	
	CPU → QD75 Ready	Y60	
	전체 축 서보 On	Y61	
	JOG 정회전 기동	Y68	Y6A
	JOG 역회전 기동	Y69	Y6B
PLC 입출력신호	비상정지(b접점)	X5	
	1축 정회전 스위치	X7	
	1축 역회전 스위치	X8	
	2축 정회전 스위치	X9	
	2축 역회전 스위치	XA	

JOG 운전은 JOG 정회전 기동 신호인 "Y68(1축)", "Y6A(2축)"와 JOG 역회전 기동 신호인 "Y69(1축)", "Y6B(2축)"으로 기동할 수 있다. 다만 JOG 기동 전 반드시 JOG 기동 속도를 지정하는 버퍼 메모리(G1518/G1519, G1618/G1619)에 기동 속도를 기입해야 한다. 이때 MOV 명령을 사용하여 버퍼메모리에 데이터를 기입할 수 있으며, JOG 기동 속도는 더블워드(Double Word = 32Bit)를 사용하므로 [DMOV K100000 U6₩G1518]과 같이 기입한다. "K100000"는 기입할 데이터로 "1000.00mm/min"을 의미하며 "U6"은 "QD75의 선두 I/O"이고 "G1518"은 "버퍼메모리 주소"를 의미한다.

② PLC 프로그램

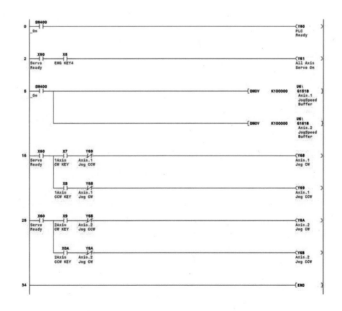

3.3.5. 원점복귀 프로그램

원점복귀는 인크리멘탈 엔코더가 장착된 서보 모터를 사용할 경우 전원 투입 후 반드시 1회 이상 기동시켜야 되는 기능이다. 원점복귀는 위치제어를 사용하는 서보 모터에 기준(0점)을 잡아주는 역할을 수행한다.

미쓰비시 사 서보 시스템의 경우 원점복귀도 위치결정제어의 일종으로 다루고 있다. 그 방법은 위치결정기동번호지정 버퍼메모리(G1500:1축, G1600:2축)에 K9001을 기입 후, 위치결정기동 신호(Y70, Y71)를 On하면 자동으로 원점 복귀를 실시한다.

① QD75MH의 버퍼 메모리 및 입출력 신호

영역	기능	주소	
		1축	2축
버퍼메모리	위치결정기동번호	G1500	G1600
QD75 입출력신호 (선두I/O : 60)	QD75 → CPU Ready	X60	
	CPU → QD75 Ready	Y60	
	전체 축 서보 On	Y61	
	축 기동 중(Busy)	X6C	X6D
	위치결정 기동	Y70	Y71
	기동 완료	X70	X71
PLC 입출력신호	비상정지(b접점)	X5	
	원점복귀 스위치	X6	

② PLC 프로그램

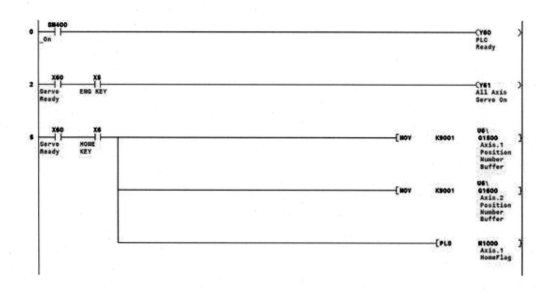

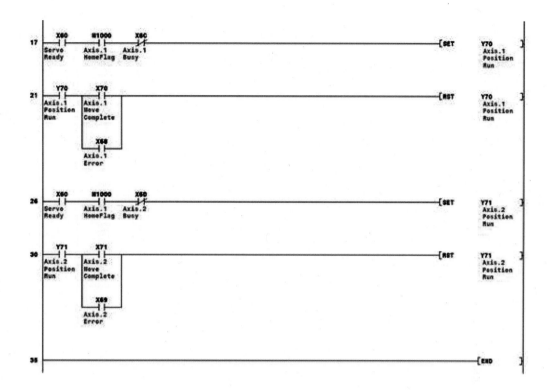

3.3.6. 모니터링 프로그램

서보 모터는 현재 기동 상태 및 에러 코드 등 여러 가지 상태를 PLC에서 모니터링할 수 있다. 그러기 위해서 해당 버퍼 메모리에서 데이터를 PLC로 가져와야 한다. 이 장에서는 서보의 현재 위치(단위 0.0um) 및 에러 코드를 모니터링하고 에러 발생 시 에러를 리셋하는 기능을 실습하도록 한다.

① QD75MH의 버퍼 메모리 및 입출력 신호

영역	기능	주소	
		1축	2축
버퍼메모리	서보 현재 위치	G800	G900
	서보 에러 코드	G806	G906
	서보 에러 리셋	G1502	G1602
QD75 입출력신호 (선두I/O : 60)	QD75 → CPU Ready	X60	
	CPU → QD75 Ready	Y60	
	전체 축 서보 On	Y61	
	축 에러	X68	X69
PLC 입출력신호	비상정지(b접점)	X5	
	에러 리셋 스위치	X4	

② PLC 프로그램

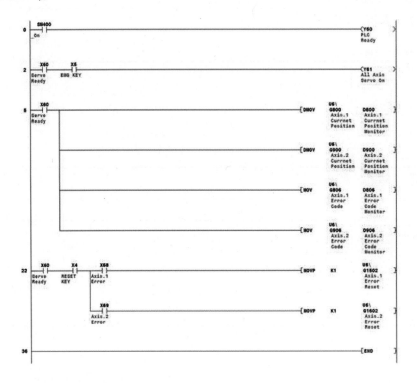

3.3.7. 위치결정제어 – 1축 절대좌표 제어(ABS Line1)

위치결정제어란 서보의 궤적을 시작점과 끝점으로 지정하여 기동하는 방법을 의미한다. 미쓰비시 사 서보 시스템의 경우 일명 위치결정 테이블(Positioning Table)이라 하는 별도의 버퍼 메모리에 서보 기동에 필요한 좌푯값을 미리 기입해 두고, 기동 시 테이블에 저장된 번호를 이용하여 서보를 기동하게 된다. 위치결정 테이블 번호는 각 축마다 1~600번까지 사용이 가능하며, GX-WORKS2에서는 Intelligent Funtion Moudle → QD75MH → Positioning_Axis#No_DATA에서 기입이 가능하다.

① 위치결정제어 동작도

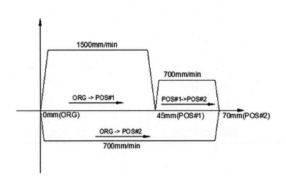

② 위치결정 테이블 1축 세팅

No.	Operation pattern	Control system	Axis to be interpolated	Acceleration time No.	Deceleration time No.	Positioning address	Arc address	Command speed	Dwell time	M code
1	0:END	01h:ABS line 1	-	0:200	0:200	45000.0 um	0.0 um	1500.00 mm/min	0 ms	0
	<Positioning Comment>									
2	0:END	01h:ABS line 1	-	0:200	0:200	70000.0 um	0.0 um	700.00 mm/min	0 ms	0
	<Positioning Comment>									

③ QD75MH의 버퍼 메모리 및 입출력 신호

영역	기능	주소	
		1축	2축
버퍼메모리	위치결정기동번호	G1500	G1600
QD75 입출력신호 (선두I/O : 60)	QD75 -> CPU Ready	X60	
	CPU -> QD75 Ready	Y60	
	전체 축 서보 On	Y61	
	축 기동 중(Busy)	X6C	X6D
	위치결정 기동	Y70	Y71
	기동 완료	X70	X71
PLC 입출력신호	MANUAL 스위치(POS#1선택)	X0	
	AUTO 스위치(POS#2선택)	X1	
	START 스위치(위치결정기동)	X2	
	비상정지(b접점)	X5	
	원점복귀 스위치	X6	

④ PLC 프로그램

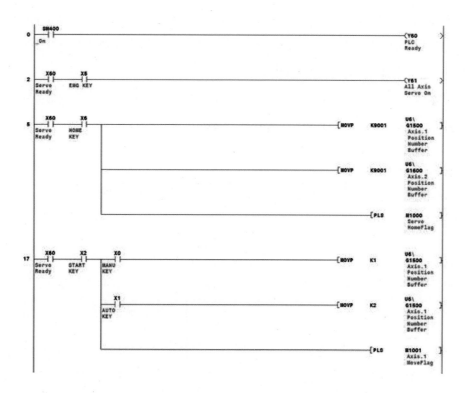

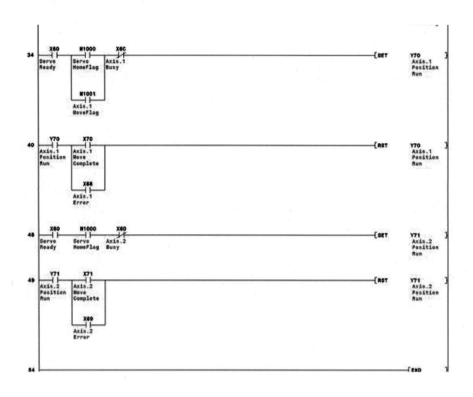

3.3.8. 위치결정제어 - 2축 절대좌표 보간제어(ABS Line2)

보간제어란 2개의 서보 모터를 동시에 기동하되 그 궤적이 직선이 되도록 PTP(Point To Point) 방식으로 제어하는 것을 말한다. 보간제어를 사용하지 않으면 두 개의 서보 모터의 속도를 일일이 계산해야 하는 번거로움이 생기게 된다.

만약 2000 mm/min의 속도로 1번 축을 200 mm, 2번 축을 100 mm로 설정했을 때, 각 축을 보간제어 없이 동시 기동했을 때와 보간제어를 이용하여 제어했을 시 그 차이는 아래와 같다.

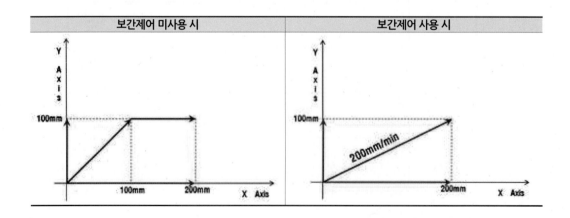

① 위치결정 테이블 1축 세팅

No.	Operation pattern	Control system	Axis to be interpolated	Acceleration time No.	Deceleration time No.	Positioning address	Arc address	Command speed	Dwell time	M code
1	0:END	01h:ABS line 1	-	0:200	0:200	200000.0 um	0.0 um	2000.00 mm/min	0 ms	0
	<Positioning Comment>									
2	0:END	0Ah:ABS line 2	Axis #2	0:200	0:200	200000.0 um	0.0 um	2000.00 mm/min	0 ms	0
	<Positioning Comment>									

② 위치결정 테이블 2축 세팅

No.	Operation pattern	Control system	Axis to be interpolated	Acceleration time No.	Deceleration time No.	Positioning address	Arc address	Command speed	Dwell time	M code
1	0:END	01h:ABS line 1	-	0:200	0:200	100000.0 um	0.0 um	2000.00 mm/min	0 ms	0
	<Positioning Comment>									
2						100000.0 um	0.0 um	0.00 mm/min		
	<Positioning Comment>									

③ QD75MH의 버퍼 메모리 및 입출력 신호

영역	기능	주소	
		1축	2축
버퍼 메모리	위치결정기동번호	G1500	G1600
QD75 입출력신호 (선두I/O : 60)	QD75 → CPU Ready	X60	
	CPU → QD75 Ready	Y60	
	전체 축 서보 On	Y61	
	축 기동 중(Busy)	X6C	X6D
	위치결정 기동	Y70	Y71
	기동 완료	X70	X71
PLC 입출력신호	MANUAL 스위치(POS#1선택)	X0	
	AUTO 스위치(POS#2선택)	X1	
	START 스위치(위치결정기동)	X2	
	비상정지(b접점)	X5	
	원점복귀 스위치	X6	

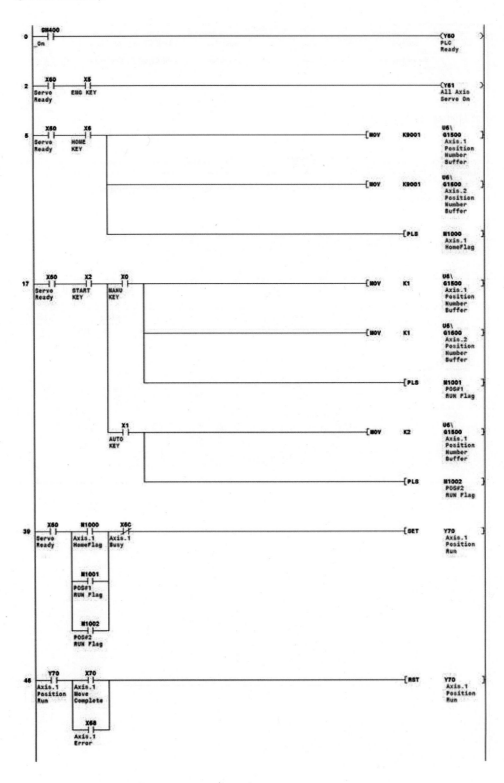

3.3.9. 티칭 운전

서보 모터의 위치결정운전 시, 위치결정테이블에 서보의 궤적을 일일이 계산하여 기입하기란 사실상 불가능에 가깝다. 따라서 산업 현장에서는 JOG 운전 기능을 이용하여 서보 모터를 작업 위치로 수동 조작 기능을 이용해 이동시키고, 그때 현재 좌푯값을 위치결정테이블의 해당 번호에 기입하도록 구성한다. 이러한 기능을 티칭 운전이라고 한다.

① 위치결정테이블의 버퍼 메모리 일람

축1용									
데이터 No.	위치 결정 식별자	M코드	드웰 타임	지령속도		위치결정 어드레스		원호 데이터	
				하위	상위	하위	상위	하위	상위
1	2000	2001	2002	2004	2005	2006	2007	2008	2009
2	2010	2011	2012	2014	2015	2016	2017	2018	2019
3	2020	2021	2022	2024	2025	2026	2027	2028	2029
4	2030	2031	2032	2034	2035	2036	2037	2038	2039
5	2040	2041	2042	2044	2045	2046	2047	2048	2049
6	2050	2051	2052	2054	2055	2056	2057	2058	2059
7	2060	2061	2062	2064	2065	2066	2067	2068	2069
8	2070	2071	2072	2074	2075	2076	2077	2078	2079
9	2080	2081	2082	2084	2085	2086	2087	2088	2089
10	2090	2091	2092	2094	2095	2096	2097	2098	2099
11	2100	2101	2102	2104	2105	2106	2107	2108	2109
12	2110	2111	2112	2114	2115	2116	2117	2118	2119
13	2120	2121	2122	2124	2125	2126	2127	2128	2129
14	2130	2131	2132	2134	2135	2136	2137	2138	2139
15	2140	2141	2142	2144	2145	2146	2147	2148	2149

(계속)

축2용									
데이터 No.	위치결정 식별자	M코드	드웰 타임	지령속도		위치결정 어드레스		원호 데이터	
				하위	상위	하위	상위	하위	상위
1	8000	8001	8002	8004	8005	8006	8007	8008	8009
2	8010	8011	8012	8014	8015	8016	8017	8018	8019
3	8020	8021	8022	8024	8025	8026	8027	8028	8029
4	8030	8031	8032	8034	8035	8036	8037	8038	8039
5	8040	8041	8042	8044	8045	8046	8047	8048	8049
6	8050	8051	8052	8054	8055	8056	8057	8058	8059
7	8060	8061	8062	8064	8065	8066	8067	8068	8069
8	8070	8071	8072	8074	8075	8076	8077	8078	8079
9	8080	8081	8082	8084	8085	8086	8087	8088	8089
10	8090	8091	8092	8094	8095	8096	8097	8098	8099
11	8100	8101	8102	8104	8105	8106	8107	8108	8109
12	8110	8111	8112	8114	8115	8116	8117	8118	8119
13	8120	8121	8122	8124	8125	8126	8127	8128	8129
14	8130	8131	8132	8134	8135	8136	8137	8138	8139
15	8140	8141	8142	8144	8145	8146	8147	8148	8149

② QD75MH의 버퍼 메모리 및 입출력 신호

영역	기능	주소	
		1축	2축
버퍼 메모리	위치결정기동번호	G1500	G1600
QD75 입출력신호 (선두I/O : 60)	QD75 → CPU Ready	X60	
	CPU → QD75 Ready	Y60	
	전체 축 서보 On	Y61	
	JOG 정회전 기동	Y68	Y6A
	JOG 역회전 기동	Y69	Y6B
	축 기동 중(Busy)	X6C	X6D
	위치결정 기동	Y70	Y71
	기동 완료	X70	X71
PLC 입출력신호	MANUAL 스위치(POS#1선택)	X0	
	AUTO 스위치(POS#2선택)	X1	
	START 스위치(위치결정기동)	X2	
	STOP 스위치(현재위치티칭)	X3	
	비상정지(b접점)	X5	
	원점복귀 스위치	X6	
	1축 정회전 스위치	X7	
	1축 역회전 스위치	X8	
	2축 정회전 스위치	X9	
	2축 역회전 스위치	XA	

③ 전용 명령어

버퍼 메모리 상의 데이터는 PLC의 전원을 On/Off 하게 되면 Flash ROM의 저장된 데이터로 변경이 된다. 따라서 티칭을 수행 후, 변경된 버퍼메모리의 내용을 "PFWRT 전용 명령"을 통해 Flash ROM에 다시 저장할 필요가 있다.

설정 데이터	설정 내용	세트측	데이터형
"Un"	QD75MH의 선두 입출력 번호	사용자	BIN 16비트
(S)+0	콘트롤 데이터가 저장되어 있는 디바이스의 선두 번호 (시스템 영역)	-	WORD 디바이스
(S)+1	완료 스테이터스 0 : 정상종료 0이외 : 이상완료(에러코드)	시스템	WORD 디바이스
(D)	명령완료로 1스캔 ON하는 비트 디바이스의 선두 번호 이상 완료 시 (D)+1도 ON 한다.	시스템	BIT 디바이스

④ PLC 프로그램

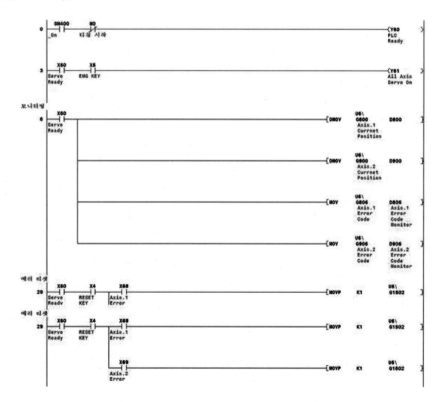

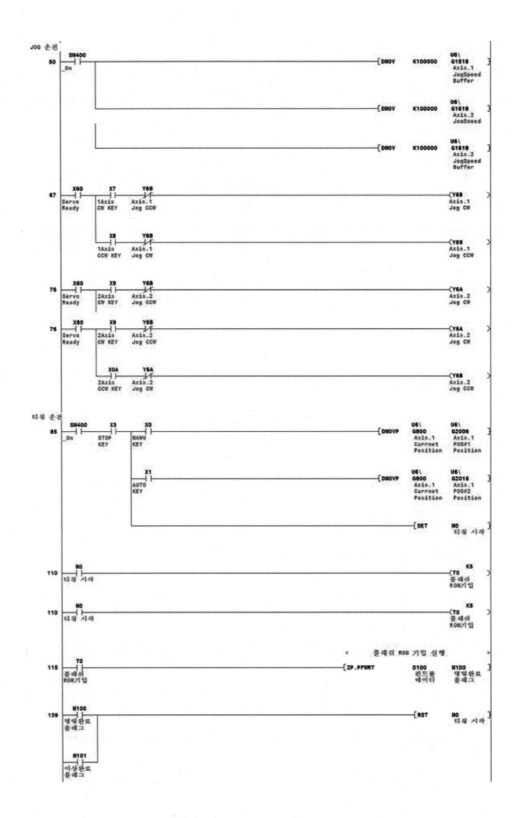

JOG 운전

50	SM400 _On								[DMOV	K100000	U6\ G1518 Axis.1 JogSpeed Buffer]
									[DMOV	K100000	U6\ G1618 Axis.2 JogSpeed]
									[DMOV	K100000	U6\ G1618 Axis.2 JogSpeed Buffer]

| 67 | X60 Servo Ready | X7 1Axis CW KEY | Y69 Axis.1 Jog CCW | | | | | | | | (Y68 Axis.1 Jog CW) |
| | | X8 1Axis CCW KEY | Y68 Axis.1 Jog CW | | | | | | | | (Y69 Axis.1 Jog CCW) |

| 76 | X60 Servo Ready | X9 2Axis CW KEY | Y6B Axis.2 Jog CCW | | | | | | | | (Y6A Axis.2 Jog CW) |

| 76 | X60 Servo Ready | X9 2Axis CW KEY | Y6B Axis.2 Jog CCW | | | | | | | | (Y6A Axis.2 Jog CW) |
| | | X0A 2Axis CCW KEY | Y6A Axis.2 Jog CW | | | | | | | | (Y6B Axis.2 Jog CCW) |

티칭 운전

85	SM400 _On	X3 STOP KEY	X0 MANU KEY						[DMOVP	U6\ G800 Axis.1 Currnet Position	U6\ G2006 Axis.1 POS#1 Position]
			X1 AUTO KEY						[DMOVP	U6\ G800 Axis.1 Currnet Position	U6\ G2016 Axis.1 POS#2 Position]
										[SET	M0 티칭 시작]

| 110 | M0 티칭 시작 | | | | | | | | | | (T0 플래쉬 ROM기입 K5) |

| 110 | M0 티칭 시작 | | | | | | | | | | (T0 플래쉬 ROM기입 K5) |

< 플래쉬 ROM 기입 실행 >

| 115 | T0 플래쉬 ROM기입 | | | | | | | [ZP.PFWRT | D100 컨트롤 데이터 | M100 명령완료 플래그] |

| 139 | M100 명령완료 플래그 | | | | | | | | | [RST | M0 티칭 시작] |
| | M101 이상완료 플래그 | | | | | | | | | | |

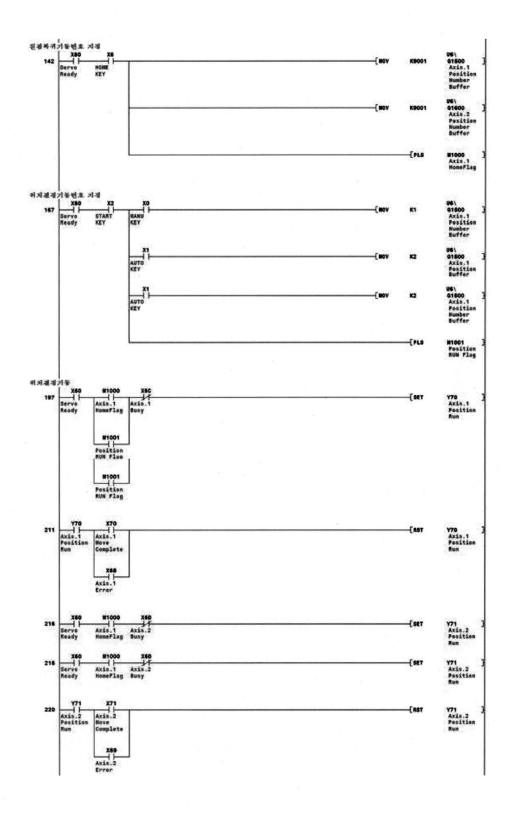

3.3.10. 자동운전 프로그램

이 절에서는 앞서 배운 기능들을 모두 이용하여 서보 2축 시스템의 자동운전 프로그램을 작성해 보도록 한다.

① 동작 조건

– 파렛트 왼쪽(1~5)에 워크를 공급하고, 자동운전 시 파렛트의 오른쪽에 워크를 적재하도록 한다.

– 파렛트 각 포인트의 거리는 아래와 같으며, 티칭은 1번 위치만 수행한다(나머지 좌표는 PLC 프로그램으로 계산하여 자동 입력한다.)

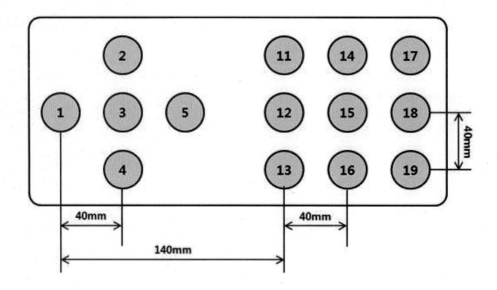

② I/O 리스트

입력		출력	
Device	Comment	Device	Comment
X0	MANUAL S/W	Y20	Z Axis UP SOL
X1	AUTO S/W	Y21	Z Axis DOWN SOL
X2	START S/W	Y22	Z Axis VACCUM SOL
X3	STOP S/W	Y23	T–LAMP RED
X4	RESET S/W	Y24	T–LAMP YELLOW
X5	EMG S/W	Y25	T–LAMP GREEN
X6	HOME S/W	Y26	
X7	1Axis CW S/W	Y27	
X8	1Axis CCW S/W	Y28	
X9	2Axis CW S/W	Y29	

(계속)

XA	2Axis CCW S/W	Y2A	
XB	Z Axis UP Sensor	Y2B	
XC	Z Axis DOWN Sensor	Y2C	
XD	VACUMM Sensor	Y2D	
XE		Y2E	
XF		Y2F	

③ PLC 프로그램

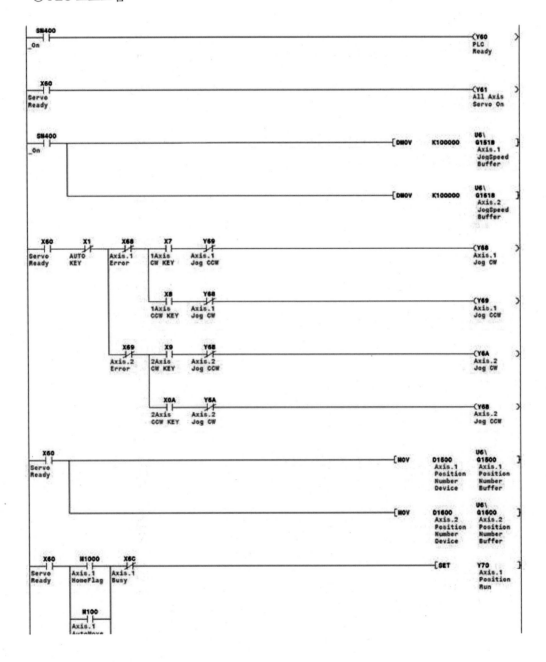

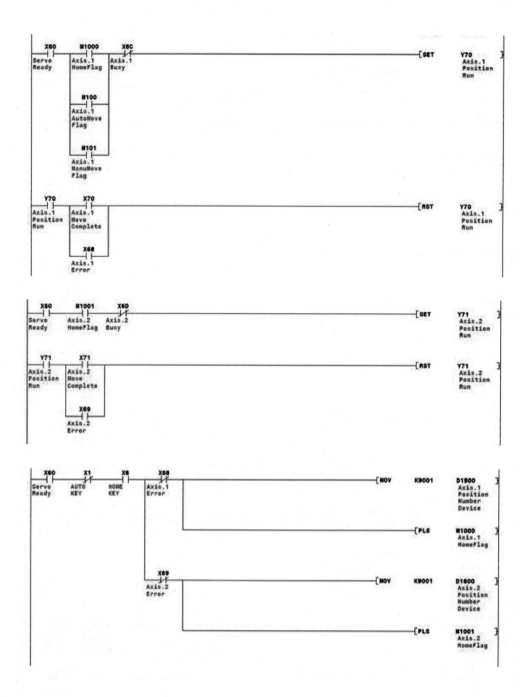

- 자동운전부

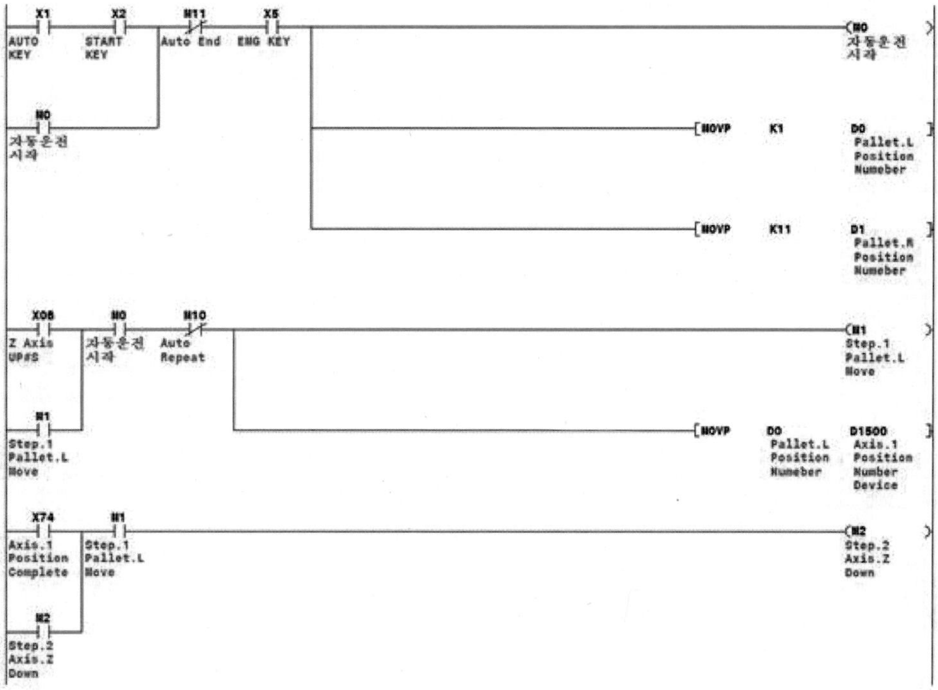
X1
AUTO KEY
X2
START KEY
M11
Auto End
X5
EMG KEY
M0
자동운전 시작
M0
자동운전 시작
MOVP K1 D0
Pallet.L Position Numeber
MOVP K11 D1
Pallet.R Position Numeber
X0B
Z Axis UP#S
M0
자동운전 시작
M10
Auto Repeat
M1
Step.1 Pallet.L Move
M1
Step.1 Pallet.L Move
MOVP D0 D1500
Pallet.L Position Numeber
Axis.1 Position Number Device
X74
Axis.1 Position Complete
M1
Step.1 Pallet.L Move
M2
Step.2 Axis.Z Down
M2
Step.2 Axis.Z Down

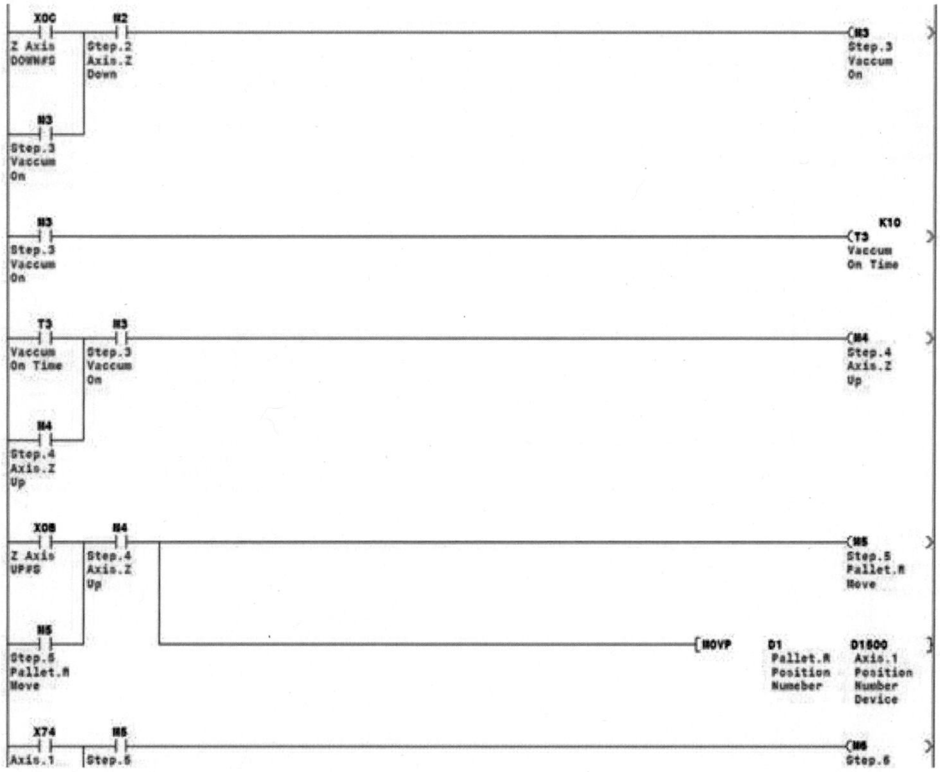
X0C
Z Axis DOWN#S
M2
Step.2 Axis.Z Down
M3
Step.3 Vaccum On
M3
Step.3 Vaccum On
M3
Step.3 Vaccum On
K10
T3
Vaccum On Time
T3
Vaccum On Time
M3
Step.3 Vaccum On
M4
Step.4 Axis.Z Up
M4
Step.4 Axis.Z Up
X0B
Z Axis UP#S
M4
Step.4 Axis.Z Up
M5
Step.5 Pallet.R Move
M5
Step.5 Pallet.R Move
MOVP D1 D1500
Pallet.R Position Numeber
Axis.1 Position Number Device
X74
Axis.1
M5
Step.5
M6
Step.6

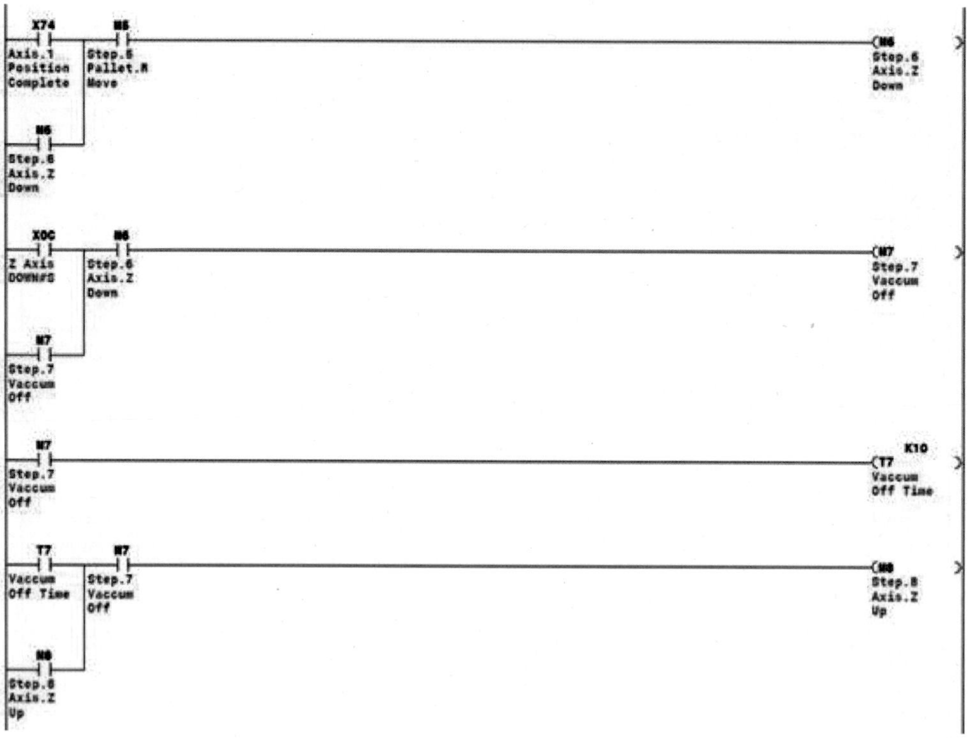
X74
Axis.1 Position Complete
M5
Step.5 Pallet.R Move
M6
Step.6 Axis.Z Down
X0C
Z Axis DOWN#S
M6
Step.6 Axis.Z Down
M7
Step.7 Vaccum Off
M7
Step.7 Vaccum Off
K10
T7
Vaccum Off Time
T7
Vaccum Off Time
M7
Step.7 Vaccum Off
M8
Step.8 Axis.Z Up

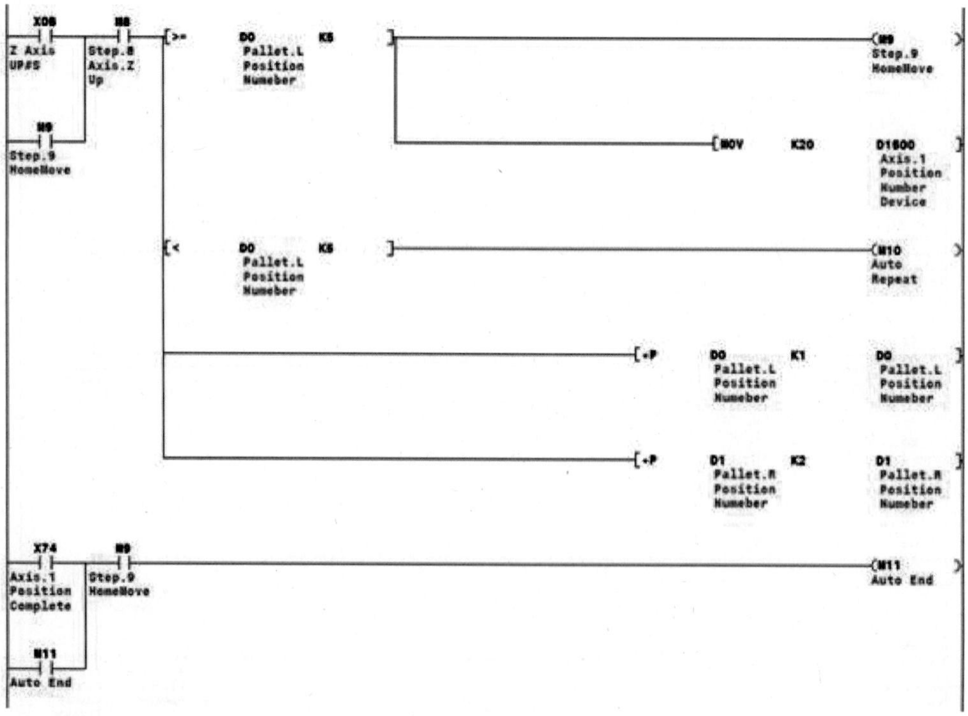
X0B
Z Axis UP#S
M8
Step.8 Axis.Z Up
M9
Step.9 HomeMove
>=
D0
Pallet.L Position Numeber
K5
M9
Step.9 HomeMove
MOV
K20
D1500
Axis.1 Position Number Device
<
D0
Pallet.L Position Numeber
K5
M10
Auto Repeat
+P
D0
Pallet.L Position Numeber
K1
D0
Pallet.L Position Numeber
+P
D1
Pallet.R Position Numeber
K2
D1
Pallet.R Position Numeber
X74
Axis.1 Position Complete
M9
Step.9 HomeMove
M11
Auto End
M11
Auto End

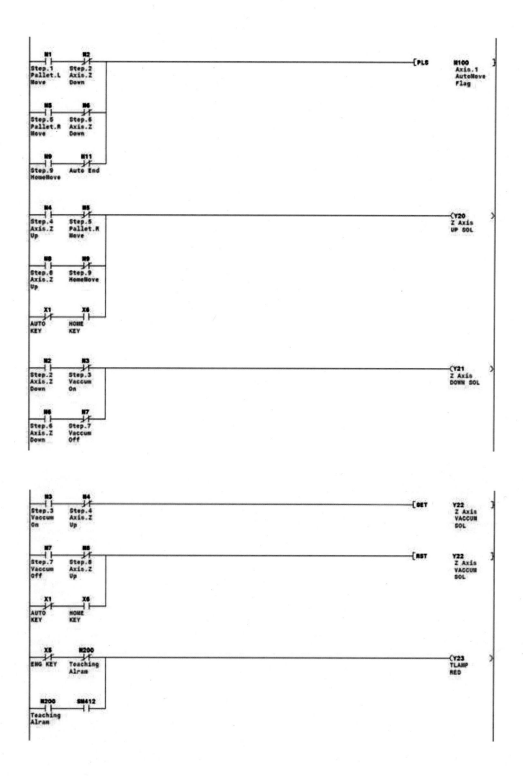

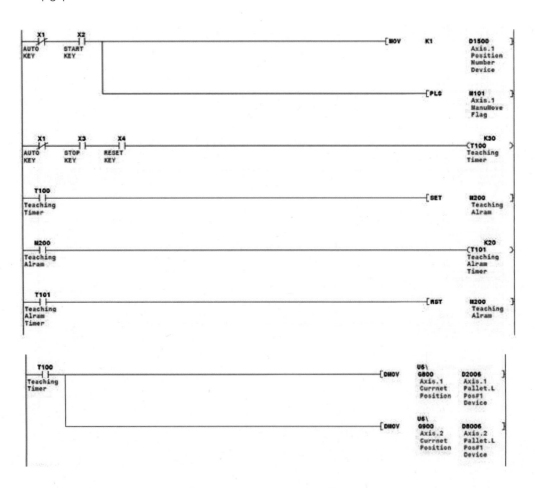

- 티칭부

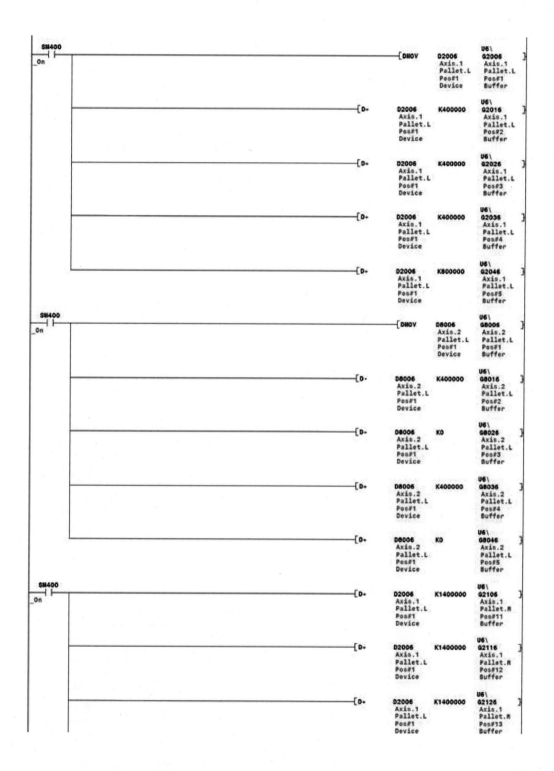

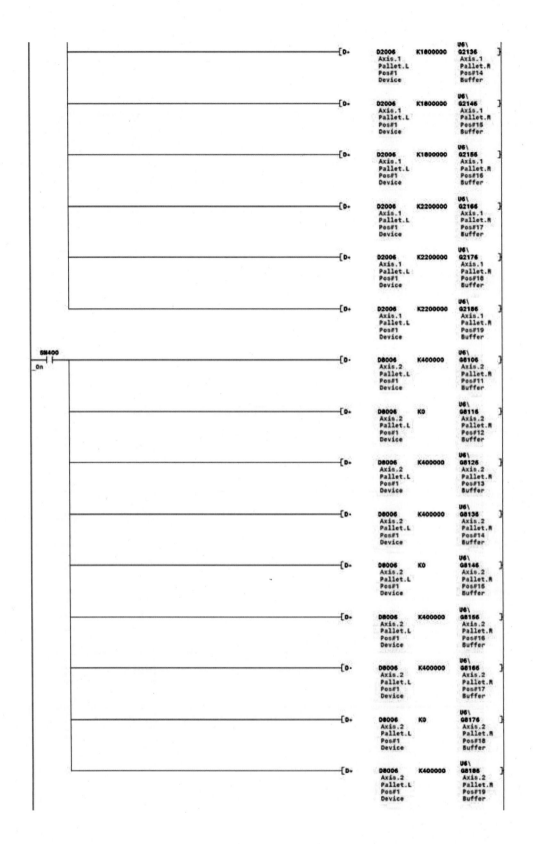

3.4 PLC 프로그램에 의한 서보 파라미터 제어

PLC를 이용해서 서보 모터를 제어하는데 편리함은 있으나 PLC를 공부하는 독자라면 명령어의 다양함을 확인하거나 파라미터의 구체성을 확인하기는 어려웠을 것이다. 여기서는 예제를 통해서 PLC 프로그램에 의한 파라미터를 직접 제어하고, 앞에서 언급한 형태의 예제들을 확인하도록 한다. 특히 알아둬야 할 것은 포지션 유니트가 위치하는 곳인데, 3.3의 예에서는 위치가 60H였으나 이 예제에서는 20H라는 것을 잊지 않도록 한다. 포지션 유니트의 입출력인지 외부에서 입출력할 것인지는 번지를 보면 쉽게 파악할 수 있을 것이다.

3.4.1. 원점복귀 프로그램(포지션유니트 위치 20H)

PLC에서 사용되는 명령어의 형태와 각각의 설정 어드레스에 대해서 이해할 수 있으면 될 것이다. 그리고 서보모터의 결선 방법은 앞에서 언급한 도면을 활용하면 된다.

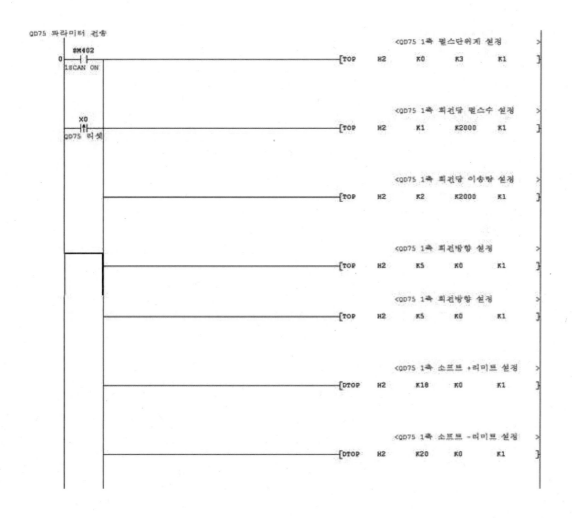

```
                                                <QD75 1축 가속시간1 설정        >
                                        ─[DTOP    H2     K12     K100    K1    ]

                                                <QD75 1축 감속시간1 설정        >
                                        ─[DTOP    H2     K14     K100    K1    ]

                                                <QD75 원점 1축 카운터2방식 설정 >
                                        ─[TOP     H2     K70     K5      K1    ]

                                                <QD75 1축 원점 방향 설정        >
                                        ─[TOP     H2     K71     K1      K1    ]

                                                <QD75 1축 원점속도              >
                                        ─[DTOP    H2     K74     K5000   K1    ]

                                                <QD75 1축 원점시 클러프 속도    >
                                        ─[DTOP    H2     K76     K2000   K1    ]

                                                <QD75 1축 도그 원점 후 이동값   >
                                        ─[DTOP    H2     K80     K3800   K1    ]

                                                <QD75 1축 도그 원점 후 이동값   >
                                        ─[DTOP    H2     K80     K3800   K1    ]

                                                <QD75 1축 원점 러브라이         >
                                        ─[TOP     H2     K78     K1      K1    ]

                                                                ─[SET    Y20    ]
                                                                        PLC READ
                                                                        Y
```

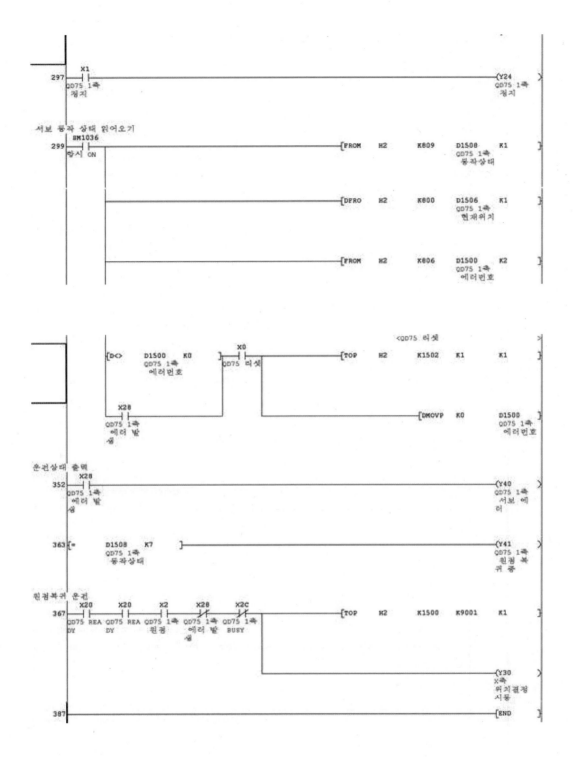

서보 동작 상태 읽어오기

운전상태 출력

원점복귀 운전

3.4.2 JOG 운전 프로그램 (포지션유니트 위치 20H)

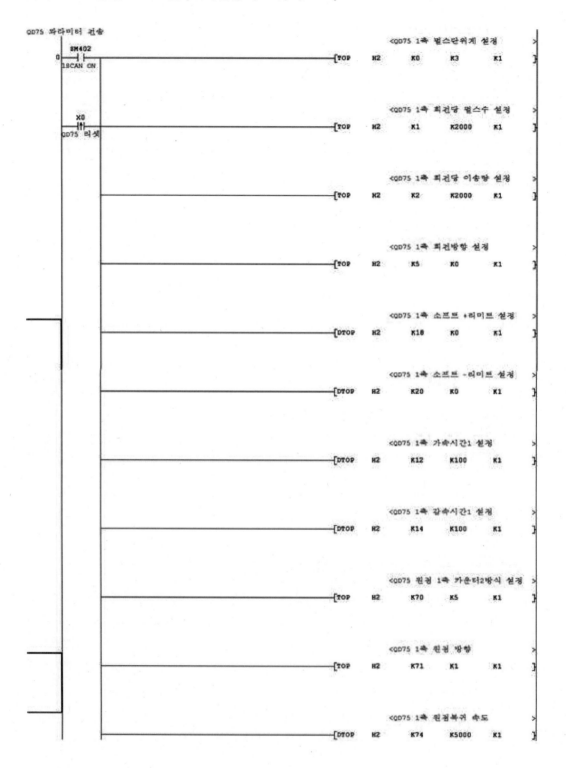

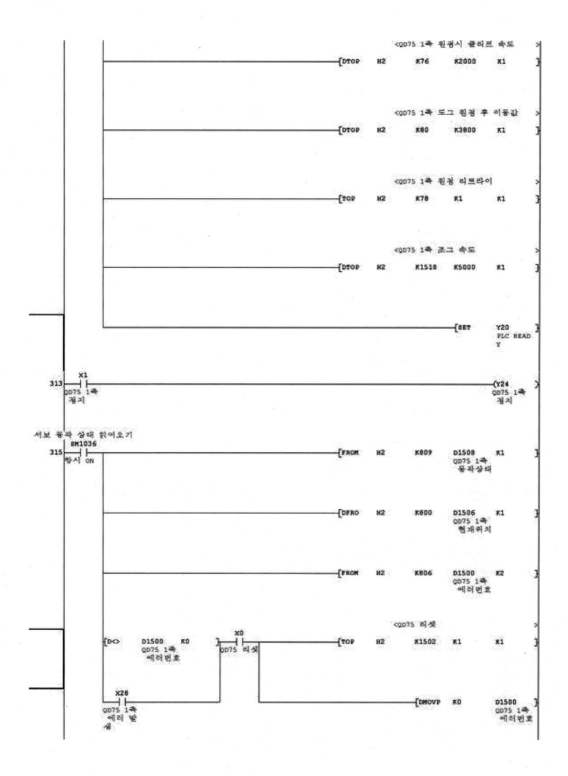

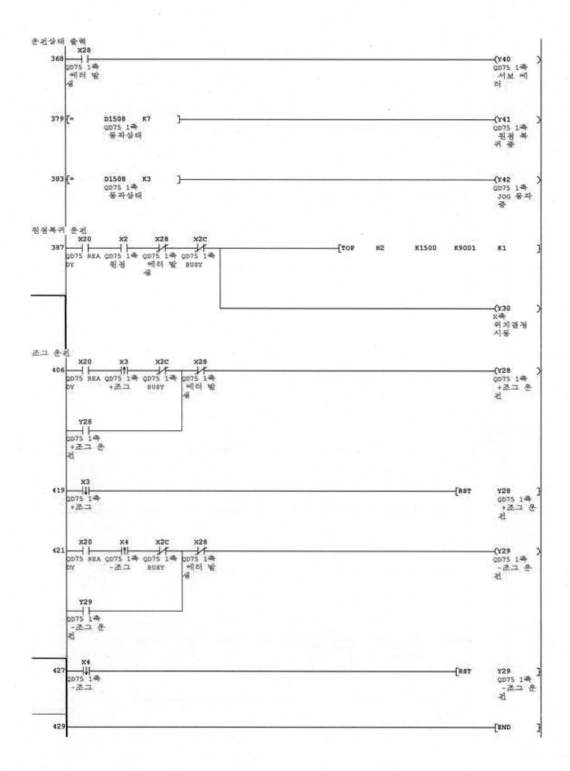

운전상태 출력

368 X28 ──┤├────────────────────────────────────(Y40)
     QD75 1축   QD75 1축
     에 러 발   서보 에
     생   러

379 [= D1508   K7]────────────────────────────(Y41)
     QD75 1축   QD75 1축
     통과상태   원점 복
                                                   귀 중

383 [= D1508   K3]────────────────────────────(Y42)
     QD75 1축   QD75 1축
     통과상태   JOG 통과
                                                   중

원점복귀 운전

387 X20   X2   X28   X2C
     ──┤├──┤├──┤/├──┤/├────────────[TOP   H2   K1500   K9001   K1]
     QD75 REA QD75 1축 QD75 1축 QD75 1축
     DY   원점   에러 발 BUSY
                     생
                                                          ┌────(Y30)
                                                          │   X축
                                                          │   위치결정
                                                          │   시동

조그 운전

406 X20   X3   X2C   X28
     ──┤├──┤├──┤/├──┤/├──────────────────────────(Y28)
     QD75 REA QD75 1축 QD75 1축 QD75 1축   QD75 1축
     DY   +조그   BUSY   에러 발   +조그 운
                             생   전
       Y28
     ──┤├──
     QD75 1축
     +조그 운
     전

419 X3 ──┤↓├──────────────────────────────[RST Y28]
     QD75 1축   QD75 1축
     +조그   +조그 운
                                                   전

421 X20   X4   X2C   X28
     ──┤├──┤├──┤/├──┤/├──────────────────────────(Y29)
     QD75 REA QD75 1축 QD75 1축 QD75 1축   QD75 1축
     DY   -조그   BUSY   에러 발   -조그 운
                             생   전
       Y29
     ──┤├──
     QD75 1축
     -조그 운
     전

427 X4 ──┤↓├──────────────────────────────[RST Y29]
     QD75 1축   QD75 1축
     -조그   -조그 운
                                                   전

429 ──[END]

3.4.3 속도제어 운전 프로그램 (포지션유니트 위치 20H)

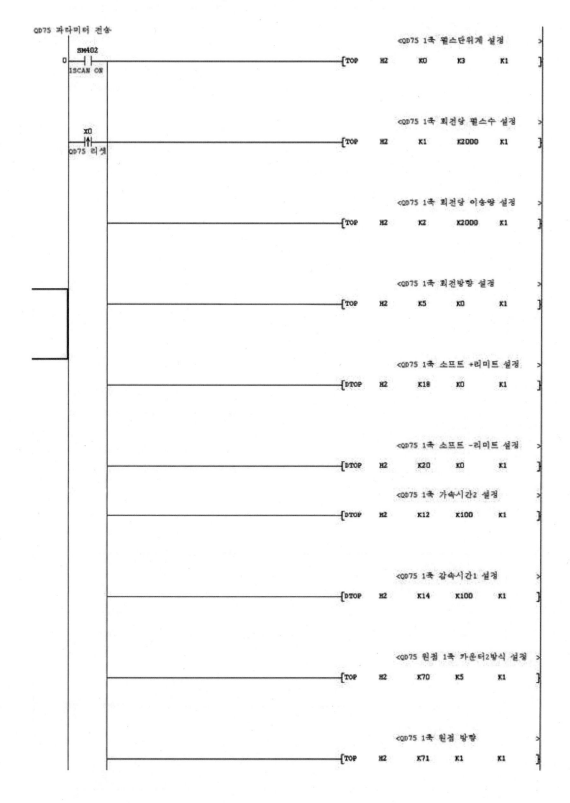

```
                                         <QD75 1축 원점복귀 속도            >
                        ─[DTOP    H2      K74      K5000    K1   ]

                                         <QD75 1축 원점시 클리프 속도        >
                        ─[DTOP    H2      K76      K2000    K1   ]

                                         <QD75 1축 도그 원점 후 이동값       >
                        ─[DTOP    H2      K80      K3800    K1   ]

                                         <QD75 1축 원점 리트라이            >
                        ─[TOP     H2      K78      K1       K1   ]

                                         <QD75 1축 조그 속도               >
                        ─[DTOP    H2      K1518    K5000    K1   ]

                                         <1축 1스텝 정방향 속도 제어         >
                        ─[DTO     H2      K2000    H400     K1   ]

                                         <1축 1스텝 지령 속도              >
                        ─[DTO     H2      K2004    K10000   K1   ]

                                         <1축 2스텝 역방향 속도 제어         >
                        ─[DTO     H2      K2010    H500     K1   ]

                                         <1축 2스텝 지령 속도              >
                        ─[DTO     H2      K2014    K20000   K1   ]

                                                      ─[SET    Y20   ]
                                                            PLC READ
                                                            Y
```

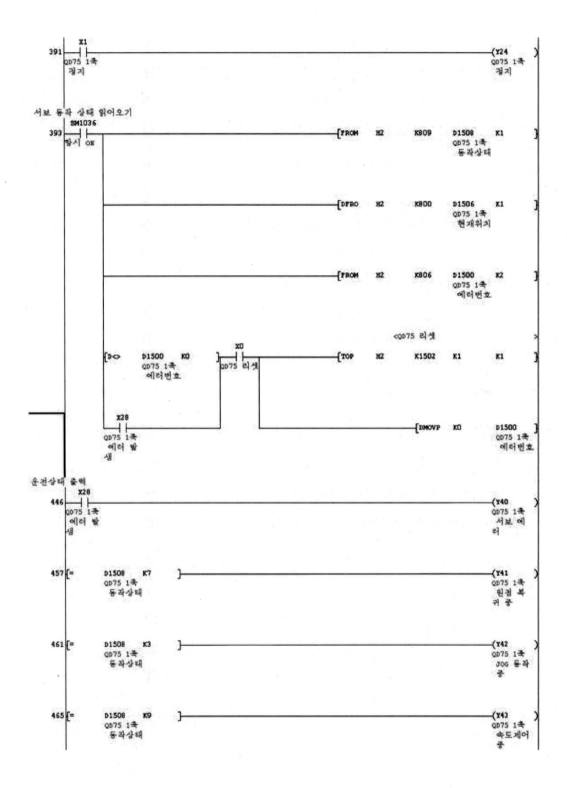

원점복귀 운전

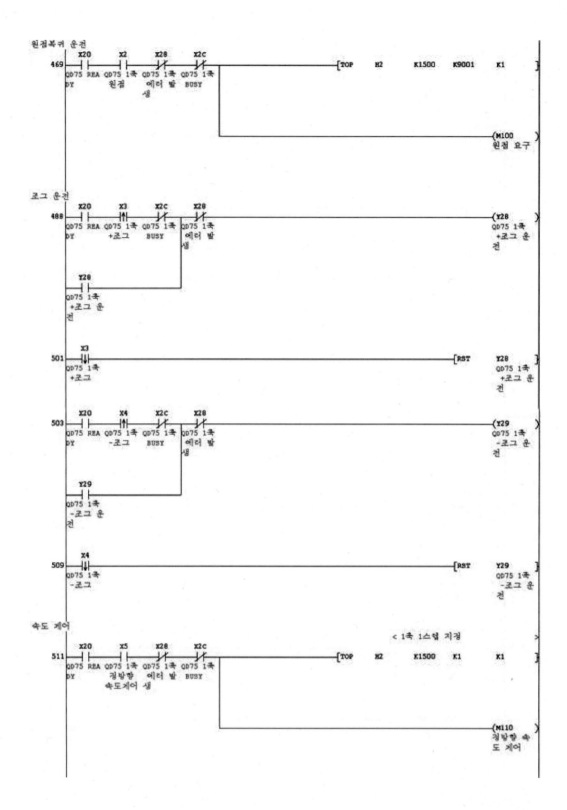

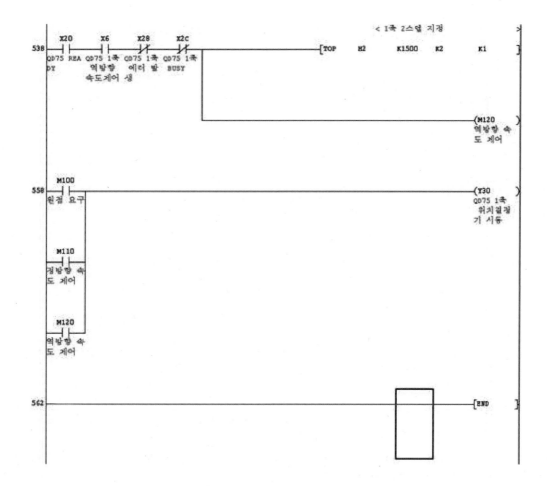

3.4.4 상대위치제어 운전 프로그램 (포지션유니트 위치 20H)

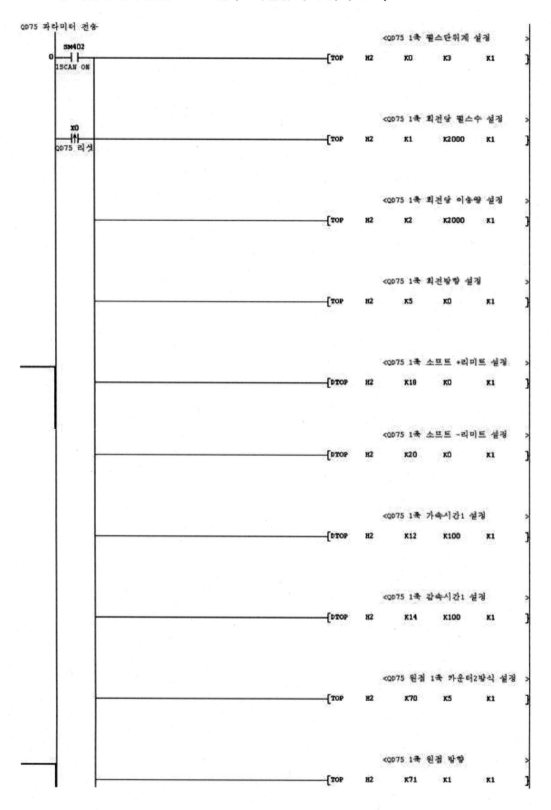

<QD75 1축 원점복귀 속도   >
───────────────────────[DTOP   H2   K74   K5000   K1]

<QD75 1축 원점시 클리프 속도   >
───────────────────────[DTOP   H2   K76   K2000   K1]

<QD75 1축 도그 원점 후 이동값   >
───────────────────────[DTOP   H2   K80   K3800   K1]

<QD75 1축 원점 리트라이   >
───────────────────────[TOP   H2   K78   K1   K1]

<QD75 1축 조그 속도   >
───────────────────────[DTOP   H2   K1518   K5000   K1]

<1축 1스텝 상대위치 제어   >
───────────────────────[DTO   H2   K2000   H200   K1]

<1축 1스텝 지령 속도   >
───────────────────────[DTO   H2   K2004   K10000   K1]

<1축 1스텝 상대 위치값   >
───────────────────────[DTO   H2   K2006   K-5000   K1]

<1축 2스텝 상대위치 제어   >
───────────────────────[DTO   H2   K2010   H200   K1]

<1축 2스텝 지령 속도   >
───────────────────────[DTO   H2   K2014   K20000   K1]

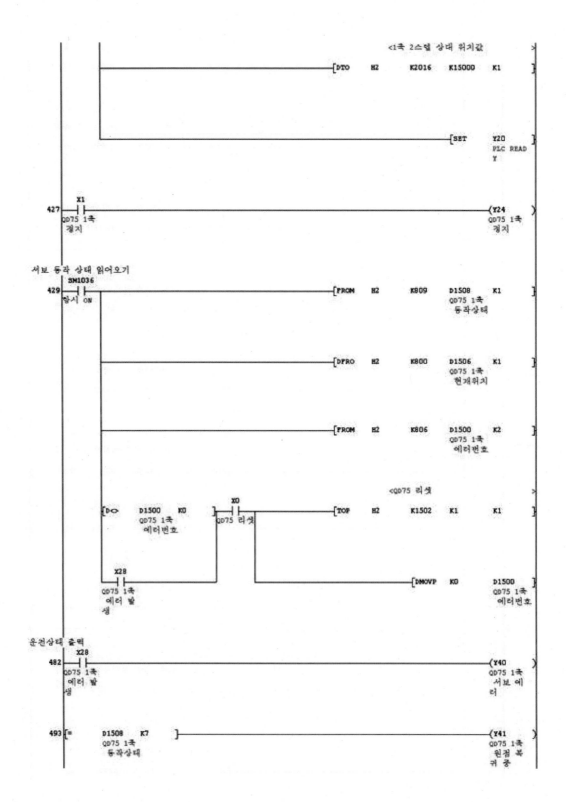

<1축 2스텝 상대 위치값   >
                              ─[DTO   H2   K2016   K15000   K1   ]

                                                    ─[SET   Y20   ]
                                                            PLC READ
                                                            Y

427 X1   ─(Y24   )
     QD75 1축   QD75 1축
     정지   정지

서보 동작 상태 읽어오기
429 SM1036   ─[FROM   H2   K809   D1508   K1   ]
     항시 ON   QD75 1축
                                                            동작상태

                              ─[DFRO   H2   K800   D1506   K1   ]
                                                            QD75 1축
                                                            현재위치

                              ─[FROM   H2   K806   D1500   K2   ]
                                                            QD75 1축
                                                            에러번호

                                                    <QD75 리셋   >
     ─[D<>   D1500   K0 ─ X0 ─   ─[TOP   H2   K1502   K1   K1   ]
            QD75 1축   QD75 리셋
            에러번호

        X28   ─[DMOVP   K0   D1500   ]
        QD75 1축   QD75 1축
        에러 발   에러번호
        생

운전상태 출력
482 X28   ─(Y40   )
     QD75 1축   QD75 1축
     에러 발   서보 에
     생   러

493 ─[=   D1508   K7   ─ ─   ─(Y41   )
            QD75 1축   QD75 1축
            동작상태   원점 복
                                                             귀중

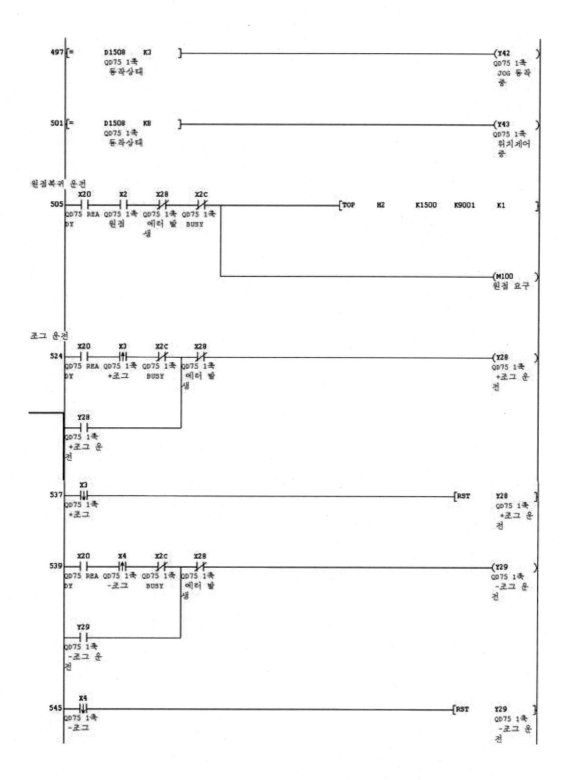

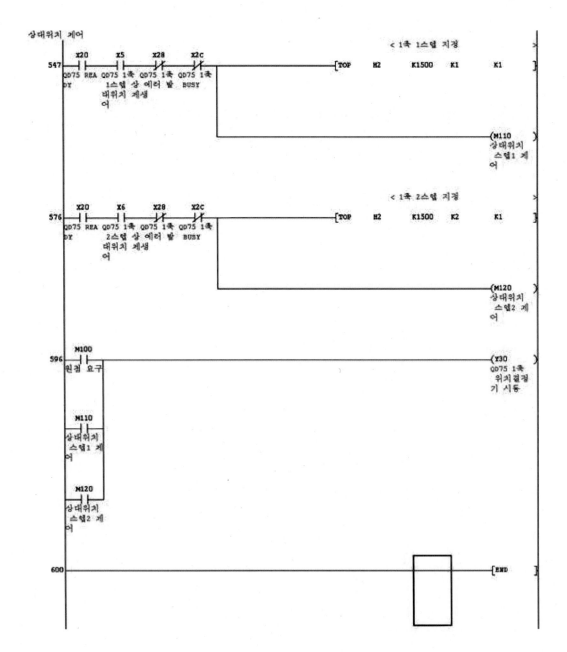

상대위치 제어

547 ├──┤X20├──┤X5├──┤X28├──┤X2C├─────────────────────[TOP H2   K1500   K1   K1] < 1축 1스텝 지정
         QD75 REA QD75 1축 QD75 1축 QD75 1축
         DY   1스텝 상 에러 발 BUSY
                    대위치   생
                    제어

                                                                              (M110)
                                                                              상대위치
                                                                              스텝1 제
                                                                              어

576 ├──┤X20├──┤X6├──┤X28├──┤X2C├─────────────────────[TOP H2   K1500   K2   K1] < 1축 2스텝 지정
         QD75 REA QD75 1축 QD75 1축 QD75 1축
         DY   2스텝 상 에러 발 BUSY
                    대위치   생
                    제어

                                                                              (M120)
                                                                              상대위치
                                                                              스텝2 제
                                                                              어

596 ├──┤M100├──(Y30)
         원점 요구   QD75 1축
                                                                              위치결정
                                                                              기 시동
      ├──┤M110├─
         상대위치
         스텝1 제
         어

      ├──┤M120├─
         상대위치
         스텝2 제
         어

600 ├──[END]

3.4.5 절대위치제어 운전 프로그램 (포지션유니트 위치 20H)

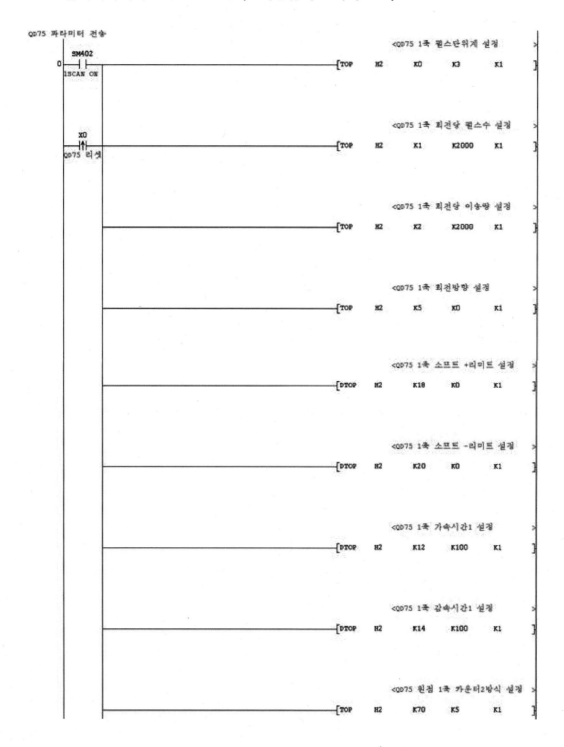

QD75 파라미터 전송

```
         SM402                                          <QD75 1축 펄스단위계 설정    >
    0 ──┤↑├──┬──────────────────────────────────[TOP   H2     K0     K3     K1    ]
        1SCAN ON│

          X0    │                                       <QD75 1축 회전당 펄스수 설정  >
        ──┤↑├──┼──────────────────────────────────[TOP   H2     K1     K2000  K1    ]
        QD75 리셋 │

              │                                       <QD75 1축 회전당 이송량 설정  >
              ├──────────────────────────────────[TOP   H2     K2     K2000  K1    ]

              │                                       <QD75 1축 회전방향 설정      >
              ├──────────────────────────────────[TOP   H2     K5     K0     K1    ]

              │                                       <QD75 1축 소프트 +리미트 설정  >
              ├──────────────────────────────────[DTOP  H2     K18    K0     K1    ]

              │                                       <QD75 1축 소프트 -리미트 설정  >
              ├──────────────────────────────────[DTOP  H2     K20    K0     K1    ]

              │                                       <QD75 1축 가속시간1 설정      >
              ├──────────────────────────────────[DTOP  H2     K12    K100   K1    ]

              │                                       <QD75 1축 감속시간1 설정      >
              ├──────────────────────────────────[DTOP  H2     K14    K100   K1    ]

              │                                       <QD75 원점 1축 카운터2방식 설정 >
              └──────────────────────────────────[TOP   H2     K70    K5     K1    ]
```

```
                                        <QD75 1축 원점 방향                    >
                        ─[TOP    H2      K71      K1       K1      ]


                                        <QD75 1축 원점복귀 속도               >
                        ─[DTOP   H2      K74      K5000    K1      ]


                                        <QD75 1축 원점시 클리프 속도          >
                        ─[DTOP   H2      K76      K2000    K1      ]


                                        <QD75 1축 도그 원점 후 이동값         >
                        ─[DTOP   H2      K80      K3800    K1      ]


                                        <QD75 1축 원점 리트라이               >
                        ─[TOP    H2      K78      K1       K1      ]


                                        <QD75 1축 죠그 속도                   >
                        ─[DTOP   H2      K1518    K5000    K1      ]


                                        <1축 1스텝 상대위치 제어              >
                        ─[DTO    H2      K2000    H100     K1      ]


                                        <1축 1스텝 지령 속도                  >
                        ─[DTO    H2      K2004    K10000   K1      ]


                                        <1축 1스텝 절대 위치값               >
                        ─[DTO    H2      K2006    K50000   K1      ]


                                        <1축 2스텝 상대위치 제어              >
                        ─[DTO    H2      K2010    H100     K1      ]
```

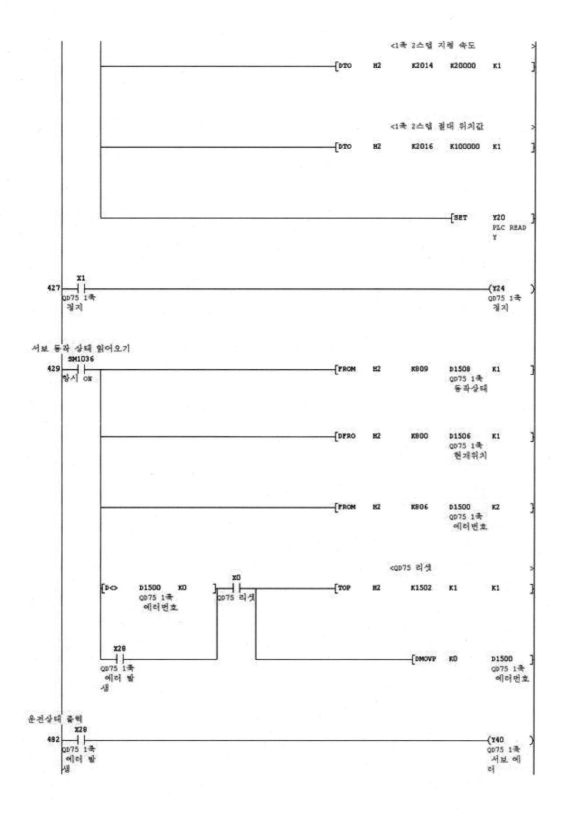

```
493 [= D1508    K7 ]                                              (Y41    )
         QD75 1축                                                  QD75 1축
         동작상태                                                  원점 복
                                                                   귀 중

497 [= D1508    K3 ]                                              (Y42    )
         QD75 1축                                                  QD75 1축
         동작상태                                                  JOG 동작
                                                                   중

501 [= D1508    K8 ]                                              (Y43    )
         QD75 1축                                                  QD75 1축
         동작상태                                                  위치제어
                                                                   중

원점복귀 운전
     X20      X2      X28     X2C
505 ─┤├──────┤├──────┤╱├─────┤╱├──┬───────────[TOP    H2    K1500    K9001    K1  ]
     QD75 REA QD75 1축 QD75 1축 QD75 1축 │
     DY       원점    에러 발  BUSY  │
                      생             │
                                    └──────────────────────────────────(M100   )
                                                                         원점 요구


조그 운전
     X20      X3      X2C     X28
524 ─┤├──────┤↑├─────┤╱├─────┤╱├──────────────────────────────────────(Y28    )
     QD75 REA QD75 1축 QD75 1축 QD75 1축                                 QD75 1축
     DY       +조그    BUSY   에러 발                                   +조그 운
                              생                                        전
     Y28
    ─┤├────────────────────────┘
     QD75 1축
     +조그 운
     전

     X3
537 ─┤↑├──────────────────────────────────────────────────[RST    Y28    ]
     QD75 1축                                                      QD75 1축
     +조그                                                         +조그 운
                                                                   전

     X20      X4      X2C     X28
539 ─┤├──────┤↑├─────┤╱├─────┤╱├──────────────────────────────────────(Y29    )
     QD75 REA QD75 1축 QD75 1축 QD75 1축                                 QD75 1축
     DY       -조그    BUSY   에러 발                                   -조그 운
                              생                                        전
     Y29
    ─┤├────────────────────────┘
     QD75 1축
     -조그 운
     전

     X4
545 ─┤↑├──────────────────────────────────────────────────[RST    Y29    ]
     QD75 1축                                                      QD75 1축
     -조그                                                         -조그 운
                                                                   전
```

상대위치 제어

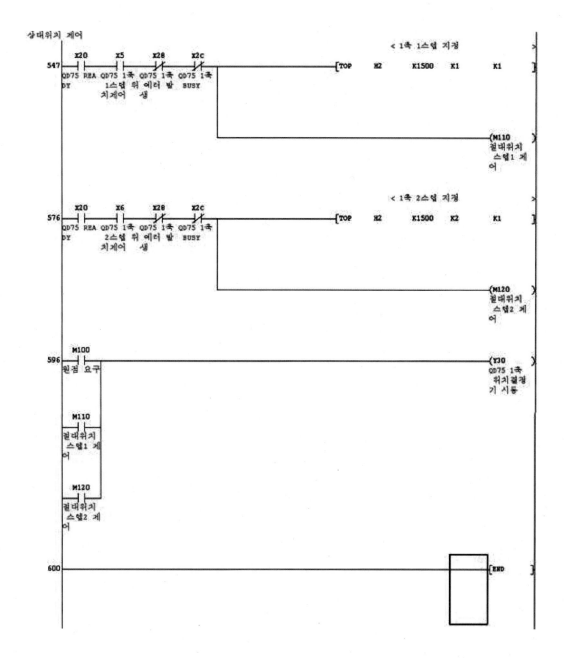

특수기능 활용기술 (part 4)

4.1 개요

CC-Link(Control & Communication Link)는 배선 절감, 비용 절감형으로 분산된 시스템을 구축하는 데이터링크 시스템이다. 정리된 내용은 미쓰비시사에서 제공한 매뉴얼을 참고해서 정리한 내용이다. 모든 내용을 이곳으로 옮겨놓기는 어렵기 때문에 필요한 부분만 정리하고 추가적으로 설명을 덧붙였다는 것을 이해 바란다. CC-Link의 특징과 기본적인 구조에 대해서 설명한다.

4.2 특징

(1) 분산화에 의한 배선 절감, 공간 절감

버스형 네트워크에 의해, 컨베어 라인이나 기계 장치 등의 설비 기기에 각 모듈을 분산하여 설치할 수 있으므로, 시스템 전체의 배선을 절감할 수 있음은 물론, 효율적인 배치로 공간 절감화에 대응할 수 있다.

(2) 인텔리전트 기기도 접속 가능

비트/워드 데이터의 사이클릭 전송에 더하여 트랜전트 전송을 실현하였다. 이 때문에 표시기, RS-232C 인터페이스 모듈 등의 인텔리전트 기기나 PC와의 데이터 통신이 가능한다.

(3) 오픈 필드 네트워크에 대응

국내외의 많은 회사들이 풍부한 CC-Link 대응 제품을 개발하고 있다. 유사 네트워크 중에서 많은 분들이 최적의 필드기기인 CC-Link를 선택한 덕분에, 안심하고 선택하여 사용할 수 있는 오픈 필드 네트워크를 실현할 수 있게 되었다.

(4) 요구에 부합하는 시스템 구축이 가능

(a) 전송 거리

총연장 거리는 전송속도에 따라 다르지만, 100 m(10 Mbps 시)~1.2 km(156 kbps 시)로 접속할 수 있다.

(b) 접속 국수

마스터국 1장에 대해서 리모트 I/O국, 리모트 디바이스국, 로컬국을 최대 64장까지 접속할 수 있다. 리모트 I/O국은 64장까지, 리모트 디바이스국은 42장까지, 로컬국은 26장까지 접속할 수 있다.

(5) 링크 점수

1시스템당 리모트 **입력(RX) 2048점, 리모트 출력(RY) 2048점, 리모트 레지스터(RW) 512** 점을 교신할 수 있다.

리모트국 및 로컬국 점유 국수 1국당 리모트 **입력(RX) 32점, 리모트 출력(RY)32점, 리모트 레지스터(RW) 8점(RWw : 4점, RWr : 4점)**을 취급할 수 있다.

(6) 시스템 다운의 방지(자국 분리 기능)

접속 방식이 버스 방식이므로, 전원 OFF 등으로 다운된 모듈이 발생하여도 정상적인 모듈과의 교신에는 영향을 받지 않다.

또한 2피스 단자대를 사용한 모듈의 경우 데이터링크 중에 모듈을 교환할 수 있다(교환할 모듈의 전원을 OFF하고 나서 교환해야 함). 단 케이블이 단선되면 모든 국이 데이터 링크할 수 없게 된다.

(7) 기본적인 CC-Link 시스템 예

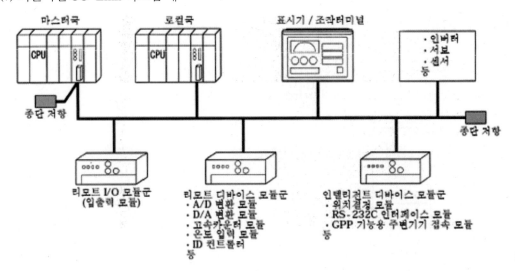

(8) 구성기기의 종류

CC-Link 시스템에서는 크게 나누어 4종류의 국 종류로 구분된다.

(a) 마스터국

마스터 로컬 모듈을 베이스 모듈에 장착하여 CC-Link 시스템 전체를 관리/제어하는 국. 모듈은 Q시리즈(QJ61BT11), QnA시리즈(AJ61QBT11, A1SJ61QBT11), A시리즈 (AJ61BT11, A1SJ61BT11)에 따라 다르다.

(b) 로컬국

마스터 로컬 모듈을 베이스 모듈에 장착하여 마스터국이나 다른 로컬국과 교신할 국. 모듈은 마스터 모듈과 공통(마스터/로컬국의 선택, 네트워크 파라미터 설정에 따름)

(c) 리모트국

입출력 모듈, 특수 기능 모듈에 해당되며, 실제로 입출력을 실행하는 국 또는 기타 기기 (인버터, 표시기, 센서 등). 리모트국은 리모트 I/O국(입출력 모듈에 해당)과 리모트 디바이스국(특수 기능 모듈에 해당, 인버터, 표시기, 센서 등)으로 나눌 수 있다.

(d) 인텔리전트 디바이스국

트랜전트 전송(메시지 전송)에 의해 데이터 통신을 실행할 수 있는 국(RS-232C 인터페이스 모듈, 위치결정 모듈, 표시기 등). 상세 내용에 대해서는 마스터 로컬 모듈 사용자 매뉴얼(상세편), 각 모듈의 사용자 매뉴얼, 각 기기의 취급설명서를 참조한다.

4.3 마스터 모듈의 각 부의 명칭과 설정

마스터국 QJ61BT11N의 설정과 각 부의 명칭에 대해서 설명한다.

(1) QJ61BT11N의 설정

①~④의 상세 내용은 다음 페이지 이후를 참조한다.

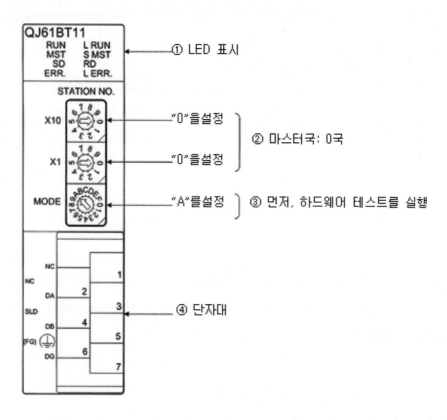

여기서 사용하는 장비의 버전은 V2로서 통신 속도 설정은 7까지만 가능하다. 장비의 버전에 따라 설정할 수 있는 것이 다르니 참고해서 사용해야 한다. 그리고 ②번의 마스터국 설정에서 사용할 수 있는 마스터와 로컬 카드를 모두 더해서 64개를 넘어설 수는 없다. 그러나 번호는 0부터 99까지 아무 번호나 사용할 수 있다. 다시 말해서 장비, 즉 카드의 수량은 64개를 넘어설 수 없다. 그리고 하나의 CPU에 마스터는 3장까지 장착할 수 있다. 여기서부터는 사용자가 관심을 더욱 기울여야 할 부분이다.

(2) QJ61BT11 각 부의 명칭과 내용

번호	명 칭	내 용		
①	LED 표시 QJ61BT11 RUN　L RUN MST　S MST SD　RD ERR.　L ERR.	데이터링크 상태를 LED의 점등 상태로 확인한다		
		LED 명칭	내 용	
		RUN	점등 : 모듈 정상 시　소등 : WDT 에러 시	
		ERR.	점등 : 모든 국 교신 이상 아래와 같은 에러 발생 시에도 점등한다. · 스위치류의 설정이 이상 · 동일 회선상에 마스터국이 중복되어 있다. · 파라미터 내용에 이상이 있다. · 데이터링크 감시 타이머가 동작 · 케이블이 단선되어 있다. 또는 전송로가 노이즈 등의 영향을 받고 있다.	
		MST	점등 : 마스터국으로써 동작하고 있다(데이터링크 제어 중).	
		S MST	점등 : 대기 마스터국으로써 동작하고 있다(대기 중).	
		L RUN	점등 : 데이터링크 실행 중	
		L ERR.	점등 : 교신 에러(자국) 일정 간격으로 점멸 : 전원 ON 중에 스위치류 ②,③의 설정을 변경 다불규칙한 간격으로 점멸 : 종단 저항이 부착되어 있지 않고, 모듈, CC-Link 전용 케이블이 노이즈의 영향을 받고 있다.	
		SD	점등 : 데이터 송신 중	
		RD	점등 : 데이터 수신 중	
②	국번 설정 스위치 STATION NO. x10 x1	모듈의 국번을 설정한다(출하 시의 설정 : 0). <설정 범위> 마스터국 : 0 로컬국 : 1~64 대기 마스터국 : 1~64 0~64 이외를 설정한 경우는 "ERR."LED가 점등한다.		

"MST"LED, "S MST"LED의 점등 상태와 국 종류

설정국 종류	동작 상태	
	마스터국으로써 동작(데이터링크 제어 중)	대기 마스터국으로써 동작(대기 중)
마스터국	MST ✖　○S MST	MST ○　✖ S MST
대기 마스터국	MST ✖　○S MST	MS ○ T ✖ S MST
로컬국	—	—

■ 포인트

국번 설정 스위치, 전송 속도·모드 설정 스위치의 설정 내용은 모듈의 전원이 OFF→ON 하거나 PLC CPU를 리셋할 때의 상태가 유효가 된다.

모듈의 전원이 ON일 때 설정 내용을 변경한 경우, 다시 모듈의 전원을 OFF→ON하거나 PLC CPU를 리셋한다.

번호	명 칭	내 용		
③	전송 속도·모드 설정 스위치 MODE	모듈의 전송 속도와 운전 상태를 설정한다(출하 시의 설정 : 0)		
		번 호	전송 속도 설정	모드
		0	전송 속도156kbps	온라인
		1	전송 속도625kbps	
		2	전송 속도2.5Mbps	
		3	전송 속도5Mbps	
		4	전송 속도10Mbps	
		5	전송 속도156kbps	회선 테스트 국번 설정 스위치의 설정이 0인 경우 : 회선 테스트1국번 설정 스위치의 설정이 1~64인 경우 : 회선 테스트2
		6	전송 속도625kbps	
		7	전송 속도2.5Mbps	
		8	전송 속도5Mbps	
		9	전송 속도 10Mbps	
		A	전송 속도156kbps	하드웨어 테스트
		B	전송 속도625kbps	
		C	전송 속도2.5Mbps	
		D	전송 속도5Mbps	
		E	전송 속도10Mbps	
		F	설정 금지	
④	단자대	데이터링크하기 위한 CC-Link 전용 케이블을 접속한다. 단자 SLD와 FG는 모듈 내부에서 접속되어 있다. 2피스 방식의 단자대이며 단자대로의 신호선을 뽑지 않고 모듈을 교환할 수 있다(모듈 교환은 전원을 OFF한 후에 실행한다).		

■ 포인트

(1) 국번 설정 스위치, 전송 속도 · 모드 설정 스위치의 설정 내용은 모듈의 전원이 OFF→ON 히거나 PLC CPU를 리셋할 때의 상태가 유효가 된다.

모듈의 전원이 ON일 때 설정 내용을 변경한 경우 다시 모듈의 전원을 OFF→ON하거나 PLC CPU를 리셋한다.

(2) 국번은 연속하도록 설정한다.

접속 순서에 관계없이 국번을 설정할 수 있다. 2국 이상을 점유하는 모듈은 선두의 국번을 설정한다.

국번이 연속하지 않으면 비어 있는 국번을 "데이터링크 이상국"으로써 취급한다.

연속하여 설정하지 않은 경우는 비어 있는 국번을 예약국으로 설정한다(마스터국의 네트워크 파라미터의 접속 장수, 국 정보에서 설정한다).

(3) 국번은 중복되지 않도록 설정한다.

실장 상태 에러가 된다.

(4) 전송 속도는 마스터국, 리모트국, 로컬국, 인텔리전트 디바이스국, 대기 마스터국 전부를 동일하게 설정한다. 1국이라도 설정이 다르면 정상적으로 데이터링크 할 수 없다.

4.4 리모트 I/O 모듈 각 부위 명칭과 설정

AJ65BTB2-16D와 AJ65SBTB2N-16R의 설정과 각 부의 명칭에 대해서 나타낸다.

AJ65BTB2-16D(입력 모듈)

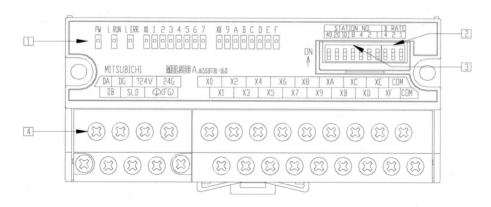

"2" 통신속도 설정 DIP 스위치로서 마스터 모듈에 맞춘다. "3" 국번을설정

AJ65SBTB2N-16R(출력 모듈)

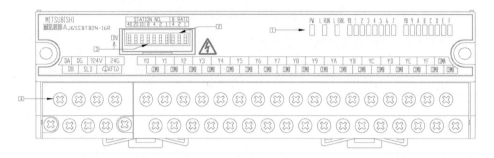

출력 모듈의 경우 단자대 아래 COM은 단자대일 뿐이고, 위의 COM은 릴레이 접점 출력을 위한
COM 단자이다.

■ 각 부의 상세설명

(1) 동작 표시LED

PW : 리모트 I/O 모듈 전원 ON에 의해 점등

LRUN :리모트 I/O국이 마스터국과 정상적으로 데이터 교신하고 있는지를 체크.
    마스터국으로부터 정상적인 데이터를 수신하게 되면 점등, 타임오버에 의해
    소등(정상적인 데이터를 수신하면 점등한다)

SD : 데이터 송신에 의해 점등

RD : 데이터 수신에 의해 점등

L ERR : 전송 에러(CRC 에러)에 의해, 점등 타임오버에 의해 소등(RUN 시에도 소등). 국번
    설정, 전송 속도 설정 잘못에 의해 점등(설정을 수정하고 전원을 재투입하면 소등)
    국번 설정, 전송 속도 설정이 도중에 변화할 때 점멸(RUN은 점등, 모듈은 전원 투입
    시의 국번 설정 및 전송 속도 설정 조건으로 동작한다)

0~F : 입출력의 ON/OFF 상태를 표시. ON 상태에서 점등, OFF 상태에서 소등

(2) 전송 속도 설정 스위치

0 : 156 Kbps

1 : 625 Kbps

2 : 2.5 Mbps

3 : 5 Mbps

4 : 10 Mbps

전송 속도 설정 스위치는 반드시 0~4의 범위로 설정한다.

(3) 국번 설정 스위치

국번은 반드시 01~64의 범위를 BCD 코드로 설정한다.

국번을 중복하여 설정할 수는 없다.

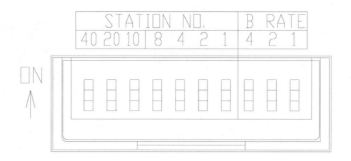

(4) 전원, 전송, 입출력 신호 접속용 단자대 이다.

4.5 시스템 구성 및 배선도

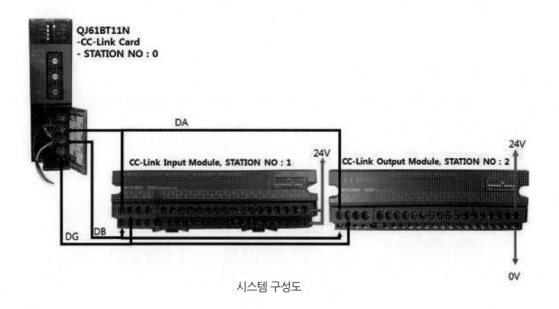

시스템 구성도

(1) CC-Link 전용 케이블의 접속

　　CC-Link 전용 케이블로의 모듈의 접속을 나타낸다. 케이블 접속 시는 반드시 전원 OFF 상태에서 실행한다.

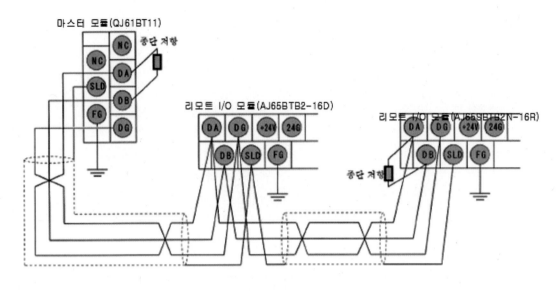

CC-Link 전용 케이블

비 고

CC-Link 전용 케이블의 실드선은 각 모듈의 "SLD"에 접속하고, "FG"를 경유하여 양단을 접지{D종 접지(제3종 접지)}한다. 그리고 SLD와 FG는 모듈 내부에서 접속되어 있다.

■ 24 V 전원 공급 케이블의 접속

리모트 I/O 모듈용 24 V 전원 공급 케이블(모듈 내부용, 외부 I/O용)의 접속을 나타낸다. 케이블 접속 시는 반드시 전원을 OFF 상태로 하고 실행한다.

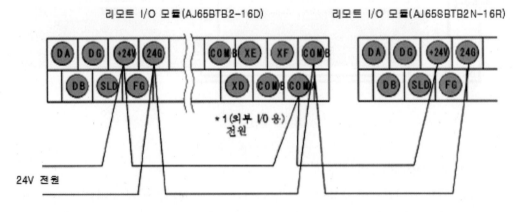

*1 : AJ65BTB2-16D의 외부 I/O용 전원은 양극성이다.

　　(COMA+, COMB- 또는 COMA-, COMB+ 모두 가능)

*2 : CC-Link 전용 케이블, 종단 저항은 생략되어 있다.

(2) 저항 판독법

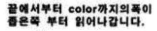

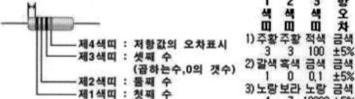

끝에서부터 color까지의폭이
좁은쪽 부터 읽어나갑니다.

제4색띠 : 저항값의 오차표시
제3색띠 : 셋째 수
         (곱하는수,0의 갯수)
제2색띠 : 둘째 수
제1색띠 : 첫째 수

제1색띠	제2색띠	제3색띠	저항오차		
1)주황	주황	적색	금색		
3	3	100	±5% -> 3300Ω = 3.3kΩ, 오차±5%		
2)갈색	흑색	금색	금색		
1	0	0.1	±5% -> 1Ω, 오차±5%		
3)노랑	보라	노랑	금색		
4	7	10000	±5% -> 470000Ω = 470kΩ, 오차±5%		

색상 COLOR	저항환산표			
	첫째 수	둘째 수	셋째수(곱하는 수)	오차표시
검정(흑색)	0	0	1	
밤색(갈색)	1	1	10	
빨강(적색)	2	2	100	
주황색(동색)	3	3	1,000	
노랑(황색)	4	4	10,000	
초록색(녹색)	5	5	100,000	
파랑색(청색)	6	6	1,000,000	
보라색(자색)	7	7	10,000,000	
회색(회색)	8	8	100,000,000	
흰색(백색)	9	9	1,000,000,000	
금색			0.1	+- 5%
은색			0.01	+- 10%
무색				+- 20%

4.6 모듈 정보 설정

(1) 모듈 정보 확인

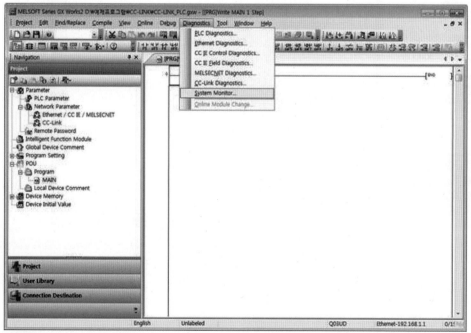

(2) 시스템 모니터

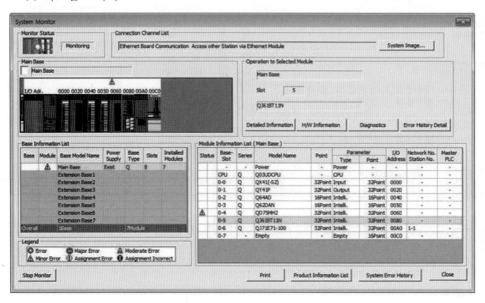

(3) 네트워크 파라미터 설정

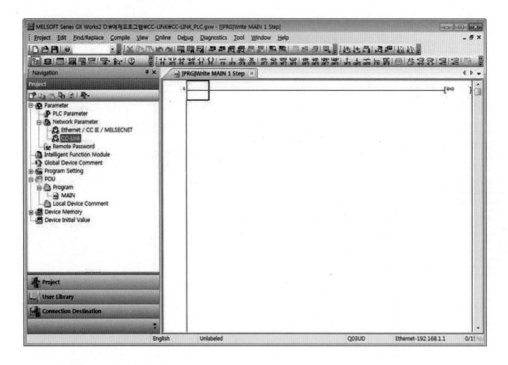

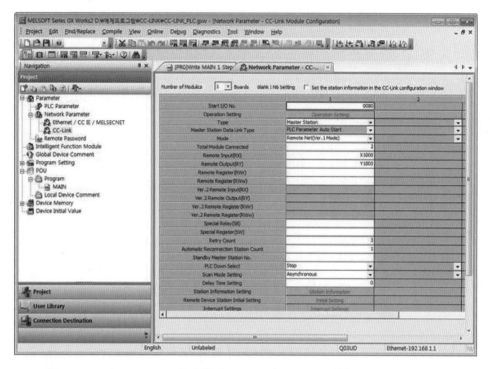

- Number of Modules : PLC에 장착된 CC-LINK CARD 개수

- Start I/O No. : 장착된 CC-LINK CARD의 선두 I/O 번호

- Operation Setting : 동작 설정

- Type : 접속 형식

- Total Module Connected : 총 접속 대수(Master Module 제외)

  (4) 시스템 구성

QJ61BT11N
- **Master Station 0**

Total Module Connected : 2 EA

CC-Link Input Module
- **Local Station 1**
- **X1000~X101F(32점)**
- **Y1000~Y101F(32점)**

CC-Link Output Module
- **Local Station 2**
- **X1020~X103F(32점)**
- **Y1020~Y103F(32점)**

입출력 (X/Y) 번호가 기본 베이스 슬롯의 어디에서부터 시작되었는지를 확인하고 프로그램시 입출력 번호를 사용한다.

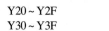

Y20 ~ Y2F
Y30 ~ Y3F

Y60 ~ 62F

X00 ~ X0F
X10 ~ X1F

X40 ~ X4F
(X50 ~ X5F)
Y40 ~ Y4F
(Y50 ~ Y5F)

(5) PLC 프로그램

- X1000~X101F의 입력 DATA를 Y1020~Y103F의 출력으로 내보낸다.
- K□X0 : X0을 [K□ ×4]개로 묶을 처리 한다.(ex K4M0 = M0~M15)

(6) 시스템 구성도 예

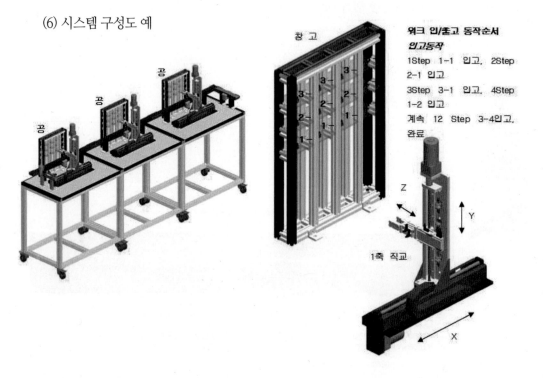

워크 입/출고 동작순서
입고동작
1Step 1-1 입고, 2Step
2-1 입고
3Step 3-1 입고, 4Step
1-2 입고
계속 12 Step 3-4입고,
완료

GX-Works2 활용
MELSECNET/H 네트워크

MELSECNET/H 네트워크 시스템은 관리국과 일반국 간을 교신하는 PLC 간 네트워크와
리모트 마스터국과 리모트 I/O국 간을 교신하는 리모트 I/O 네트워크으로 구성된다.

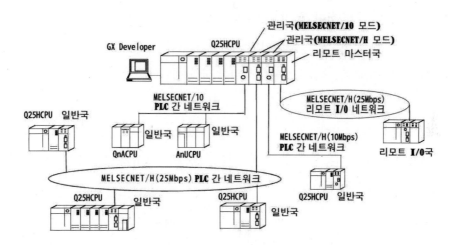

(1) 고속 통신 시스템

- MELSECNET/H는 25Mbps/10Mbps의 통신 속도에 의한 고속 데이터 통신이 가능하다.

- 링크 전용 프로세서에 의해 링크 스캔 타임의 고속 처리가 가능하다.

- 리프레시 파라미터의 세분화에 의해 시퀀스 프로그램에서 사용하지 않는 부분의 리프레시
  처리를 삭제하여 필요한 곳만 리프레시 함으로써 리프레시 타임을 단축할 수 있다.

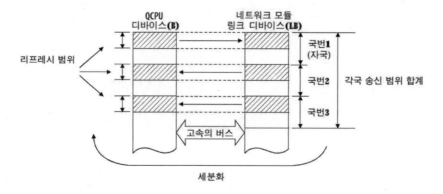

- 광루프 시스템은 다중 전송에 의해 보다 고속의 데이터 통신이 가능하다.

(2)유연한 시스템 구축

- 링크 디바이스는 링크 릴레이(LB) 16384점, 링크 레지스터(LW) 16384점으로 구성된다.

- 네트워크 종류에서 MELSECNET/H 확장 모드를 선택하여, 1국당 최대 링크 점수를 2000 바이트를 넘어서 최대 35840바이트까지 설정이 가능하다. 1대의 CPU 모듈에 여러 장의 네트워크 모듈을 장착하여, 송신점수를 늘릴 필요가 없다.

- 네트워크 종류에서 MELSECNET/H 모드를 선택하여, 1국당 최대 링크 점수를 2000 바이트까지 설정 가능하다. 특히, 동일한 네트워크 No.의 네트워크 모듈을 동일한 CPU 모듈에 여러장 장착함으로써, "장수x1국당 최대 링크 점수"분의 링크 점수를 송신할 수 있다.

- MELSECNET/H 네트워크 시스템상의 다른 국과 데이터를 송수신하는 명령은 송수신 할 수 있는 데이터수가 최대 960워드까지 가능하다.

- 시스템으로써 최대 239네트워크까지 확장할 수 있다.

- 데이터링크 간 전송 기능에 의해, 시퀀스 프로그램을 작성하지 않고도 별도의 네트워크에 데이터(LB/LW)를 보낼 수 있다.

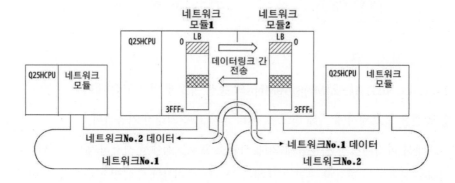

- 네트워크 모듈을 여러 장 장착하여, 루틴 기능에 의해 PLC를 중계국으로 하는 8네트워크 시스템의 상대 국과 N : N교신(트랜전트 전송)이 가능하다. 루틴 기능에 의한 트랜전트 전송은 MELSECNET/H만의 네트워크 시스템은 물론, MELSECNET/10 이 혼재하고 있는 네트워크 시스템에서도 실행 가능하다.

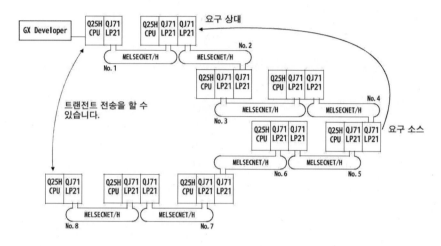

- 국 간·총연장 거리가 길고 노이즈에 강한 광루프 시스템(총연장 최대 30km)이나, 배선이 용이한 동축버스시스템(총연장 최대 500m) 중에서 선택할 수 있다.
- 장래 접속할 국을 예약국으로써 취급하는 예약국 지정이 가능하다. 실제로 접속되어 있지 않은 국을 예약국으로 지정함으로써 교신 이상이 발생되지 않게 한다.
- 네트워크 내는 국번호 순으로 접속할 필요가 없다.

(3) 다양한 통신 서비스

- 수신국의 채널 No.(1~64)를 지정하는 트랜전트 전송을 실행할 수 있다. 이 기능을 이용하면 채널 No.를 시퀀스 프로그램으로 자유롭게 설정(변경)하고, 동일한 채널 No.를 갖는 여러 국에 한 번에 송신할 수 있다.

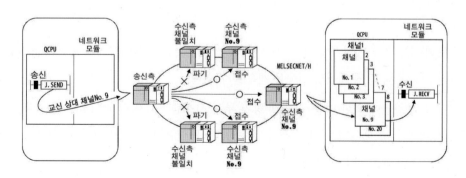

- 저속 사이클릭 전송 기능에 의해, 일반 사이클릭 전송(LB/LW)과는 다르게 고속성이 필요하지 않은 데이터를 모아서 사이클릭 전송할 수 있다. 전송할 데이터를 고속성이 요구되는 데이터는 일반 사이클릭 전송으로, 이 이외의 데이터는 저속 사이클릭 전송으로, 효율적으로 분산함으로써 고속화를 실현한다.

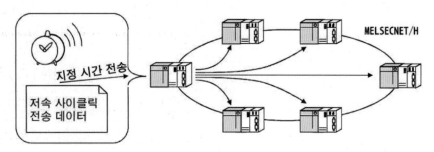

- 이벤트 발행 기능에 의해 자국 CPU 모듈의 인터럽트 시퀀스 프로그램을 기동할 수 있다. 시스템의 응답 시간을 단축하거나 리얼 타임 데이터의 수신 처리가 가능하다.

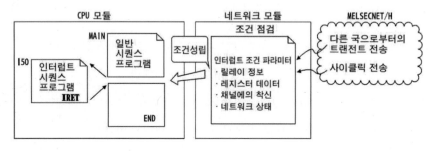

(4) RAS 기능

- 관리국 이행 기능에 의해 네트워크의 관리국이 다운되어도 일반국이 관리국을 대신하므로 네트워크 통신을 계속할 수 있다.

- 자동복렬 기능에 의해 이상국이 정상상태로 돌아오면 자동적으로 네트워크에 복귀하여 데이터 통신을 재개한다.

- 관리국 복귀 제어에 의해 다운된 관리국이 일반국으로써 네트워크에 복귀함으로써 네트워크 정지 시간을 단축할 수 있다.

- 루프백 기능(광루프 시스템)에 의해 케이블 단선, 국 이상 등의 이상이 발생한 곳을 분리하여 동작 가능한 국 간에 데이터 전송을 계속할 수 있다.

- 외부 전원 공급에 의한 다운 국 발생 방지 루프 시스템에서 여러 국이 다운된 경우, 다운된 국 사이의 국도 데이터 링크를 계속할 수 있다. 또한 루프백도 방지할 수 있으므로, 링크 스캔 타임이 안정된다.

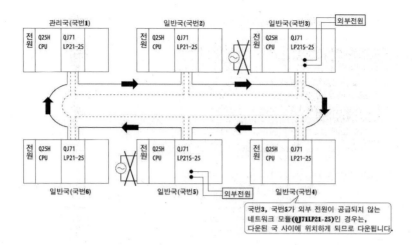

관리국(국번1) 일반국(국번2) 일반국(국번3) 외부전원

일반국(국번6) 일반국(국번5) 외부전원 일반국(국번4)

> 국번3, 국번5가 외부 전원이 공급되지 않는
> 네트워크 모듈(QJ71LP21-25)인 경우는,
> 다운된 국 사이에 위치하게 되므로 다운됩니다.

- 국 분리 기능(동축버스 시스템)에 의해, 접속된 국이 전원 OFF 등으로 다운되어도 다른 동작 가능국 간에 정상적인 교신을 계속할 수 있다.

- 각 PLC에 네트워크 모듈을 정규용과 대기용 2장을 장착함으로써(네트워크의 간이 이중화), 단선 등에 의해 정규 네트워크에 이상이 발생한 경우, 대기 네트워크와의 링크 데이터의 리프레시로 전환하여 데이터링크를 계속할 수 있다.

- 시스템 가동 중에 CPU 모듈이 정지하는 에러가 발생하여도 네트워크 모듈은 트랜전트 전송을 계속할 수 있다.

- 트랜전트 에러 발생 시의 시각을 확인할 수 있다.

(5) 이중화 시스템의 구축

- 이중화 CPU에 네트워크 모듈을 장착함으로써, 네트워크 모듈의 이중화(이중화 시스템)가 가능하다. 네트워크 모듈의 이중화에 의해 제어계 CPU 또는 네트워크 모듈에 이상이 발생한 경우, 제어계와 대기계를 전환하여 대기계측에서 시스템의 제어 및 데이터링크를 계속할 수 있다.

- 이중화 시스템의 제어계 CPU에 장착된 네트워크 모듈이 고장이거나 데이터링크의 이상을 검출한 때에, 제어계 CPU에 대해 계 전환 요구를 자동적으로 발행한다.

- 링크 전용 명령 및 이중화 시스템의 자계, 제어계/대기계, A계/B계에 대해 디바이스 데이터의 읽기/쓰기, 리모트 RUN/STOP 등의 트랜전트 전송을 실행할수 있다. 이중화 시스템을 대상국으로 하는 경우, 대상국 CPU의 종류를 제어계 또는 대기계로 지정함으로써, 계 전환이 발생하여도 추종할 수 있다.

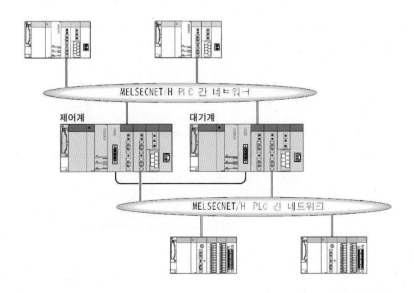

5.1 시스템 구성

단일 네트워크 시스템이란 관리국과 일반국을 광화이버 케이블/동축 케이블로 접속한 1 시스템을 말한다.

(1) 광루프 시스템

관리국 1대와 일반국 63대의 합계 64대를 접속할 수 있다. 어느 국번호라도 관리국으로 설정할 수 있다. 다만, 관리국은 1시스템에 1국뿐이고 아래 시스템에서는 국번1을 관리국으로 설정하였다.

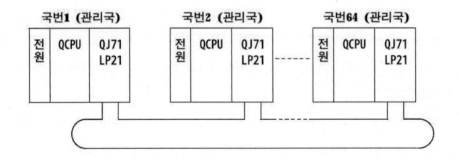

(2) 동축버스 시스템

관리국 1대와 일반국 31대의 합계 32대를 접속할 수 있다. 광루프 시스템처럼 어느 국번이라도 관리국으로 설정할 수 있다. 다만, 관리국은 1시스템에 1국뿐이다.

5. 2 이중화 시스템(Q12PRH/Q25PRHCPU)

이중화 시스템은 이중화 CPU에 네트워크 모듈을 장착함으로써, 네트워크 모듈의 이중화(이중화 시스템)를 실행하는 시스템이다. 네트워크 모듈의 이중화에 의해, 제어계 CPU 또는 네트워크 모듈에 이상이 발생한 경우, 제어계와 대기계를 전환하여 대기계측에서 시스템의 제어 및 데이터 링크를 계속할 수 있다.

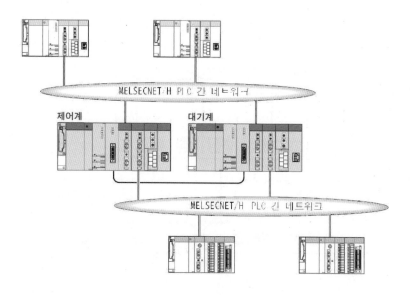

5. 3 간이 이중화 시스템(Q02/Q02H/Q06H/Q12H/Q25H/Q12PH /Q25PHCPU)

이중화 시스템은 이중화 CPU에 네트워크 모듈을 장착함으로써, 네트워크 모듈의 이중화(이중화 시스템)를 실행하는 시스템이다. 네트워크 모듈의 이중화에 의해, 제어계 CPU 또는 네트워크 모듈에 이상이 발생한 경우, 제어계와 대기계를 전환하여, 대기계측에서 시스템의 제어 및 데이터 링크를 계속할 수 있다.

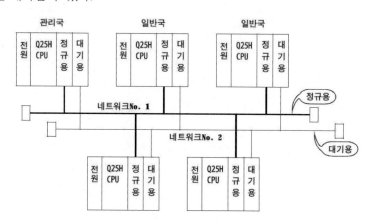

5. 4 네트워크 시스템(Q02/Q02H/Q06H/Q12H/Q25H/Q12PH/Q25PH /Q12PRH/Q25PRHCPU/유니버셜 QCPU)

(1) 중계국에 의해 여러 네트워크가 접속되어 있는 시스템이다.

- 네트워크 No.는 중복되지 않도록 설정하고, 중복되지만 않으면 1~239의 범위 내에서 자유롭게 설정할 수 있다.

- PLC 1대에 최대 4장의 네트워크 모듈을 장착할 수 있다.

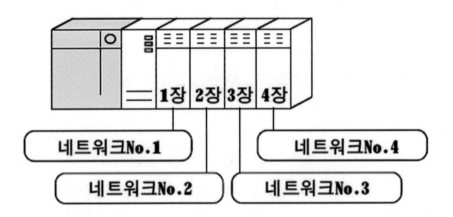

(2) 3개의 네트워크 구성

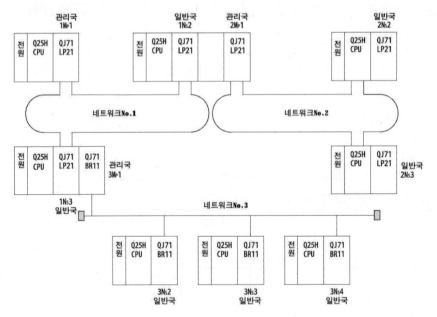

5. 5 GX-WORKS2 실행 및 Parameter 설정

GX-Works2를 실행하면 아래와 같은 화면이 활성화 되고 [Project]→[New] 클릭하고 Project Type : Simple Project, PLC Series : QCPU(Q mode), PLC Type : Q02/Q02H, Language : Ladder를 설정한다.

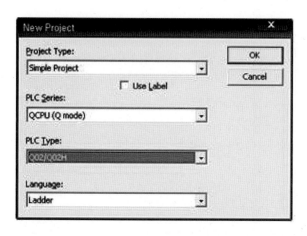

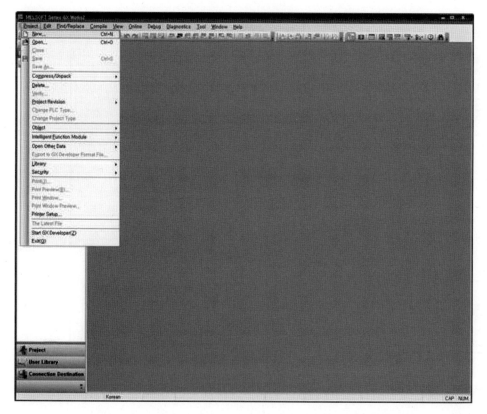

MELSECNET Parameter 설정을 위해 Parameter의 [Network Parameter]→[Ethernet/CC IE/ MELSECNET]을 클릭한다.

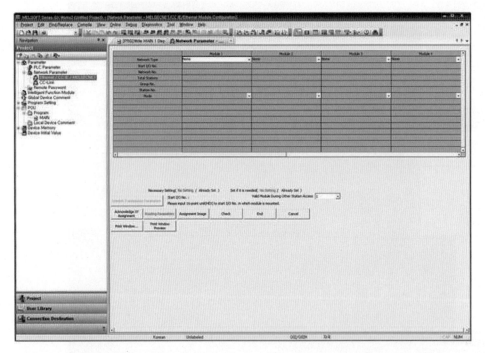

관리국 설정을 위해 MNET/H Mode(Control Station)을 아래와 같이 설정한다.

① Network Type : MNET/H Mode(Control Station)   ② Start I/O NO. : 0000

③ Network NO. : 1   ④ Total Stations : 2

	Module 1
Network Type	MNET/H Mode(Control Station)
Start I/O No.	0000
Network No.	1
Total Stations	2
Group No.	0
Station No.	
Mode	Online
	Network Range Assignment
	Refresh Parameters
	Interrupt Settings
	Return as Control Station
	Optical/Coaxial

[Network Range Assignment]를 클릭하고 Station NO. 1과 2에 대하여 사용할 수 있는 LB와 LW의 범위를 아래와 같이 설정한다.

	Module 1
Network Type	MNET/H Mode(Control Station)
Start I/O No.	0000
Network No.	1
Total Stations	2
Group No.	0
Station No.	
Mode	Online
	Network Range Assignment
	Refresh Parameters
	Interrupt Settings
	Return as Control Station
	Optical/Coaxial

Set up common and station inherent parameters.

Assignment Method
○ Points/Start
● Start/End

Monitoring Time: 200 X 10ms
Total Slave Stations: 2

Parameter Name:
Switch Screens: LB/LW Setting

Station No.	Send Range for each Station LB			Send Range for each Station LW			Send Range for each Station Low Speed LB			Send Range for each Station Low Speed LW			Pairing
	Points	Start	End	Points	Start	End	Points	Start	End	Points	Start	End	
1	256	0000	00FF	256	0000	00FF							Disable
2	256	0100	01FF	256	0100	01FF							Disable

[Refresh Parameters]를 클릭하고 설정된 LB와 LW를 확인한다.

	Module 1
Network Type	MNET/H Mode(Control Station)
Start I/O No.	0000
Network No.	1
Total Stations	2
Group No.	0
Station No.	
Mode	Online
	Network Range Assignment
	Refresh Parameters
	Interrupt Settings
	Return as Control Station
	Optical/Coaxial

Assignment Method
○ Points/Start
◉ Start/End

Transient Transmission Error History Status
◉ Overwrite   ○ Hold

	Link Side					PLC Side			
	Dev. Name	Points	Start	End		Dev. Name	Points	Start	End
Transfer SB	SB	512	0000	01FF	↔	SB	512	0000	01FF
Transfer SW	SW	512	0000	01FF	↔	SW	512	0000	01FF
Random Cyclic	LB				↔				
Random Cyclic	LW				↔				
Transfer 1	LB	8192	0000	1FFF	↔	B	8192	0000	1FFF
Transfer 2	LW	8192	0000	1FFF	↔	W	8192	000000	001FFF
Transfer 3					↔				
Transfer 4					↔				
Transfer 5					↔				
Transfer 6					↔				

일반국 설정(Normal Station)을 위해 GX Works2를 실행하고 아래와 같은 화면이 활성화 되면 [Project]→[New] 클릭하고 Project Type : Simple Project, PLC Series : QCPU(Q mode), PLC Type : Q02/Q02H, Language : Ladder를 설정한다.

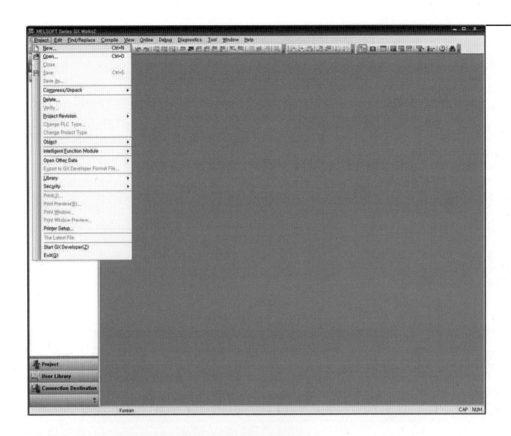

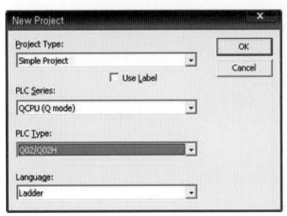

MELSECNET Parameter 설정을 위해 Parameter의 [Network Parameter]→[Ethernet/CC IE/ MELSECNET]을 클릭한다.

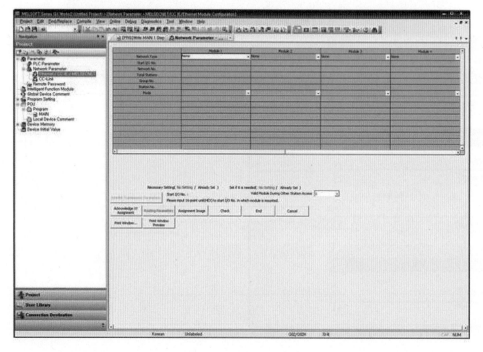

일반국 설정을 위해 MNET/H Mode(Normal Station)을 아래와 같이 설정한다.

① Network Type : MNET/H Mode(Normal Station)

② Start I/O NO. : 0000

③ Network NO. : 1

	Module 1
Network Type	MNET/H Mode(Normal Station) ▾
Start I/O No.	0000
Network No.	1
Total Stations	
Group No.	0
Station No.	
Mode	Online ▾
	Station Inherent Parameters
	Refresh Parameters
	Interrupt Settings

[Refresh Parameters]를 클릭하고 설정된 LB와 LW를 확인한다.

	Module 1
Network Type	MNET/H Mode(Normal Station) ▾
Start I/O No.	0000
Network No.	1
Total Stations	
Group No.	0
Station No.	
Mode	Online ▾
	Station Inherent Parameters
	Refresh Parameters
	Interrupt Settings

Assignment Method
○ Points/Start
◉ Start/End

Transient Transmission Error History Status
◉ Overwrite   ○ Hold

	Link Side					PLC Side			
	Dev. Name	Points	Start	End		Dev. Name	Points	Start	End
Transfer SB	SB	512	0000	01FF	↔	SB	512	0000	01FF
Transfer SW	SW	512	0000	01FF	↔	SW	512	0000	01FF
Random Cyclic	LB				↔	▾			
Random Cyclic	LW				↔	▾			
Transfer 1	LB ▾	8192	0000	1FFF	↔	B ▾	8192	0000	1FFF
Transfer 2	LW ▾	8192	0000	1FFF	↔	W ▾	8192	000000	001FFF
Transfer 3	▾				↔	▾			
Transfer 4	▾				↔	▾			
Transfer 5	▾				↔	▾			
Transfer 6	▾				↔	▾			

5.6 MELSECNET/H 실습 프로그램

① 관리국에서 X1를 ON하면 일반국의 자기유지회로가 작동하여 Y20을 ON하고, 일반국의 Y20이 ON하면 3초 후에 관리국의 자기유지회로를 작동시켜 Y30을 ON한다.

관리국 PLC 프로그램

일반국 PLC 프로그램

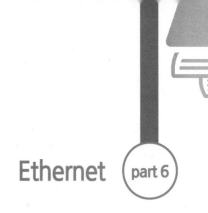

Ethernet part 6

6.1. 시스템 구성도

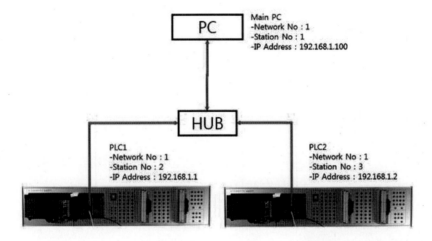

```
PC
```
Main PC
-Network No : 1
-Station No : 1
-IP Address : 192.168.1.100

```
HUB
```

PLC1
-Network No : 1
-Station No : 2
-IP Address : 192.168.1.1

PLC2
-Network No : 1
-Station No : 3
-IP Address : 192.168.1.2

6.2. 네트워트 세팅 - PC

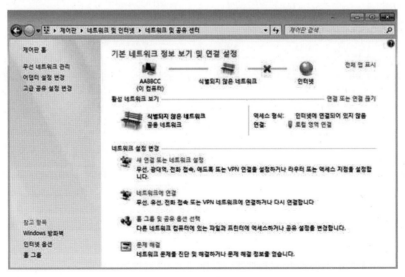

● 시작 →　제어판 → 네트워크 및 인터넷 → 네트워크 및 공유 센터

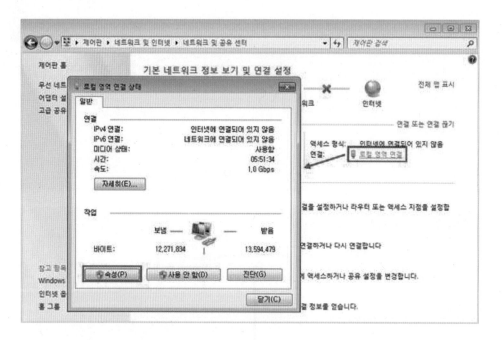

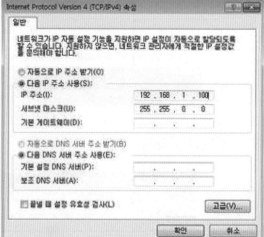

6.3. 네트워크 세팅 - PLC1

(1) 접속 상태를 USB로 변경(초기 1회)

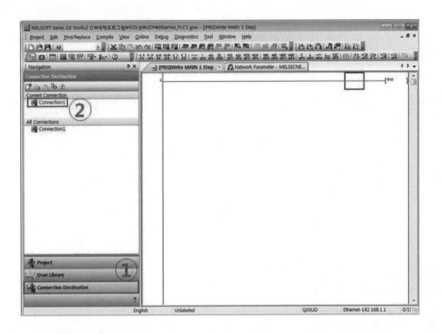

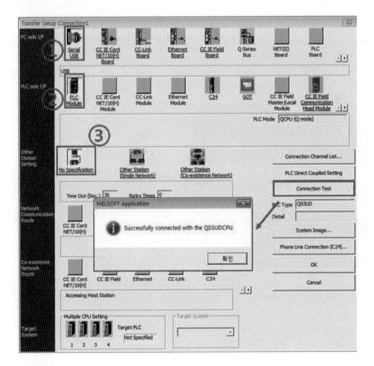

(2) 이더넷 카드의 선두 IO 확인

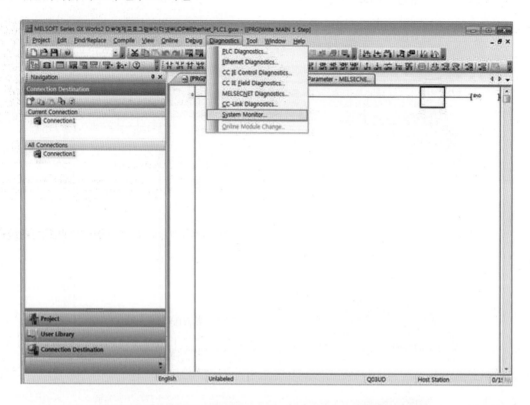

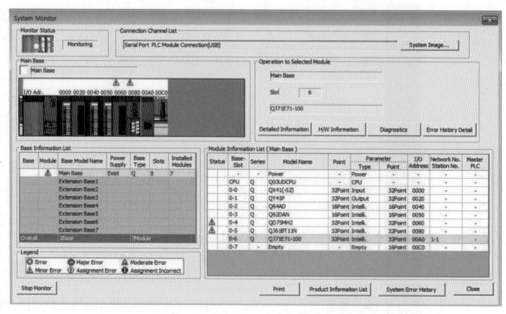

(3) 이더넷 카드의 파라미터 설정

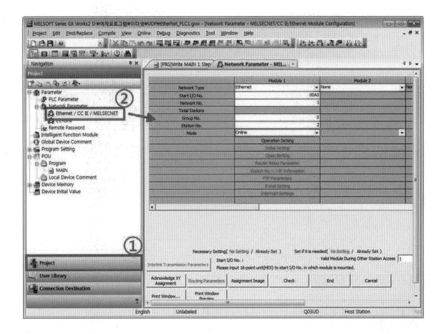

● Network Type : Ethernet

● Start I/O No : 00A0 (이더넷 카드 선두 IO)

● Network No : 1 (다중 네트워크일 때 이더넷 카드가 2장 이상 시 변경)

● Group No : 그룹 넘버 지정(MelsecNet 사용시)

● Station No : 2 (PC = 1, PLC2 = 3)

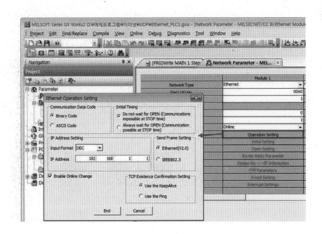

● Operation Setting : IP 주소 및 Enable Online Change 선택

(4) 파라미터 다운로드

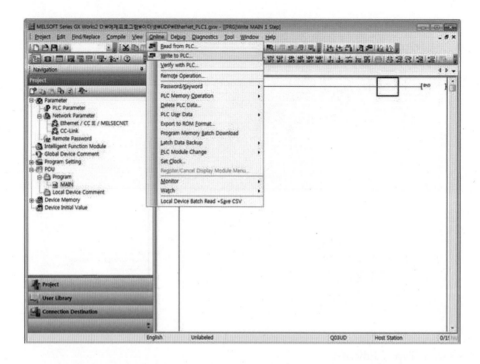

● 쓰기 후, 반드시 전원을 On/Off 할 것!!

(5) 접속 설정 변경 – Ethernet 접속

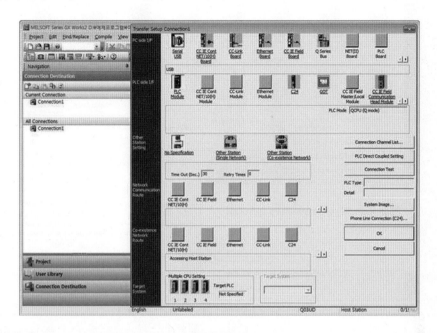

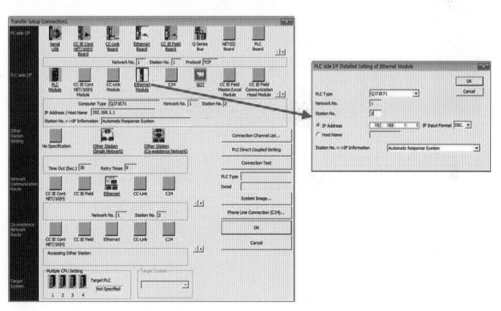

● PLC Side I/F → Ethernet Module 더블 클릭

● Station No : 3 및 IP Address : 192.168.1.1 입력

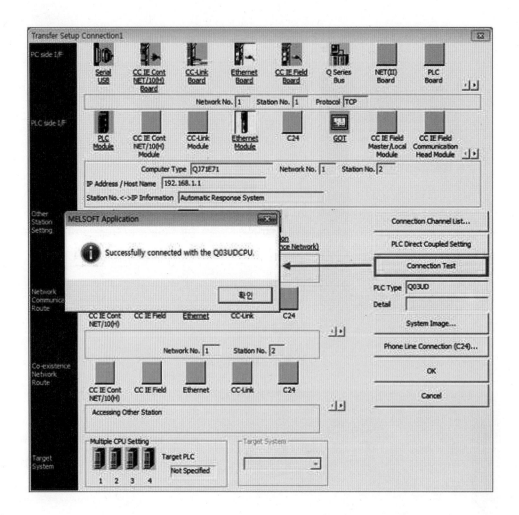

6.4. 네트워크 세팅 - PLC2

(1) PLC1번과 동일한 방법으로 설정

● Station No : 3

● IP Address : 192.168.1.2

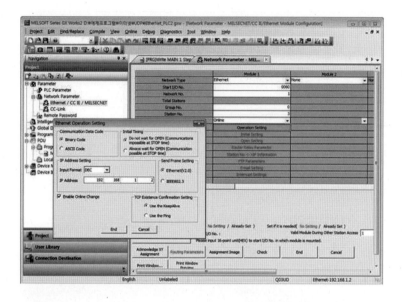

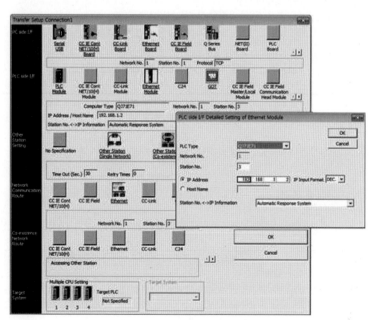

6.5. EtherNet 통신을 위한 특수명령

– OPEN : 데이터 교신을 하는 상대기기와의 커넥션을 확립한다.

[명령 기호]   **[실행 조건]**

ZP. OPEN

설정 데이터	내용	세트측 (*1)	데이터형
"Un"	Ethernet 모듈의 선두 입출력 신호 (00~FE : 입출력 신호를 3자리로 표현한 경우의 상위 2자리)	사용자	BIN16비트
(S1)	커넥션 번호 (1~16)		BIN16비트
(S2)	컨트롤 데이터를 저장하는 디바이스의 선두 번호	사용자, 시스템	BIN16비트
(D1)	명령 완료로써 1스캔 ON시키는 자국의 비트 디바이스의 선두 번호, 이상 완료시에는 (D1)+1도 ON한다.	시스템	비트

– BUFSND : 고정버퍼 교신으로 상대 기기에 데이터를 송신한다. (S1)위치에 K2는 2번 커넥션 센드(SEND)를 의미한다.

[명령 기호]   **[실행 조건]**

BUFSND

설정 데이터	내용	세트측 (*1)	데이터형
"Un"	Ethernet 모듈의 선두 입출력 신호 (00~FE : 입출력 신호를 3자리로 표현한 경우의 상위 2자리)	사용자	BIN16비트
(S1)	커넥션 번호 (1~16)		BIN16비트
(S2)	컨트롤 데이터를 저장하는 디바이스의 선두 번호	시스템	BIN16비트
(S3)	송신 데이터를 저장하는 디바이스의 선두 번호	사용자	BIN16비트
(D1)	명령 완료로써 1스캔 ON시키는 자국의 비트 디바이스의 선두 번호, 이상 완료시에는 (D1)+1도 ON한다.	시스템	비트

– BUFRCV : 메인 프로그램에서 사용하는 명령어이다. 고정버퍼 교신으로서 기기로부터수신 데이터를 읽는다. (S1) 위치의 K1은 1번 커넥션 리시브(RECEIVE)를 의미한다.

[명령 기호]   **[실행 조건]**

BUFRCV

설정 데이터	내용	세트측 (*1)	데이터형
"Un"	Ethernet 모듈의 선두 입출력 신호 (00~FE : 입출력 신호를 3자리로 표현한 경우의 상위 2자리)	사용자	BIN16비트
(S1)	커넥션 번호 (1~16)		BIN16비트
(S2)	컨트롤 데이터를 저장하는 디바이스의 선두 번호	시스템	BIN16비트
(D2)	송신 데이터를 저장하는 디바이스의 선두 번호		BIN16비트
(D1)	명령 완료로써 1스캔 ON시키는 자국의 비트 디바이스의 선두 번호, 이상 완료시에는 (D2)+1도 ON한다.		비트

- CLOSE : 데이터 교신을 하고있는 상대기기와의 커넥션을 중단한다.

설정 데이터	내용	세트측 [*1]	데이터형
"Un"	Ethernet 모듈의 선두 입출력 신호 (00~FE : 입출력 신호를 3자리로 표현한 경우의 상위 2자리)	사용자	BIN16비트
(S1)	커넥션 번호 (1~16)		BIN16비트
(S2)	컨트롤 데이터를 저장하는 디바이스의 선두 번호	시스템	BIN16비트
(D1)	명령 완료로써 1스캔 ON시키는 자국의 비트 디바이스의 선두 번호, 이상 완료시에는 (D1)+1도 ON한다.		비트

기본적인 EtherNet 연결 파라미터 설정 및 프로그램 확인

본 예제 프로그램에서는 UDP와 TCP의 다른 연결 방법에 대해서 이해하게 될 것이다. 먼저 UDP의 경우 특징으로는 서버와 클라이언트 구분없이 접근이 가능하다. 서로 어디서든 오픈과 클로우즈를 요구할 수 있다. 이들을 둘 다 가지고 있어도 되고 하나만 가지고 있어도 된다, 단 반드시 한곳에서는 오픈을 요구해야 한다. 반면 TCP의 경우 서버와 클라이언트 개념을 갖고 프로그램해야 한다. 클라이언트에서만 OPEN과 CLOSE를 요구할 수 있다. 그리고 서버에서는 Fullpasive와 Unpassive를 선정해서 선택적 연결을 할 수 있다.

[PLC 1 파라미터 셋팅]

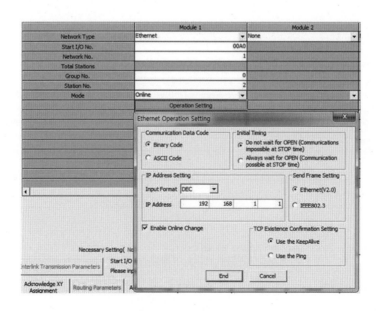

IP Address/Port No. Input Format [DEC ▼]

	Protocol	Open System	Fixed Buffer	Fixed Buffer Communication Procedure	Pairing Open	Existence Confirmation	Host Station Port No.	Destination IP Address	Destination Port No.
1	UDP ▼	▼	Receive ▼	Procedure Exist ▼	Enable ▼	No Confirm ▼	8000	192.168. 1. 2	9000
2	UDP ▼	▼	Send ▼	Procedure Exist ▼	Enable ▼	No Confirm ▼	8000	192.168. 1. 2	9000
3	TCP ▼	Active ▼	Receive ▼	Procedure Exist ▼	Enable ▼	No Confirm ▼	8001	192.168. 1. 2	9001
4	TCP ▼	Active ▼	Send ▼	Procedure Exist ▼	Enable ▼	No Confirm ▼	8001	192.168. 1. 2	9001
5	▼	▼	▼	▼	▼	▼			
6	▼	▼	▼	▼	▼	▼			
7	▼	▼	▼	▼	▼	▼			
8	▼	▼	▼	▼	▼	▼			
9	▼	▼	▼	▼	▼	▼			
10	▼	▼	▼	▼	▼	▼			
11	▼	▼	▼	▼	▼	▼			
12	▼	▼	▼	▼	▼	▼			
13	▼	▼	▼	▼	▼	▼			
14	▼	▼	▼	▼	▼	▼			
15	▼	▼	▼	▼	▼	▼			
16	▼	▼	▼	▼	▼	▼			

(*) IP Address and Port No. will be displayed by the selected format.
Please enter the value according to the selected number.

[End] [Cancel]

여기서 **Destination IP Address** 는 상대측 IP 번호이고, PORT 번호가 다른 것은 UDP와 TCP가 동시에 접속도 가능하게 하기 위해서 준비한 것이다. IP 번호는 아파트에 비유한다면 동번호가 되고 PORT 번호는 동에 속해있는 각 세대에 해당된다. 103동 902호이면 103 동은 IP이고 902호는 PORT인 것이다.

Destination IP Address	Destination Port No.
192.168. 1. 2	9000
192.168. 1. 2	9000
192.168. 1. 2	9001
192.168. 1. 2	9001

[PLC 1 프로그램]

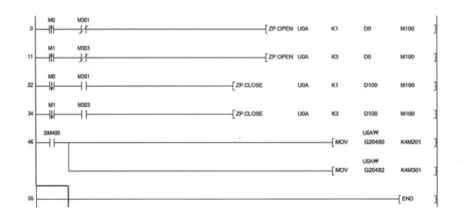

K1 : UDP로 오픈하는 것이다. 프로토클 번지이다.

K3 ; TCP로 오픈하는 것이다. 프로토클 번지이다. 번호의 의미는 아래 그림의 순서 번호이다.

미쯔비시 PLC의 경우 버퍼에다 저장하는데 커넥션으로 동시에 주고받을 수가 없다. 그래서 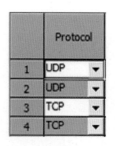 Pairing Open 에서 Enable ▼ 을 하면 순서 번호 3번과 4번이 하나로 통합이 된다. 그래서 받을 때는 3번으로 받고 보낼 때는 4번으로 한다. 이것은 OPEN하고 Close하는 요구 명령과는 별개이므 데이터를 주고받는 과정에 영향을 주지 않는다. 번호는 가상의 통신선이라고 생각하면 좋은듯하다. 그리고 Fixed Buffer 파라미터의 경우 Receive나 Send의 어느 것이든 영향을 받지 않는다.

	Protocol
1	UDP ▼
2	UDP ▼
3	TCP ▼
4	TCP ▼

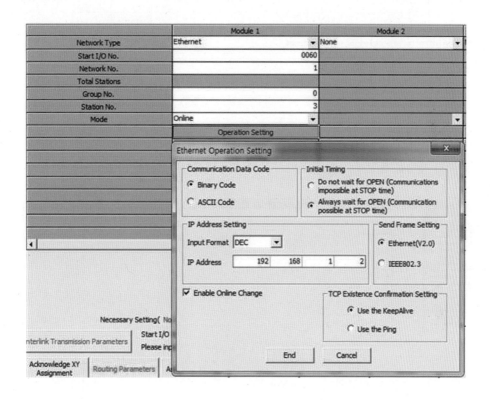

[PLC 2 파라미터 셋팅]

Open Setting 을 통해서 다음 파라미터를 확인하도록 한다.

IP Address/Port No. Input Format: DEC

	Protocol	Open System	Fixed Buffer	Fixed Buffer Communication Procedure	Pairing Open	Existence Confirmation	Host Station Port No.	Destination IP Address	Destination Port No.
1	UDP		Receive	Procedure Exist	Enable	No Confirm	9000	192.168.1.1	8000
2	UDP		Send	Procedure Exist	Enable	No Confirm	9000	192.168.1.1	8000
3	TCP	Fullpassive	Receive	Procedure Exist	Enable	No Confirm	9001	192.168.1.1	8001
4	TCP	Fullpassive	Send	Procedure Exist	Enable	No Confirm	9001	192.168.1.1	8001
5									
6									
7									
8									
9									
10									
11									
12									
13									
14									
15									
16									

(*) IP Address and Port No. will be displayed by the selected format.
Please enter the value according to the selected number.

End   Cancel

[PLC 2 프로그램]

파라미터 세팅을 통한 과정만 확인하기 위한 프로그램이다. 다라서 Ladder가 없다.

예제   PLC A와 PLC B와의 EtherNet 통신을 확인하기 위한 프로그램이다. 본 프로그램은 ACTIVE(클라이언트)와 (UN)PASSIVE(서버)의 형태로 구성되어 있으며 이들의 차이점은 커넥션 오픈 요구를 어디서 하느냐이다. 그래서 PASSIVE 쪽은 커넥션 오픈&클로즈에 대한 내용이 없다. 다시 표현하면 아래와 같은 형태이다.

ACTIVE -> 커넥션 오픈 요구 -> PASSIVE
ACTIVE -> 커넥션 클로즈 요구 -> PASSIVE

제한 서버(FULL PASSIVE)는 들어오는 클라이언트를 제한하는 서버로서 상대방 IP 주소와 포트 번호를 확인해서 선별적으로 연결을 허용한다. 이 설정은 앞에서 확인한 바와 같이 파라미터 세팅창에서 FULL PASSIVE(제한)와 UNPASSIVE(비제한) 선택에 따라 설정된다. 비제한서버 (UNPASSIVE)는 모든 클라이언트의 접속을 허용하는 것이다.

참고하여 다음 프로그램을 이해하고 작성하여 동작 해보도록 한다.

(1) [PLC A 프로그램] => ACTIVE(클라이언트) 측 프로그램으로서 FULL PASSIVE(제한 서버) & UNPASSIVE(비제한 서버) 쪽으로 Connection Open(커넥션 오픈)을 요구하여 이더넷 소켓을 생성하는 프로그램이다.

	Module 1	Module 2
Network type	Ethernet	None
Starting I/O No.	0040	
Network No.	1	
Total stations		
Group No.	0	
Station No.	1	
Mode	Online	
	Operational settings	

Ethernet operations

Communication data code
- Binary code
- ASCII code

Initial timing
- Do not wait for OPEN (Communications impossible at STOP time)
- Always wait for OPEN (Communication possible at STOP time)

IP address
Input format DEC,
IP address   10 10 25 1

Send frame setting
- Ethernet(V2,0)
- IEEE802,3

☐ Enable Write at RUN time

TCP Existence confirmation setting
- Use the KeepAlive
- Use the Ping

End   Cancel

	Protocol	Open system	Feed buffer	Fixed buffer communication procedure	Pairing open	Existence confirmation	Host station Port No.	Transmission target device IP address	Transmission target device Port No.
1	TCP ▼	Active ▼	Receive ▼	Procedure exist ▼	Enable ▼	No confirm ▼	0401	10. 10. 25. 2	0401
2	TCP ▼	Active ▼	Send ▼	Procedure exist ▼	Enable ▼	No confirm ▼	0401	10. 10. 25. 2	0401
3	▼	▼	▼	▼	▼	▼			
4	▼	▼	▼	▼	▼	▼			
5	▼	▼	▼	▼	▼	▼			
6	▼	▼	▼	▼	▼	▼			
7	▼	▼	▼	▼	▼	▼			
8	▼	▼	▼	▼	▼	▼			
9	▼	▼	▼	▼	▼	▼			
10	▼	▼	▼	▼	▼	▼			
11	▼	▼	▼	▼	▼	▼			
12	▼	▼	▼	▼	▼	▼			
13	▼	▼	▼	▼	▼	▼			
14	▼	▼	▼	▼	▼	▼			
15	▼	▼	▼	▼	▼	▼			
16	▼	▼	▼	▼	▼	▼			

[End]   [Cancel]

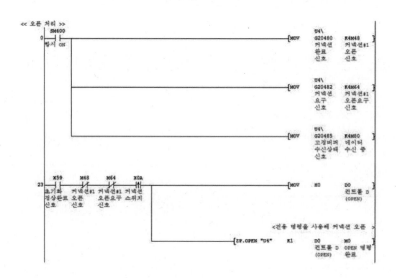

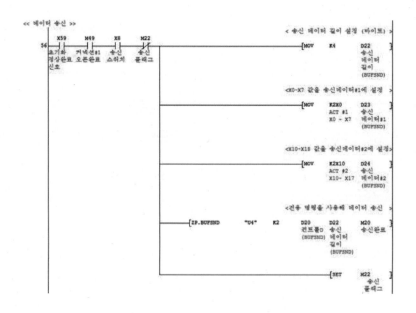

<< 송신 유무 램프 확인 >>

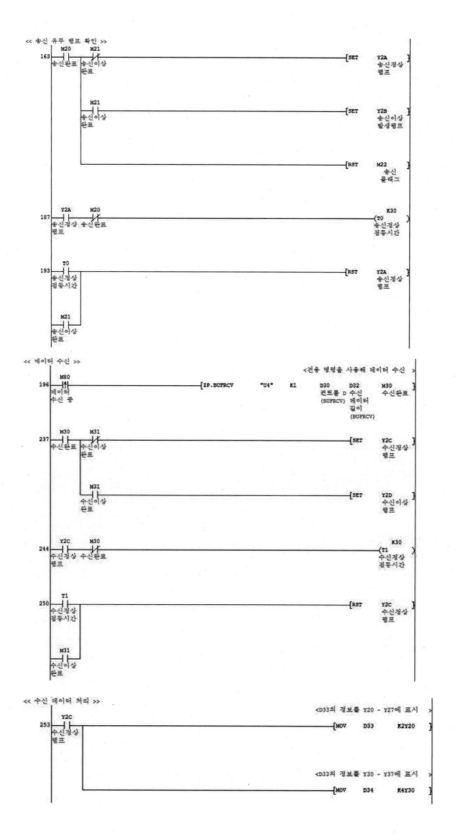

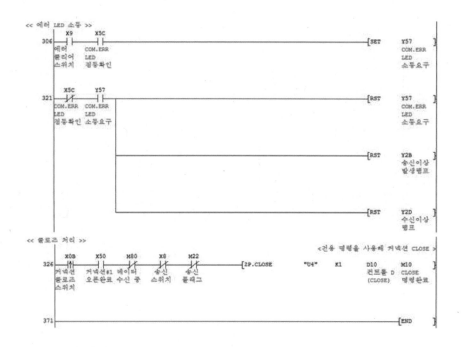

(2) [PLC B] => UNPASSIVE(비제한 서버)로 클라이언트에서 오는 "커넥션 오픈 요구"를 제한없이 전부 응답하여 이더넷 소켓을 생성하는 프로그램이다.

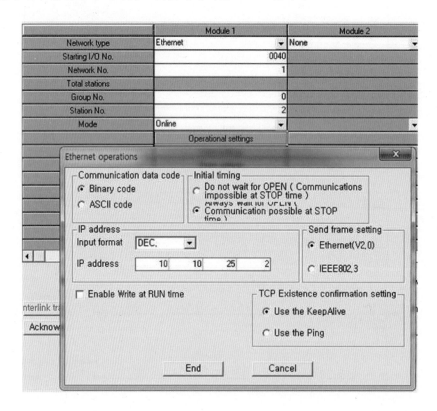

	Protocol	Open system	Fixed buffer	Fixed buffer communication procedure	Pairing open	Existence confirmation	Host station Port No.	Transmission target device IP address	Transmission target device Port No.
1	TCP ▼	Unpassive ▼	Receive ▼	Procedure exist ▼	Enable ▼	No confirm ▼	0401		
2	TCP ▼	Unpassive ▼	Send ▼	Procedure exist ▼	Enable ▼	No confirm ▼	0401		
3	▼	▼	▼	▼	▼	▼			
4	▼	▼	▼	▼	▼	▼			
5	▼	▼	▼	▼	▼	▼			
6	▼	▼	▼	▼	▼	▼			
7	▼	▼	▼	▼	▼	▼			
8	▼	▼	▼	▼	▼	▼			
9	▼	▼	▼	▼	▼	▼			
10	▼	▼	▼	▼	▼	▼			
11	▼	▼	▼	▼	▼	▼			
12	▼	▼	▼	▼	▼	▼			
13	▼	▼	▼	▼	▼	▼			
14	▼	▼	▼	▼	▼	▼			
15	▼	▼	▼	▼	▼	▼			
16	▼	▼	▼	▼	▼	▼			

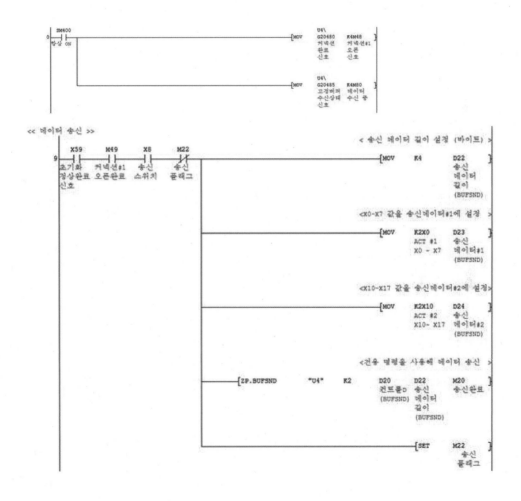

<< 송신 유무 램프 확인 >>

```
116   M20     M21                                            {SET    Y2A
      ┤├──────┤/├──┬──────────────────────────────────────         송신정상
      송신완료  송신이상 │                                            램프
              완료    │
                    │     M21
                    │     ┤├──────────────────────────────{SET    Y2B
                    │     송신이상                                  송신이상
                    │     완료                                     발생램프
                    │
                    └────────────────────────────────────{RST    M22
                                                               송신
                                                               플래그

140   Y2A     M20                                            K30
      ┤├──────┤├──────────────────────────────────────────(T0    )
      송신정상  송신완료                                          송신정상
      램프                                                    점등시간

146   T0                                                     {RST    Y2A
      ┬┤├────┬────────────────────────────────────────────         송신정상
      │송신정상 │                                                  램프
      │점등시간 │
      │       │
      │ M21   │
      └┤├─────┘
       송신이상
       완료
```

<< 데이터 수신 >>

<전용 명령을 사용해 데이터 수신 >

```
149   M80                   [ZP.BUFRCV      "U4"    K1    D30    D32    M30
      ┤↑├──────────────────                             컨트롤 D  수신    수신완료
      데이터                                              (BUFRCV) 데이터
      수신 중                                                     길이
                                                               (BUFRCV)

190   M30     M31                                            {SET    Y2C
      ┤├──────┤/├──┬──────────────────────────────────────         수신정상
      수신완료  수신이상 │                                            램프
              완료    │
                    │     M31
                    │     ┤├──────────────────────────────{SET    Y2D
                    │     수신이상                                  수신이상
                    │     완료                                     램프

197   Y2C     M30                                            K30
      ┤├──────┤├──────────────────────────────────────────(T1    )
      수신정상  수신완료                                          수신정상
      램프                                                    점등시간

203   T1                                                     {RST    Y2C
      ┬┤├────┬────────────────────────────────────────────         수신정상
      │수신정상 │                                                  램프
      │점등시간 │
      │       │
      │ M31   │
      └┤├─────┘
       수신이상
       완료
```

<< I/O 패널에 표시 >>

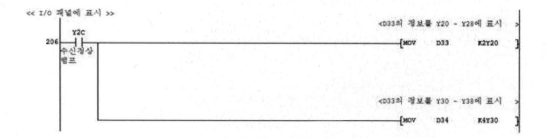

```
                                                                  <D33의 정보를 Y20 - Y28에 표시  >
      Y2C
206 ┤├────┬────────────────────────────────────────────[MOV    D33    K2Y20 ]
    수신정상  │
    램프    │
          │                                               <D33의 정보를 Y30 - Y38에 표시  >
          └────────────────────────────────────────────[MOV    D34    K4Y30 ]
```

<< 에러 LED 소등 >>

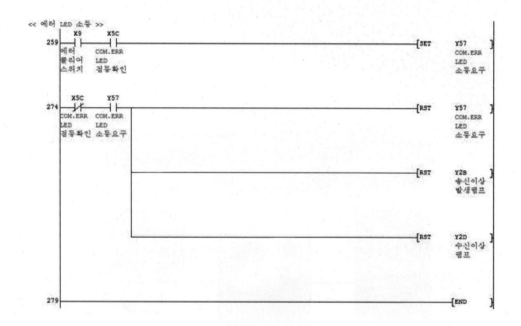

```
      X9     X5C
259 ┤├─────┤├──────────────────────────────────────────────────[SET    Y57  ]
    에러    COM.ERR                                                      COM.ERR
    클리어   LED                                                        LED
    스위치   점등확인                                                     소등요구


      X5C    Y57
274 ┤/├─────┤├────┬────────────────────────────────────────────[RST    Y57  ]
    COM.ERR COM.ERR │                                                    COM.ERR
    LED    LED    │                                                    LED
    점등확인  소등요구  │                                                    소등요구
                 │
                 ├────────────────────────────────────────────[RST    Y2B  ]
                 │                                                    송신이상
                 │                                                    발생램프
                 │
                 └────────────────────────────────────────────[RST    Y2D  ]
                                                                      수신이상
                                                                      램프


279 ┤──────────────────────────────────────────────────────────[END   ]
```

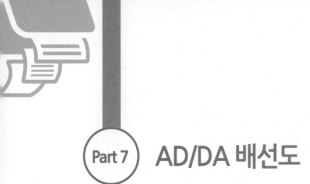

Part 7 AD/DA 배선도

7.1 AD/DA 배선도

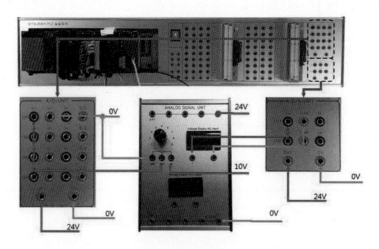

7.2 GX-WORKS2 아날로그 모듈 파라미터 설정하기1

7.2.1 모듈 정보 확인

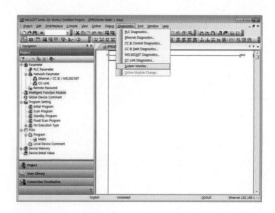

• Q64AD – Slot：2, I/O Address：40

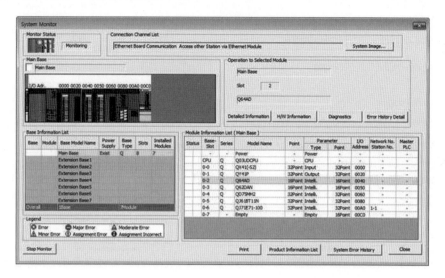

7.2.2. Intelligent Funtion Module 추가하기

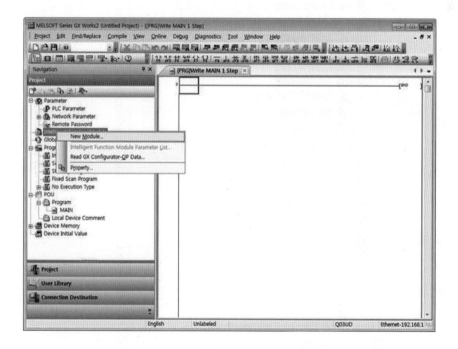

• Module Type：Analog Module

• Module Name：Q64AD

• Mounted Slot No.：2

• Specify start XY address：40

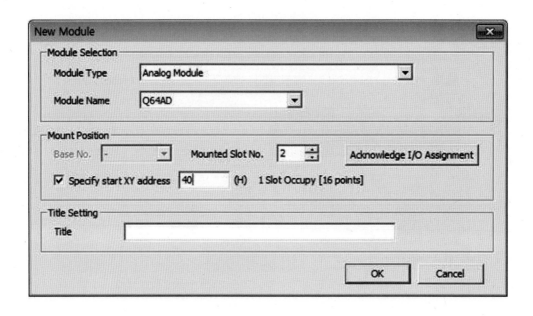

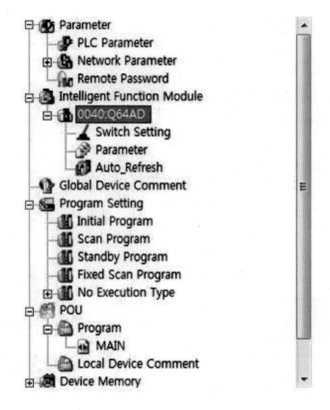

7.2.3. 스위치 설정하기

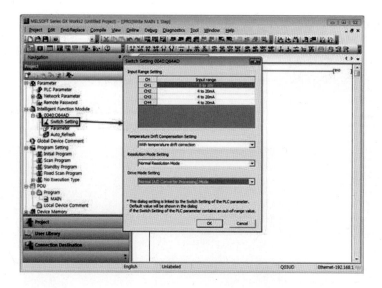

7.2.4. 파라미터 설정하기

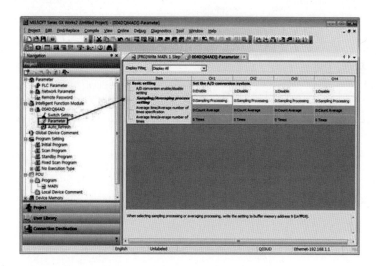

- A/D conversion enable/disable setting : AD변환 허가/금지

- Sampling/Averaging process setting : 샘플링(실시간)/평균처리 변환 방법 선택

- Average time/Average number of time specification : 평균처리 변환 시, 횟수평균(Count)/
  시간평균(Time) 선택

- Average time/average number of time : 평균처리 시, 시간/횟수 선택

7.2.5. Auto Refresh

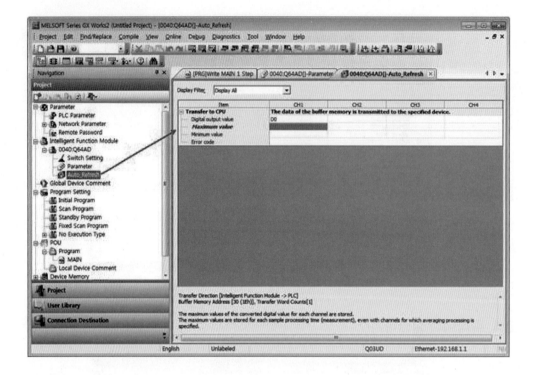

7.2.6. PLC 프로그램

- D0 : Analog Input Data, 0~4000(0~10V)

- D100 : 변환 DATA, 단위 0.01V(0.00V ~ 10.00V)

7.2.7. PLC 쓰기

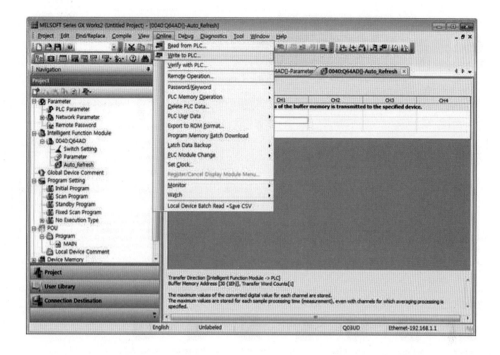

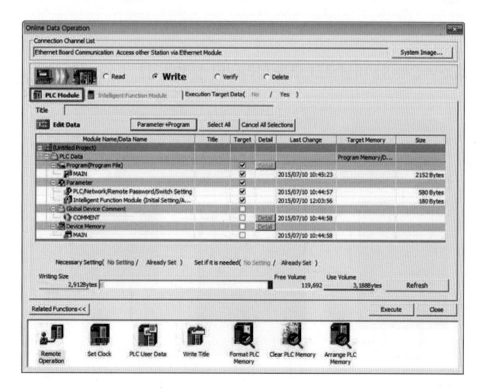

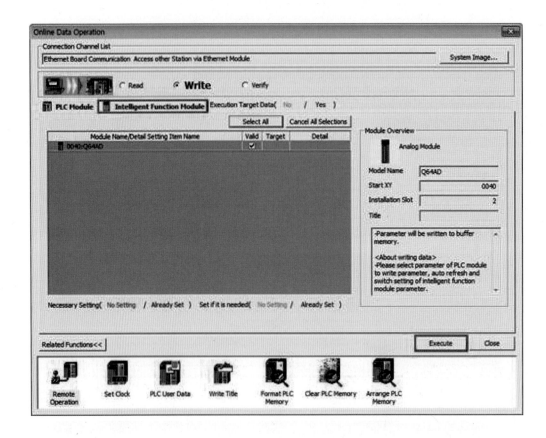

7.3. GX-WORKS2 아날로그 모듈 파라미터 설정하기2

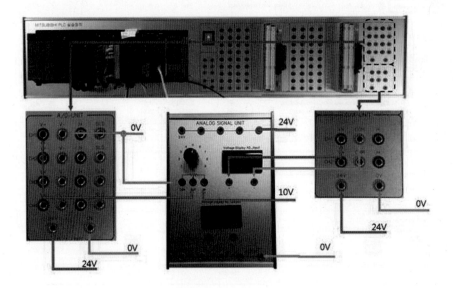

7.3.1. 모듈 정보 확인

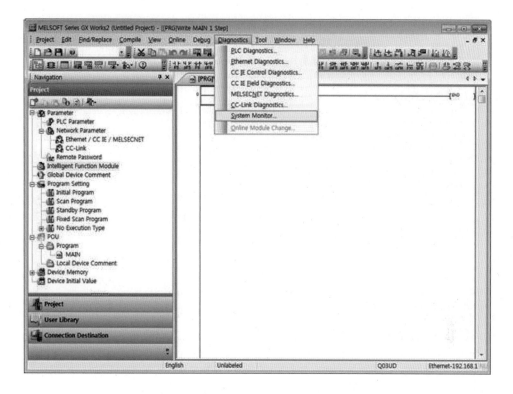

* Q64AD - Slot：3, I/O Address：50

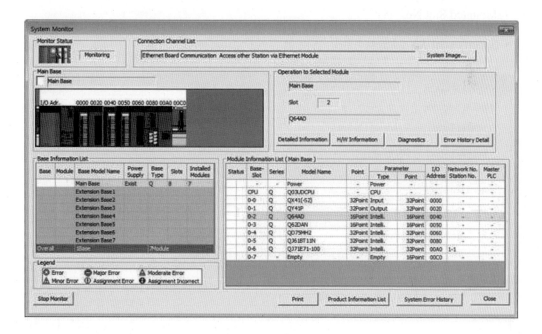

7.3.2. Intelligent Funtion Module 추가하기

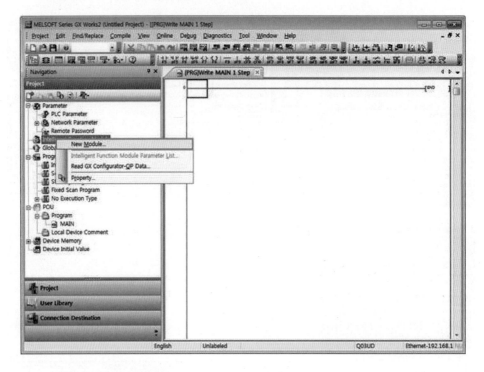

- Module Type : Analog Module

- Module Name : Q62DAN

- Mounted Slot No. : 3

- Specify start XY address : 40

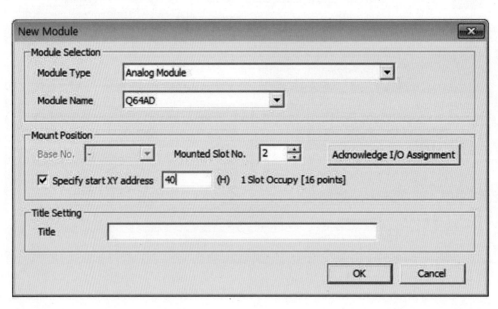

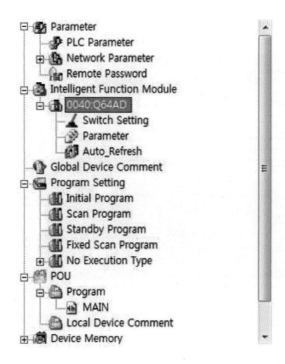

7.3.3. 스위치 설정하기

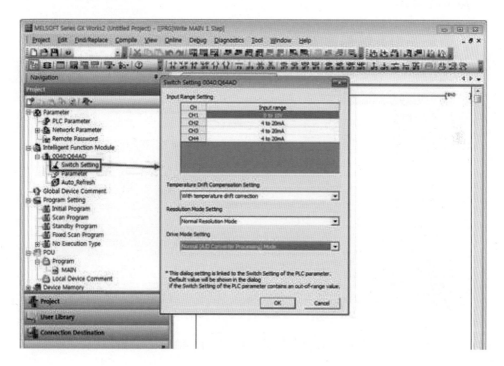

7.3.4. 파라미터 설정하기

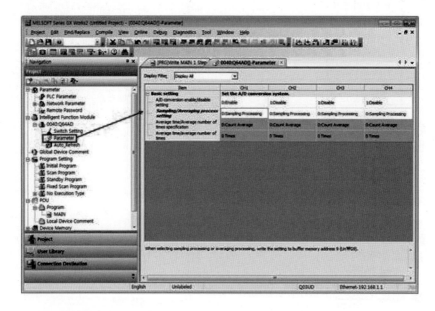

· D/A Conversion enable/disable setting : D/A 변환 허가/금지 설정

7.3.5. Auto Refresh

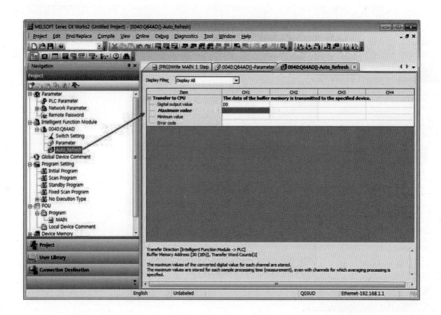

· Digital value : D/A 변환 데이터 입력 디바이스 설정(-4000 ~ 4000)

7.3.6. PLC 프로그램

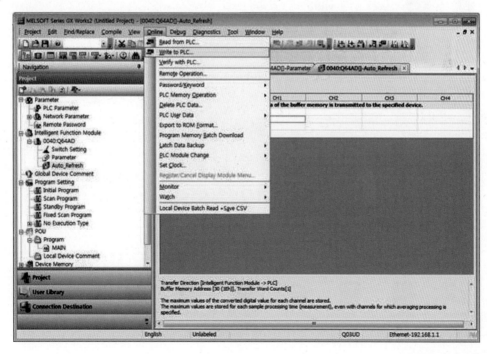

- X0 : D/A 출력 허가 스위치

- X1 : 1V 증가 스위치

- X2 : 1V 감소 스위치

- Y51 : D/A 출력 허가

- X50 : D/A Unit Ready

- D200 : Voltage Data

- D20 : Auto Refresh D/A Output Value (-4000 ~ 4000)

7.3.7. PLC 쓰기

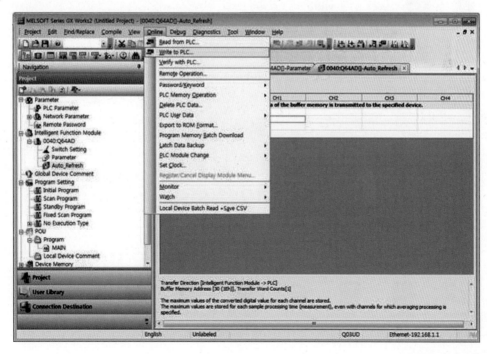

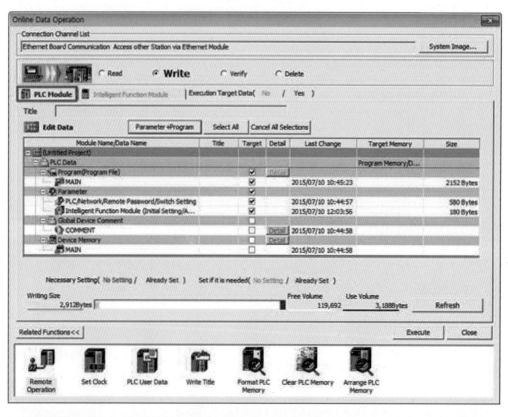

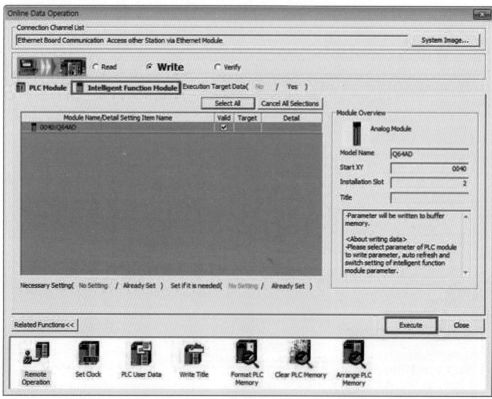

프로페이스_터치패널_4.0 (Part 8)

8.1. 프로그램 설치

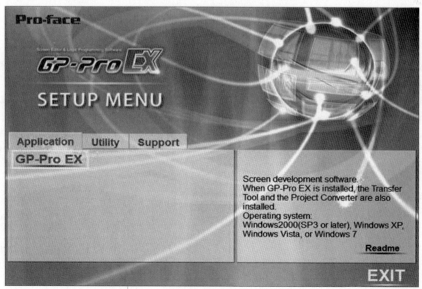

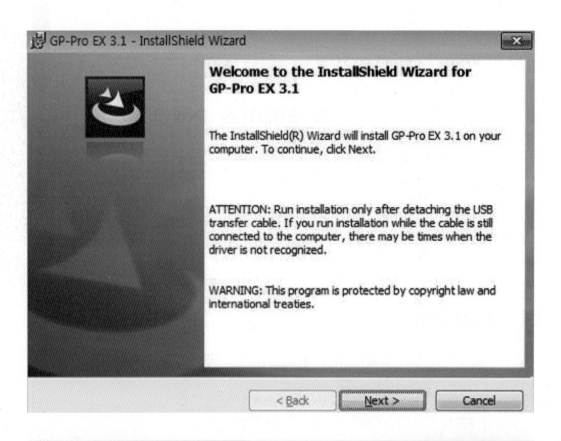

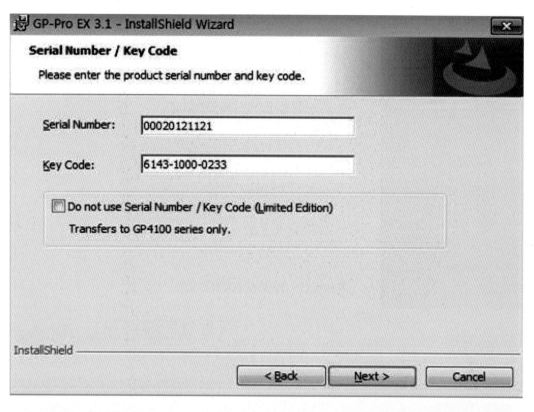

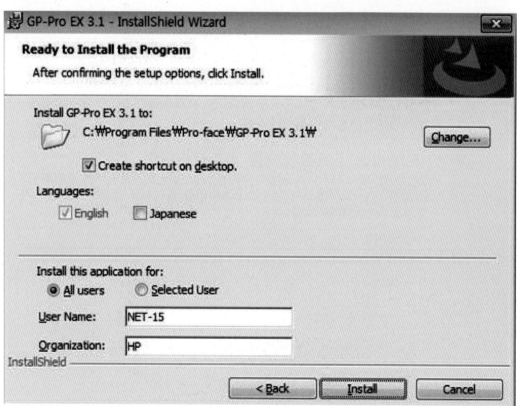

장치 드라이버 설치 마법사

장치 드라이버 설치 마법사 시작

이 마법사는 사용자가 일부 컴퓨터 장치에 필요한 소프트웨어 드라이버를 설치하도록 도와줍니다.

계속하려면 [다음]을 클릭하십시오.

< 뒤로(B)   다음(N) >   취소

 Windows 보안

이 드라이버 소프트웨어의 게시자를 확인할 수 없습니다.

➡ 이 드라이버 소프트웨어를 설치하지 않습니다(N).
사용 중인 장치용으로 업데이트된 드라이버 소프트웨어가 있는지 제조업체 웹 사이트에서 확인해야 합니다.

➡ 이 드라이버 소프트웨어를 설치합니다(I).
제조업체 웹 사이트나 디스크에서 가져온 드라이버 소프트웨어만 설치하십 시오. 다른 원본의 서명되지 않은 소프트웨어를 설치하면 컴퓨터가 손상되거 나 정보를 도난당할 수 있습니다.

 자세한 정보 표시(D)

장치 드라이버 설치 마법사

장치 드라이버 설치 마법사 완료

컴퓨터에 드라이버를 설치했습니다.

이제 장치를 컴퓨터에 연결할 수 있습니다. 장치와 함께 설명서가 제
공되었으면 장치를 사용하기 전에 설명서를 먼저 읽어보십시오.

드라이버 이름	상태
✓ Digital (GPUSB01) U...	사용할 수 있음
✓ Digital Electronics C...	사용할 수 있음

[< 뒤로(B)] [마침] [취소]

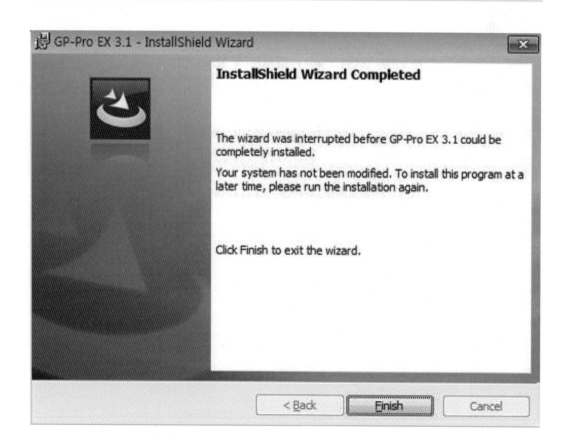

GP-Pro EX 3.1 - InstallShield Wizard

InstallShield Wizard Completed

The wizard was interrupted before GP-Pro EX 3.1 could be
completely installed.

Your system has not been modified. To install this program at a
later time, please run the installation again.

Click Finish to exit the wizard.

[< Back] [Finish] [Cancel]

8.2. 새프로젝트 만들기

(1) [시작] → ▶ **모든 프로그램**
→ **GP-Pro EX** 을 실행한다. 아래 그림과
같이 화면에서 확인하고 클릭하여 실행하면 된다.

(2) 바탕화면에서 실행하기 아이콘을
더블클릭하여 실행한다.

(3) 다음과 같이 프로젝트 메니저 프로그램이
실행되면 ⦿ New 를 선택하고 OK(O) 를
클릭하여 다음단계로 진행한다.

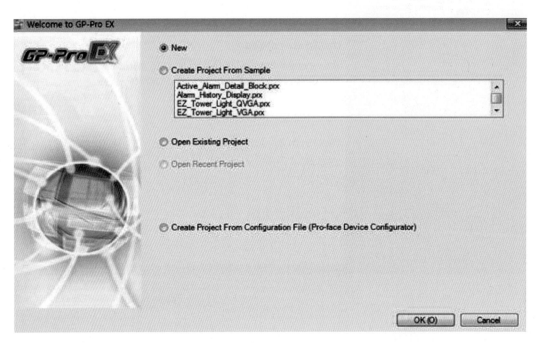

(4) 다음 그림과 같이 제어하고자 하는 Touch Panel 사양을 선택한다. 그리고 Next (N) 을 클릭하여 다음 단계로 진행한다. 한글 화면과 영어 화면 모두 보여준다.

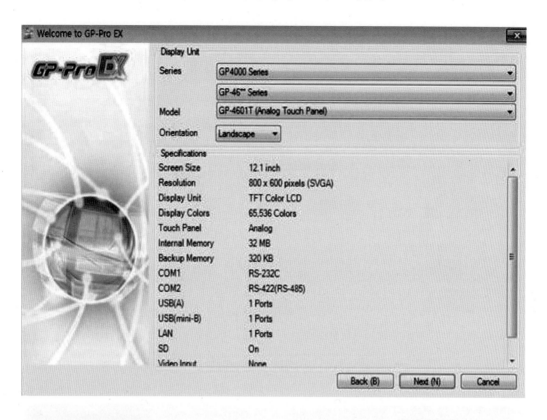

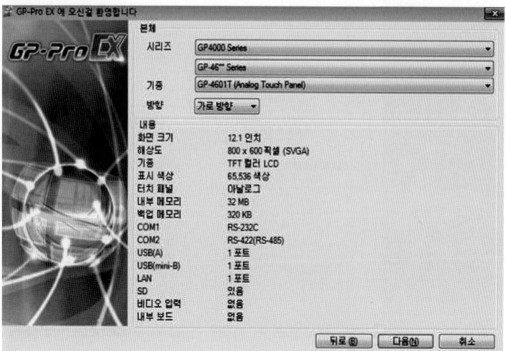

(5) 다음과 같이 해당 PLC의 사양을 선택하고 [New Screen] 를 클릭하여 다음 단계로 진행한다. 다음 그림은 영문과 한글 모두의 화면을 제공한다.

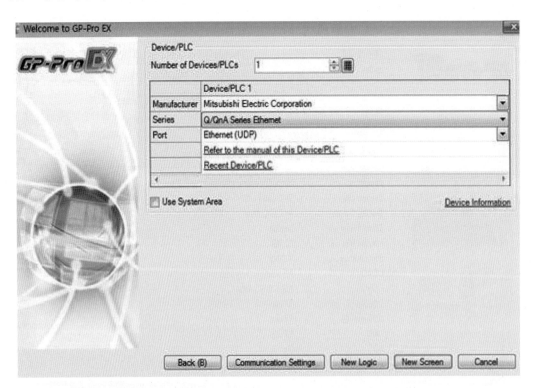

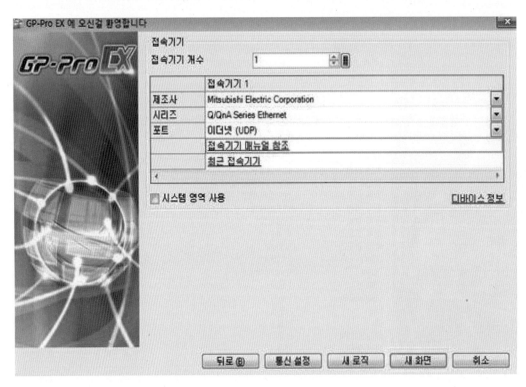

(6) 다음 화면은 새로 작업할 수 있는 상태이다.

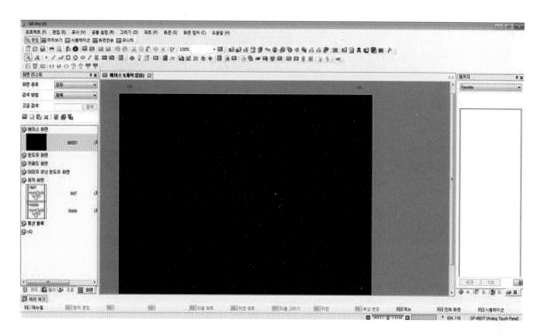

(7) 다음과 같이 메뉴에서 접속기기 설정을 선택 실행한다. 영문 메뉴와 한글 메뉴 모두를 보여준다.

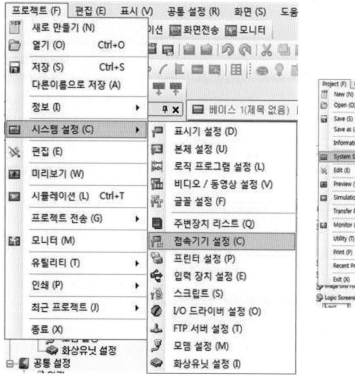

(8) 다음과 같이 접속기기의 통신 및 디바이스 관련 파라미터를 설정한다.

접속기기 설정

접속기기 추가   접속기기 삭제

접속기기 1

요약   접속기기 변경

제조사   Mitsubishi Electric Corporation   시리즈   Q/QnA Series Ethernet   포트   이더넷 (UDP)

문자열 데이터 모드   2   변경

통신 설정

Port No.   5001

Timeout   3   (sec)

Retry   2

Wait To Send 0   (ms)   Default

기기별 설정

접속 가능 계수   32   기기 추가

간접기기

No. 디바이스명   설정

1   PLC1   IP Address=192.168.001.001,Port No.=5001,Communi

Device/PLC

Add Device/PLC   Delete Device/PLC

Device/PLC 1

Summary   Change Device/PLC

Manufacturer   Mitsubishi Electric Corporation   Series   Q/QnA Series Ethernet   Port   Ethernet (UDP)

Text Data Mode   2   Change

Communication Settings

Port No.   5001

Timeout   3   (sec)

Retry   2

Wait To Send 0   (ms)   Default

Device-Specific Settings

Allowable Number
of Devices/PLCs   32   Add Device

Add Indirect
Device

No. Device Name   Settings

1   PLC1   IP Address=192.168.001.001,Port No.=5001,Communi

(9) 위 그림 (8)번의 화면에서 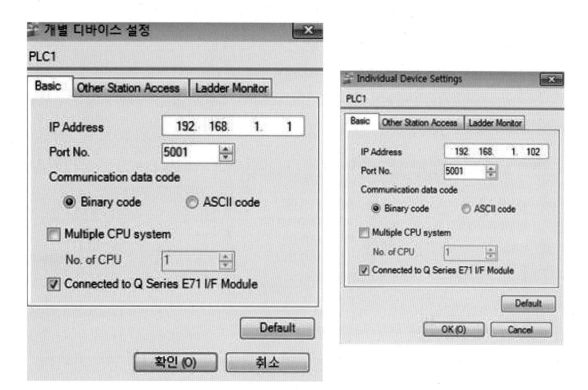으로 클릭하면 PLC 디바이스 관련 파라미터를 입력할 수 있다. 실습을 위한 IP는 "192.168.1.102"로 설정했다.

(10) 다음은 관련 정보를 저장하는 과정이다. 그림을 참고해서 절차에 따라 하면 된다.

8.3. PLC & GP1

8.3.1. 스위치 입력(Push Button Switch) 및 램프출력

자기유지회로를 PLC에서 작성하고 다음과 같이 연계되도록 한다.

SW1(M0)을 ON 하면 램프(M20)가 점등되고, SW1(M0)을 OFF하면 소등된다.

(1) 스위치를 적용하기 위해 메뉴를 다음과 같이 선택한다. 화면의 🔘 을 선택해도 된다. 영문과 글을 같이 보여준다.

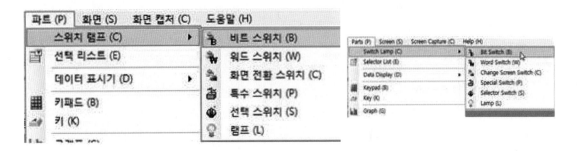

(2) 아래 그림과 같이 비트 어드레스를 선택한다.

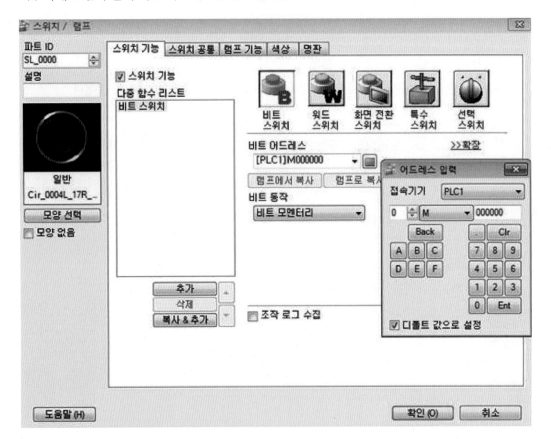

(3) 스위치의 모형을 선정하기 위해서 [Select Shape] (모양선택) 버튼을 클릭한다.

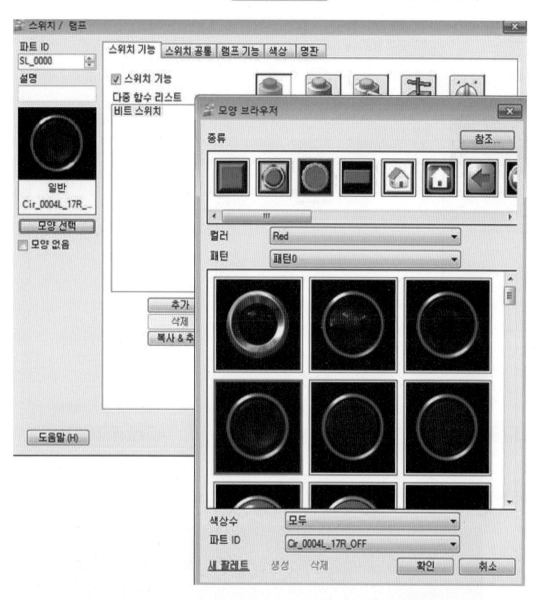

(4) 다음은 램프 적용을 해보도록 한다. 왼쪽 그림과 같이 램프를 선택한다. 또는 메뉴의 💡을 선택한다.

(5) 램프의 비트 어드레스를 아래 그림과 같이 입력한다.

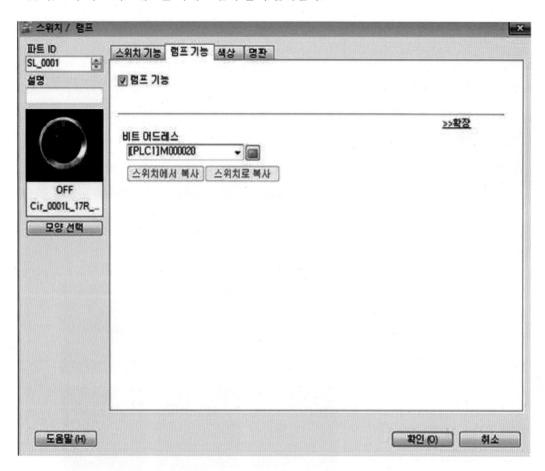

(6) 최종 디자인된 화면이다.

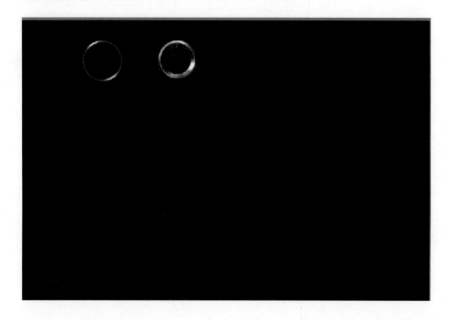

(7) 다음은 디자인하고 설정한 프로젝트 화면을 Touch Panel로 전송하기 위한 작업을 한다. 화면 메뉴의 화면전송 [Transfer Project]를 클릭하여 다음 단계로 진행한다.

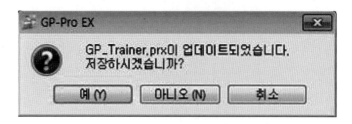

(8) 작성한 프로젝트를 저장하지 않았다면 아래와 같은 메시지가 나타날 것이다. 그러면 메시지에 따라 저장 작업을 완료하면 된다.

(9) 저장이 완료되면 다음과 같이 프로젝트 송신을 위한 화면이 나타난다. 전송설정 또는 Transfer Settings 을 클릭해서 전송하기 위한 해당 파라미터를 설정한다.

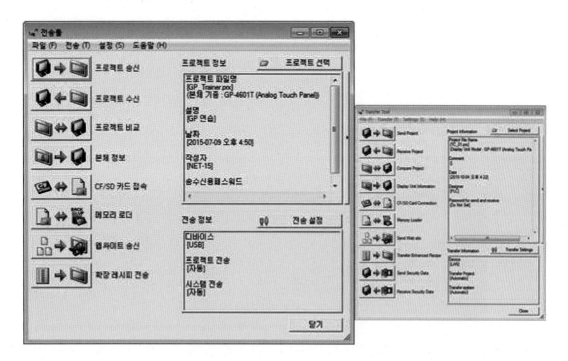

(10) 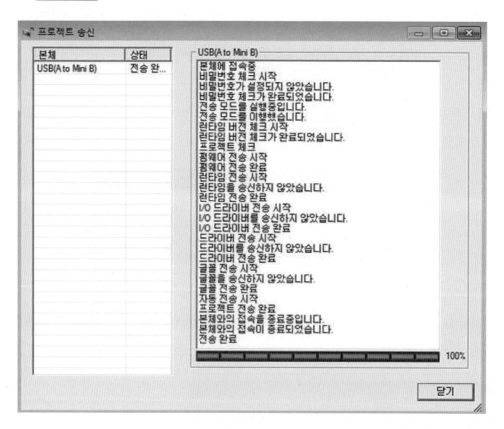을 클릭하면 다음과 같이 전송이 시작된다.

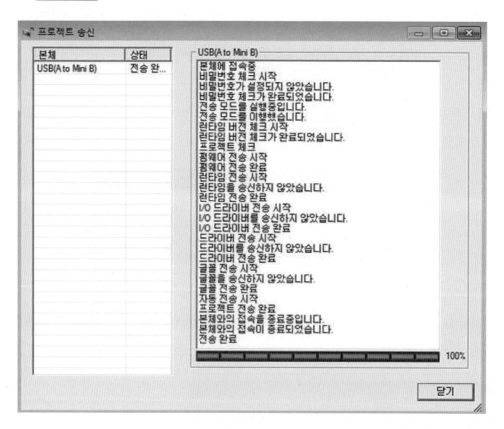

(11) 다음은 PLC의 파라미터 설정과 프로그램 작성이다. GX-WORKS2를 실행하면 다음과 같은 화면을 확인할 수 있다.

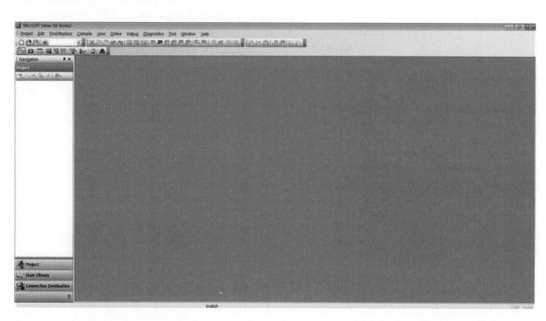

(12) 새로운 프로젝트 작성을 위해 아래와 같이 설정 절차에 따라 진행한다. 그리고 그림과 같이
Ladder 프로그램을 작성한다.

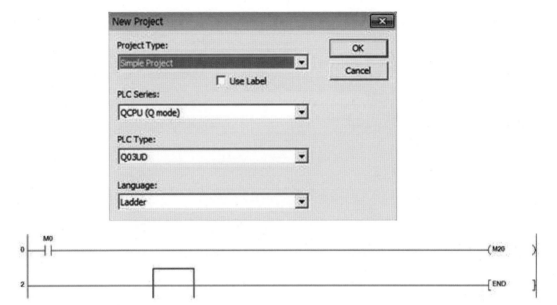

(13) 다음은 파라미터 설정이다. 아래 그림과 같이 **Ethernet / CC IE / MELSECNET** 을 더블클릭한다.

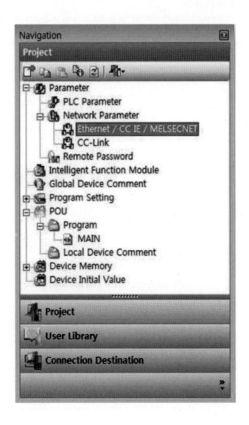

(14) 아래 그림과 같이 파라미터를 설정한다. Start I/O No.를 확인하기 위해서는 다음과 같은 메뉴를 선택하면 된다.

	Module 1		Module 2		
Network Type	Ethernet	▼	None	▼	None
Start I/O No.		0060			
Network No.		1			
Total Stations					
Group No.		0			
Station No.		1			
Mode	Online	▼		▼	
	Operation Setting				
	Initial Setting				
	Open Setting				
	Router Relay Parameter				
	Station No. <->IP Information				
	FTP Parameters				
	E-mail Setting				
	Interrupt Settings				

Necessary Setting(No Setting / Already Set)   Set if it is needed(No Setting / Already Set)

Interlink Transmission Parameters   Start I/O No. :   Valid Module During Other Station Access 1
Please input 16-point unit(HEX) to start I/O No. in which module is mounted.

Acknowledge XY Assignment | Routing Parameters | Assignment Image | Check | End | Cancel

Print Window... | Print Window Preview

(15) 다음 메뉴에서 번지를 확인한다.

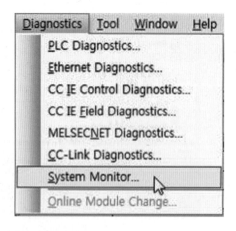

Diagnostics   Tool   Window   Help

PLC Diagnostics...

Ethernet Diagnostics...

CC IE Control Diagnostics...

CC IE Field Diagnostics...

MELSECNET Diagnostics...

CC-Link Diagnostics...

System Monitor...

Online Module Change...

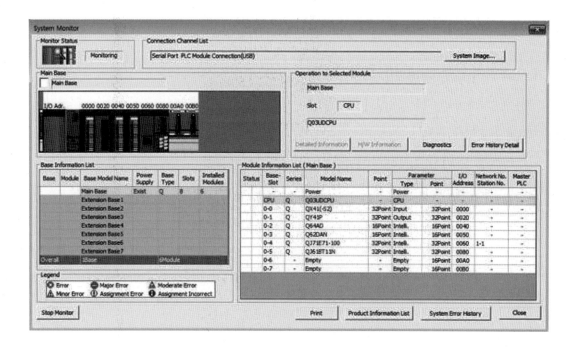

(16) 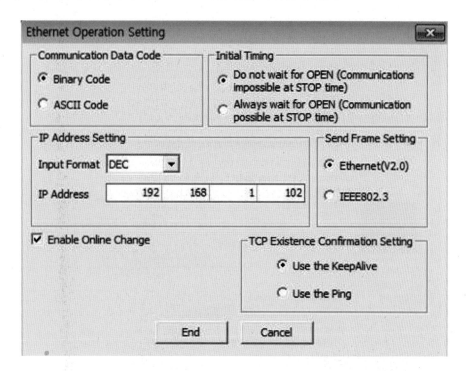 을 클릭하여 다음과 같이 설정한다. 여기서 IP는 Touch Panel의 IP를 말한다. 설정 후에는 글씨색이 빨강에서 파랑으로 변하는 것을 확인할 수 있다.

8.4. PLC & GP2

8.4.1. 스위치 입력(On/Off), 램프 출력

자기유지회로를 PLC에서 작성하고 다음과 같이 연계되도록 한다.

Touch Screen의 스위치 SW1(M0)을 1회 터치하면, 터치스크린의 화면에 표기된 램프(Y20)가 점등되고, Touch Screen의 스위치 SW2(M1)을 1회 터치하면 램프(Y20)dl 소등된다.

(1) 메뉴 선택은 아래 그림과 같이 한다. 비트 스위치와 램프를 선택 활용한다.

(2) 아래 그림은 PLC 래더 프로그램이다. 참고해서 작성한다. 물론 EtherNet 연결을 할 것이므로 설정은 앞에서와 같은 상태를 유지해야 한다.

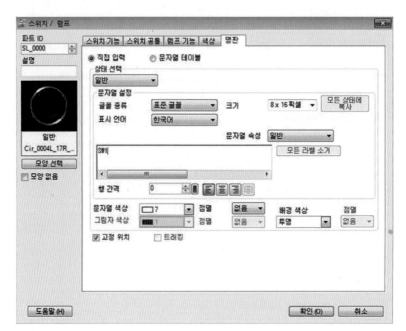

(3) [명판] 또는 [Label]을 선택해서 스위치의 이름을 아래와 같이 작성한다.

(4) 다음은 [스위치 기능] 또는 [Switch Feature]를 선택해서 비트 어드레스 및 비트 동작에 관련된 파라미터를 설정한다. "M0"와 "M1"에 대한 스위치 기능을 작성하여 활성화한다.

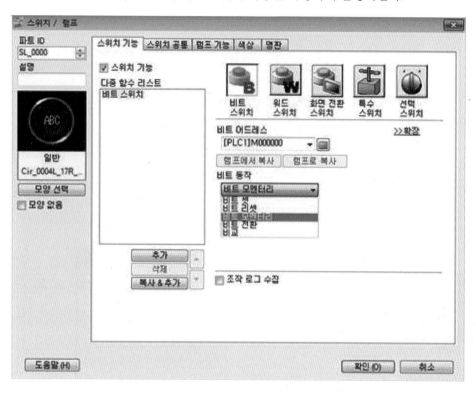

(5) [모양 선택] 또는 [Select Shape]를 선택해서 다음 그림과 같이 적절한 모양을 선택한다.

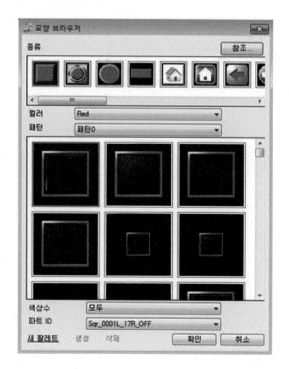

(6) 다음은 램프 Y20에 대한 터치의 기능을 작성하여 활성화한다. 그림의 을 클릭하면 어드레스 입력화면을 확인할 수 있다.

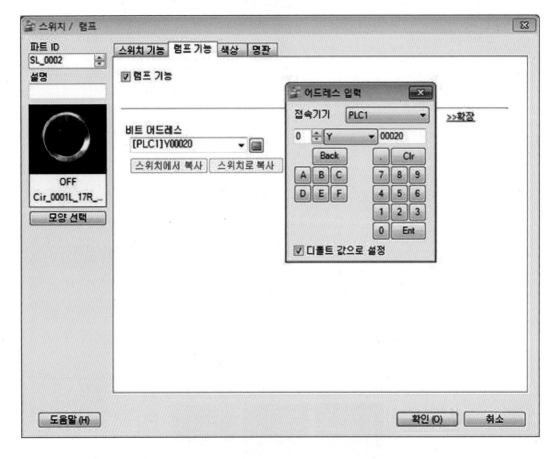

(7) 램프의 이름을 작성한다.

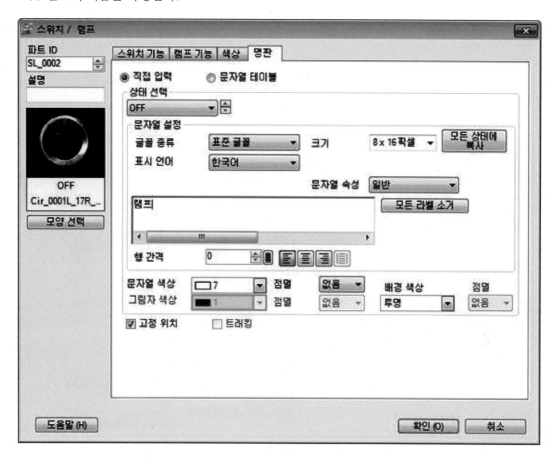

(8) 최종화면이다. 다운로드해서 동작하도록 한다.

8.4.2 토글스위치

(1) 토글 스위치를 이용하여 ON 및 OFF하는 기능의 Touch Screen 화면을 작성한다.

(2) 토글 스위치(M3)를 ON하면 램프(Y20)가 점등되고, OFF 하면 소등된다.

(3) 아래 그림과 같이 토글 스위치 기능의 비트동작과 비트어드레스를 작성한다. 토글 스위치 기능은 [비트전환] 또는 [Bit Invert]를 비트동작 콤보박스에서 선택하면 된다. 점선 안의 그림은 영문판의 경우 파라미터들의 이름이다. 영문판 사용 시 참고하길 바란다.

(4) PLC 프로그램은 다음과 같다.

(5) 앞의 예제에서와 같이 램프는 아래 그림과 같이 설정하면된다.

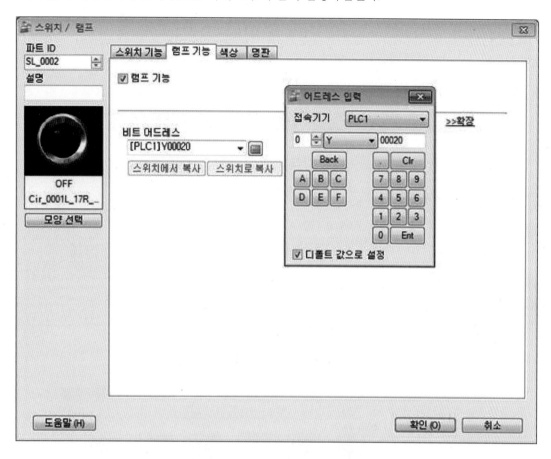

(6) 최종 화면은 아래 그림과 같다.

8.4.3 날짜 시간

날짜와 시간과 관련된 데이터를 기본화면에 표시하는 기능을 만들어본다. 날짜와 시간 등은 특히 모니터링시 유용하게 사용될 수 있다.

형식은 아래 그림과 같다.

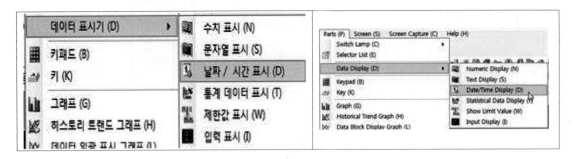

(1) 메뉴선택은 한글판과 영문판이 각각 아래 그림과 같이 선택됨을 알 수 있다.

(2) 메뉴 선택 후 나타난 화면에서 아래와 같이 설정한다.

(3) Touch Screen의 화면 디자인한 그림이다.

(4) 실제 Touch Screen에 나타난 화면은 아래 그림과 같이 관련 데이터가 표기된다.

15/07/22 (Wed) 21:12

8.4.4 외부에서 타이머의 설정값 입력

타이머 설정값(D1)은 Touch Screen에서 임의의 값을 자유로이 변경할 수 있도록 기능이 추가된 화면을 디자인한다. 또한 프로그램과 같이 타이머가 설정값에 도달하면 램프(Y20)가 점등된다. 토글 스위치를 이용하고 타이머 현재값을 Touch Screen에 표시한다.

(1) PLC 프로그램은 아래 그림과 같다.

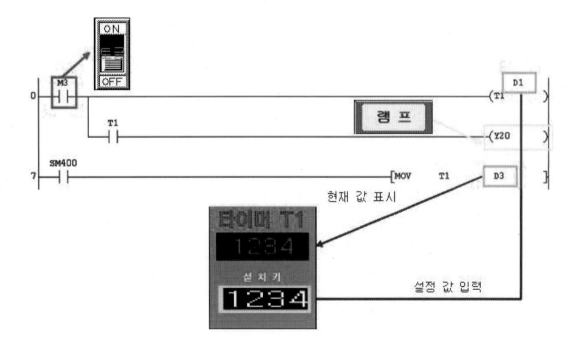

(2) 현재값을 표시하는 디스플레이 기능은 다음과 그림과 같이 선정할 수 있다.

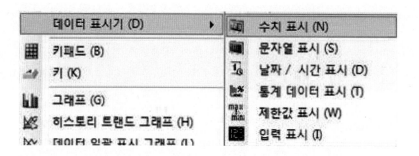

(3) 화면에 표기하는 Display 기능만을 필요로 하므로 입력허용에 체크를 하면 안된다. 프로그램에서 "D3"의 기능에 맞게 선택한다.

(4) 표시기능 중 필요한 부분의 정보를 선택 활용한다

(5) 컬러와 알람을 설정할 수 있다.

(6) "D1"에 맞게 화면 구성을 한다. 즉, 수치 입력이 가능하도록 기능을 추가한다. 아래 그림은 기능 추가를 위한 메뉴이다.

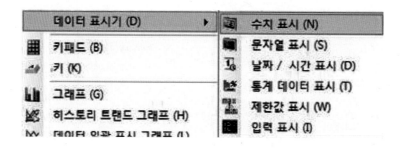

(7) 메뉴를 선택하면 아래와 같이 데이터 표시기가 나타나고 여기서는 "모니터링 워드 어드레스"와 "입력허가"를 설정한다.

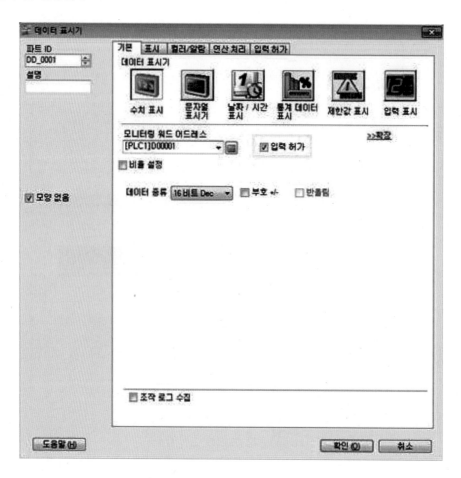

(8) 아래 그림은 최종 디자인 화면이다.

(9) 아래 그림은 텍스트를 입력하기 위한 메뉴이다.

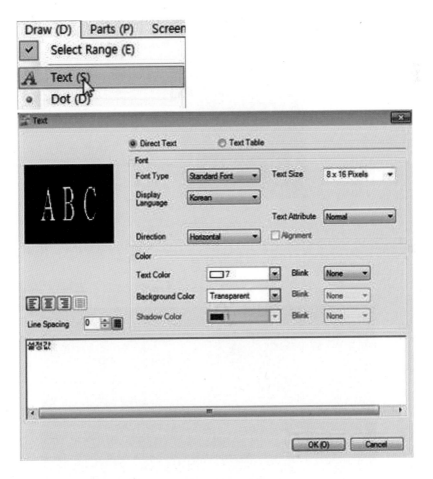

8.4.5. 외부에서 카운터의 설정값 입력

　카운터 설정값(D11)에 터치패널에서 임의의 설정값을 외부에서 변경할 수 있도록 기능을
추가한다. 카운터 설정값에 도달하면 램프(Y20) 점등한다. 카운터 펄스(M20) 입력용으로
사용한다. 리셋(M21)을 ON하면 모든 데이터가 지워진다. 카운터의 현재값을 터치패널에
표시한다.

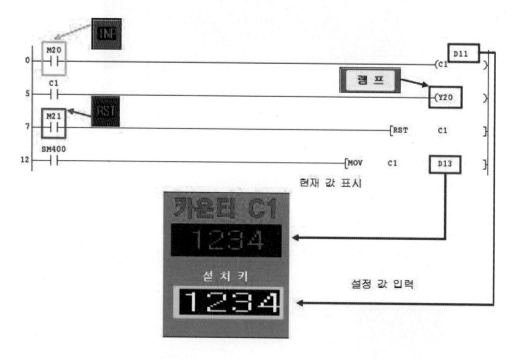

　디자인한 최종 화면은 아래 그림과 같고 타이머 설정법과 동일하다. [INP] 및 [RST] 스위치는
Bit Momentary 기능이다.

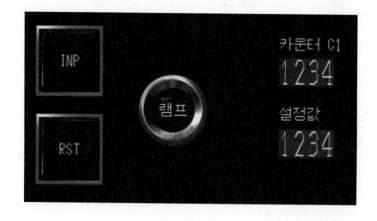

8.4.6. 탱크 레벨

탱크의 레벨을 바 그래프로 표현하는 기능을 추가하여 화면을 구성한다. 아래 프로그램은 아날로그를 표현하기 위한 가상으로 소스를 만드는 프로그램이다.

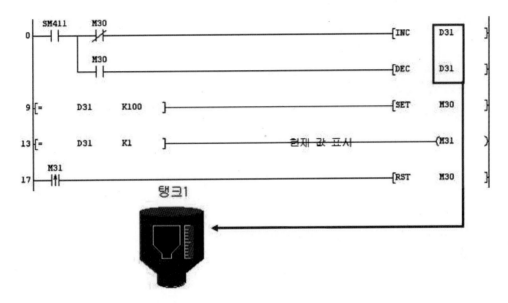

탱크1

(1) 아래 그림과 같이 [그래프]를 선택하여 실행한다.

(2) 아래 그림과 같이 [일반 그래프]를 클릭한 다음 파라미터를 설정하고 물탱크의 모양을 선택하기 위해서 [모양선택] 버튼을 클릭한다.

(3) [모양선택] 버튼을 클릭하면 아래와 같이 다양한 종류를 확인할 수 있다. 이 중 필요한 그림을 선택하여 사용한다.

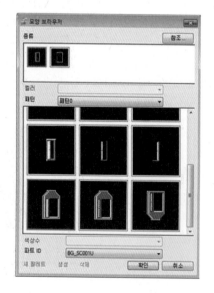

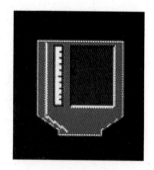

최종디자인 화면

(4) PLC 동작 프로그램은 아래 그림과 같다. 처음 제시한 프로그램과의 차이를 명령어를 통해서 이해하길 바란다. 약간 변형한 것이다.

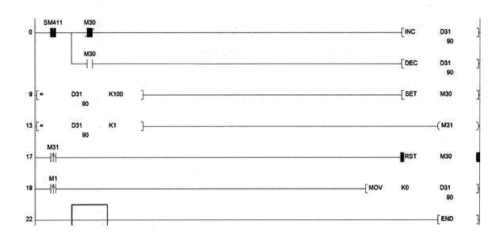

8.4.7. 문자 메시지

장비상태를 문자 메시지 형태로 표현하는 과정을 이해하도록 한다. 아래 그림은 PLC 프로그램과 Touch Screen의 연계과정을 보여준다. 참고해서 작성하도록 한다.

예) 자재부족(M40), 컨베이어 모터이상(M41), 정체(M42), 비상정지(M43)

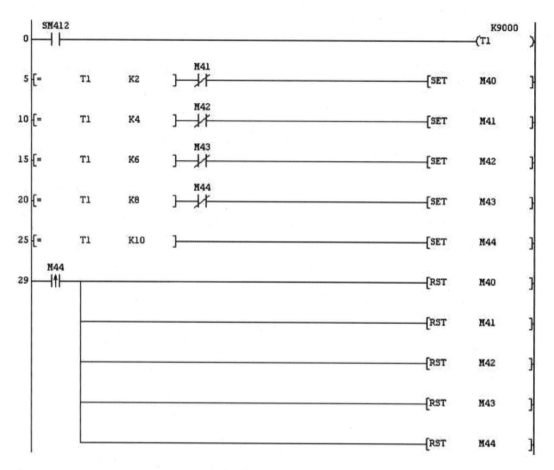

(1) Touch Screen의 최종 디자인 화면이다.

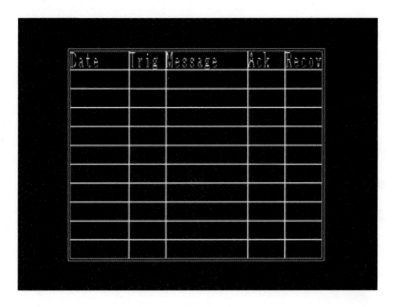

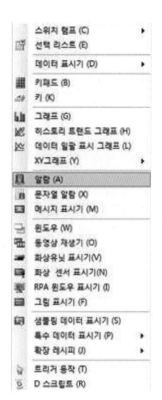

(2) 메뉴에서 을 클릭해서 실행한다. 다음 화면에 드레그해서 적절한 크기로 표시한 다음 선택해서 더블클릭한다. 다음 단계의 알람 표시 화면이 나타난다.

(3) 다음 화면에서 표시글꼴과 테두리 등을 설정한다. [알람]-[표시]-[표시글꼴]-[테두리] 설정이 완료되면 알람 설정으로 이동 또는 Go to Alarm settings 버튼을 클릭해서 다음 단계로 이동한다.

(4) 다음 메시지 창에서 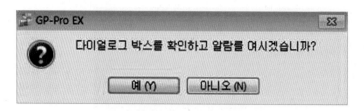 를 클릭하고 다음 단계로 진행한다.

(5) 다음 화면에서 블록1을 선택한다.

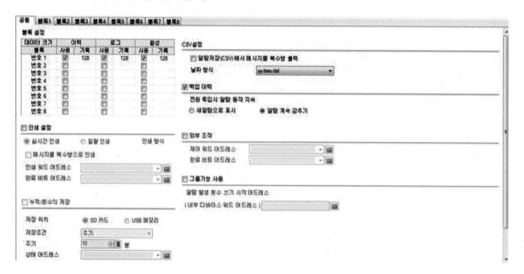

(6) 아래 화면에서 해당사항을 기재해준다. [Bit Adress] 해당항을 클릭하면 PLC의 해당 신호를 연결할 수 있도록 그림과 같은 화면이 나타난다.

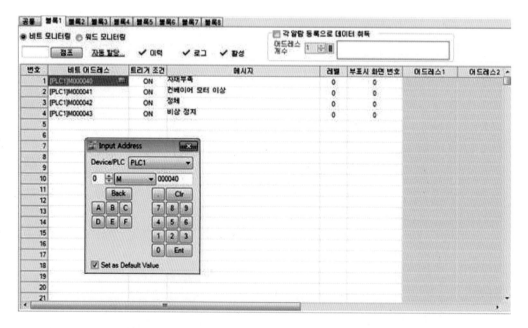

8.4.8. 그래프 표현

온도변화나 시간에 따라 변화하는 양을 그래프로 보여주고자 할 때 유용하게 사용 가능한 기능이다. 단계별로 진행해 보자.

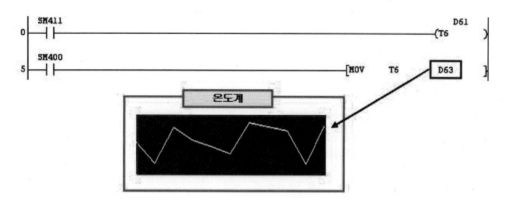

(1) 메뉴의 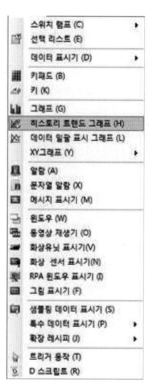 히스토리 트렌드 그래프 (H) 또는 Historical Trend Graph (H) 를 선택하여 다음 단계로 진행한다. 그리고 화면에 적절한 크기로 드래그하여 배치한다. 다음 단계의 진행을 위해서 드래그해서 펼쳐놓은 화면을 더블클릭한다.

(2) 드래그해서 펼쳐놓은 화면이다. 이 화면을 더블클릭하면 다음 단계로 진행된다.

(3) 해당 파라미터를 설정한다.

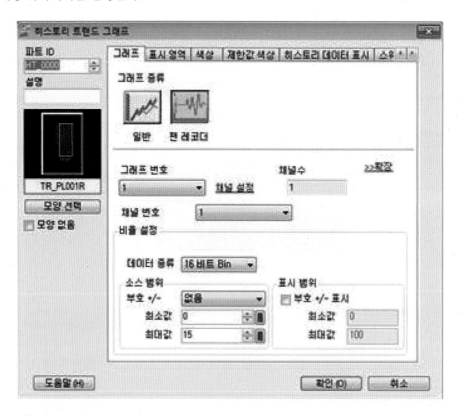

(4) 다음은 공통설정에서 해당 메뉴를 클릭한다. 샘플링 그룹 리스트 또는 Sampling (D) 메뉴이다.

(5) 샘플링 그룹 리스트에서 새로 만들기 또는 New 를 클릭하여 작업을 진행한다.

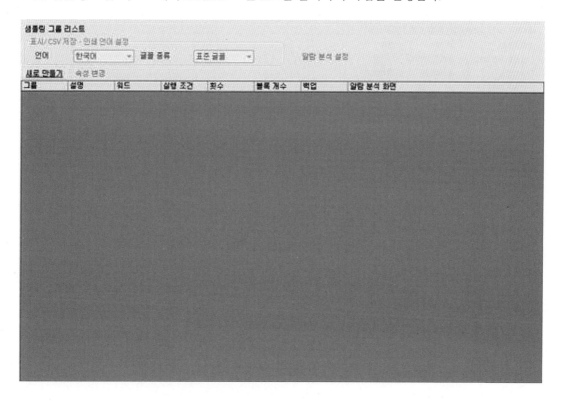

(6) 새로 만들기 또는 New 를 클릭하면 다음 화면이 나타난다. 여기서 그래프 번호를 입력하고 확인 (O) 버튼을 클릭하면 다음 단계로 진행된다.

(7) **샘플링 시작 어드레스** 또는 Sampling Start Address 를 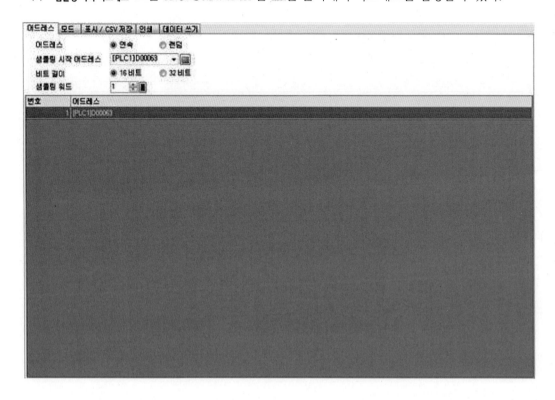을 클릭해서 어드레스를 설정할 수 있다.

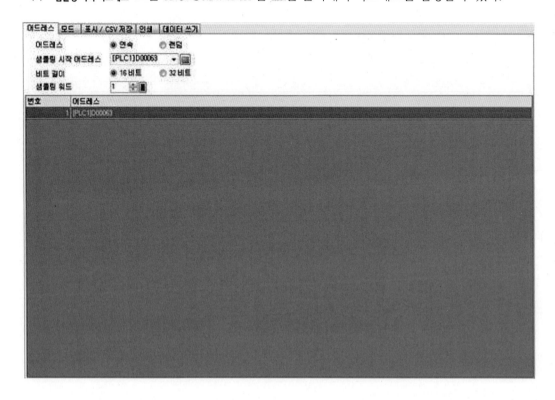

(8) 모두 설정은 한글판과 영문판 모두의 화면을 제시한다. 설정이 완료되면 다운로드해서 동작을 확인한다.

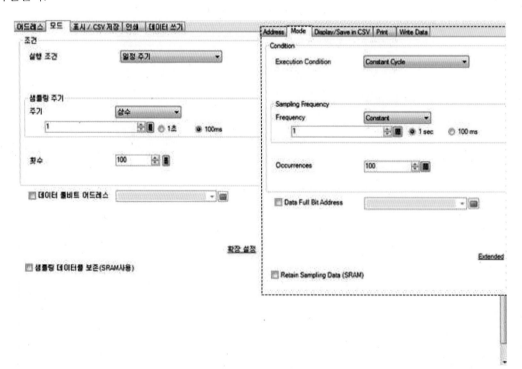

8.4.9. 문자 메시지

PLC 데이터 메모리 D70에서 읽어 미리 입력한 메시지를 화면에 보여주는 기능을 구성한다. PLC 프로그램과 Touch Screen의 데이터 관련성을 아래 그림에서 보여준다.

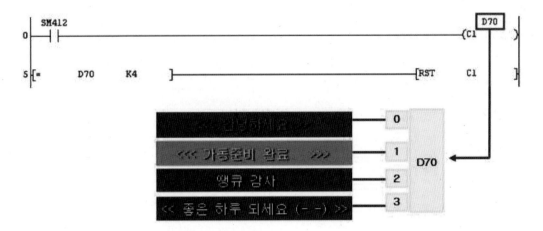

동작 PLC 프로그램은 아래 그림과 같이 약간 수정하였다. 설명을 위한 것과 연계해서 생각하면 쉽게 이해될 것으로 본다.

(1) 본 기능을 위해서 한글 및 영문 메뉴를 모두 소개한다. [메시지표시기] 또는 [Message Display] 메뉴를 선택하여 다음 단계로 진행한다. 물론 메뉴 실행 후 화면에 드레그하여 적절한 크기와 위치를 잡아야 한다.

 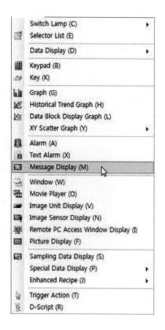

(2) 초기화면이다. 한글판과 영문판 두 개를 나타낸 것이다.

(3) 나타낸 메시지 창을 더블 클릭하면 다음과 같이 메시지 표시기가 보여진다. 동작 모드 및 어드레스를 설정한다.

(4) 다음은 [표시] 창을 선택하여 다음과 같이 파라미터들을 설정한다. [직접입력], [메시지수:4], [글꼴], [메시지등록]을 입력한다. 그리고 다음에 상태선택 1로 콤보 박스를 선택한 다음 두 번째 메시지를 입력한다. 즉 "상태0" ~ "상태3"까지 아래 그림과 같이 4번을 수행한다.

(5) 설정이 완료되면 Touch Screen으로 다운로드하여 실행한다

8.4.10. 키 패드 입력

키 패드를 이용하여 데이터 메모리 "D80"에 숫자를 입력하여 활용하는 방법을 구현한다. 물론 Digital Switch를 이용해서 유사하게 동작시키는 방법도 있다. 컨베이어 속도, 탱크레벨 상하한 설정 등 수치를 바꾸는 데 유용하게 쓰인다. 아래 그림은 Touch Screen과 PLC 프로그램과의 관계를 나타낸 그림이다.

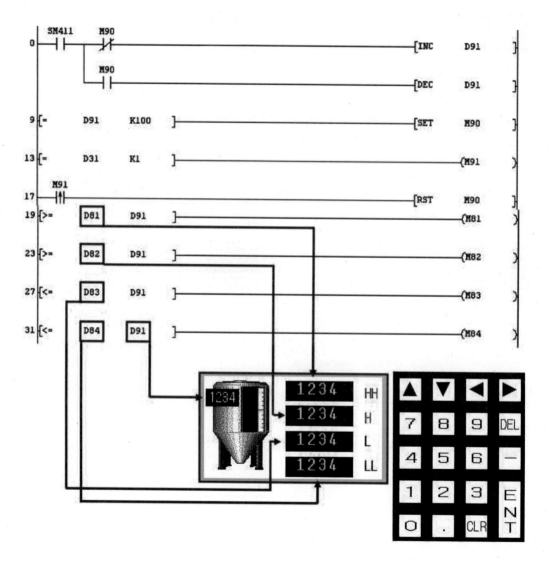

(1) 아래 데이터 표시기 그림은 디스플레이를 설정하기 위한 과정이다. 앞에서 사용한 것을 상기하면서 설정치를 맞춰보도록 한다. D81에 대한 설정이다.

(2) D82에 대한 설정이다.

(3) D83에 대한 설정이다.

(4) D84에 대한 설정이다

(5) D91에 대한 설정이다.

(6) 실제 동작 화면 사진이다.

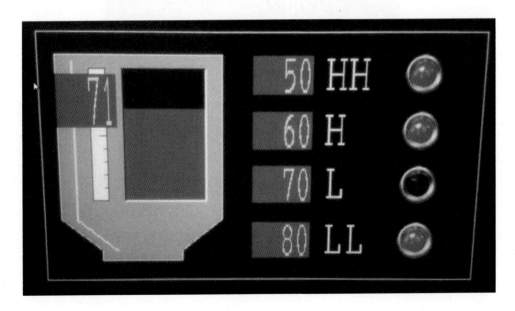

8.4.11. 미터 그래프

아날로그 데이터를 읽어서 미터처럼 표시한다. 예를 들어, 컨베이어 이송 속도를 미터 그래프로 표시한다거나 모터 회전속도 등 관련 데이터를 미터로 표시할 수 있다. 여기서는 "D100"의 값을 표시하는 과정을 만들어 보도록 한다. 아래 그림은 설명을 위한 것이다.

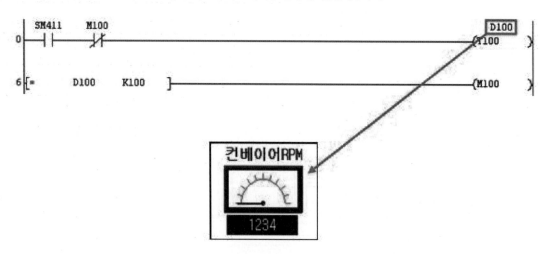

아래 프로그램은 실제 PLC에서 동작시키기 위한 프로그램이다. 참고해서 동작해보도록 한다

메뉴에서 그래프를 실행하고 나타난 화면에서 필요한 파라미터를 설정해서 다운로드한 다음 동작을 확인하도록 한다.

PLC 예제를 통한 메카트로닉스 기본 기술 이해 Part 9

이 장에서는 기초 시퀀스 제어, 실린더 구동 제어. 서보 제어, 터치패널을 종합하여 과제를 풀어간다. 앞에서 다룬 기본 기술을 참조해서 과제들을 이해해 주길 바란다. 사용한 장비는 아래 그림과 같은 장비이다. 사용하기 편하게 구성한 것이니 장비의 형태나 구성에 대해서는 부담 느낄 필요 없다.

9.1. PLC 프로그래밍

과제1   실린더 구동 (A+ , B+ , A- , B-)

과제2   실린더 구동 (A+ , A- , B+ , B-)

과제3   실린더 구동 (B+ , A+ , A- , B-)

과제4   실린더 구동 (B+ , A+ , B- , A-)

과제5   실린더 구동 (A+램프1 점등, 2초 후 B+, A-램프1소등, 3초 후B-)

과제5.1   실린더 구동 (A+램프1 점등, 2초 후 B+, A-램프1소등, 3초 후B-)

과제6   실린더 구동 (A+, B+, A-, B-, A+B+, B-, A-)

과제7   실린더 구동 (B+, A+, B-, A-)

과제8   실린더 구동 (A+, A-, B+, B-)

과제9   실린더 구동 (B+, A+, A-, A+, B-, A-)

과제10   실린더 구동 (B+, C+, A+, C-, B-, A-)

과제11   실린더 구동 (A+, B+, A-, B-, A+, C+, A-, C-)

과제12   타이머 설정

과제13   카운터 설정

과제14   카운터 5회, A+, 타이머 5후, A-

과제15   타이머 카운터

과제16   사칙(더하기, 빼기, 곱하기, 나누기)연산

과제17   서보 (PLC 준비, 에러코드 표시, 에러해제)

과제18   서보 (JOG+, JOG-)

과제19   서보 (원점복귀 HOME)

과제20   서보 (위치결정 데이터의 기동)

과제21   서보 (다점 연속 위치결정)

과제22   서보 (동작중지)

과제23   서보 (정지후 재기동)

과제24   모니터링 장치(터치패널)

과제25   이더넷 모듈을 이용한 인터페이스

[과제 1]

[동작설명]

시작 스위치를 ON/OFF하면 다음과 같이 동작이 실행한다.

A+ . B+ . A- . B-

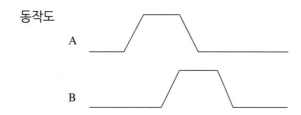

[PLC 어드레스]

입력(INPUT)			출력(OUTPUT)		
디바이스명 (ADDRESS)	코멘트 (COMMANT)	기기명 (SYMBOL)	디바이스명 (ADDRESS)	코멘트 (COMMANT)	기기명 (SYMBOL)
X00	시작 스위치	START	Y20	표시등	LAMP1
X01	실린더A 후진센서	S1	Y21	실린더A 전진솔	Y21
X02	실린더A 전진센서	S2	Y22	실린더A 후진솔	Y22
X03	실린더B 후진센서	S3	Y23	실린더B 전진솔	Y23
X04	실린더B 전진센서	S4	Y24	실린더B 후진솔	Y24
X05	추가 조건 예제 시 사용		Y25	추가 조건 예제 시 사용	
X06	추가 조건 예제 시 사용		Y26	추가 조건 예제 시 사용	
X07	추가 조건 예제 시 사용		Y27	추가 조건 예제 시 사용	

[프로그램 1]

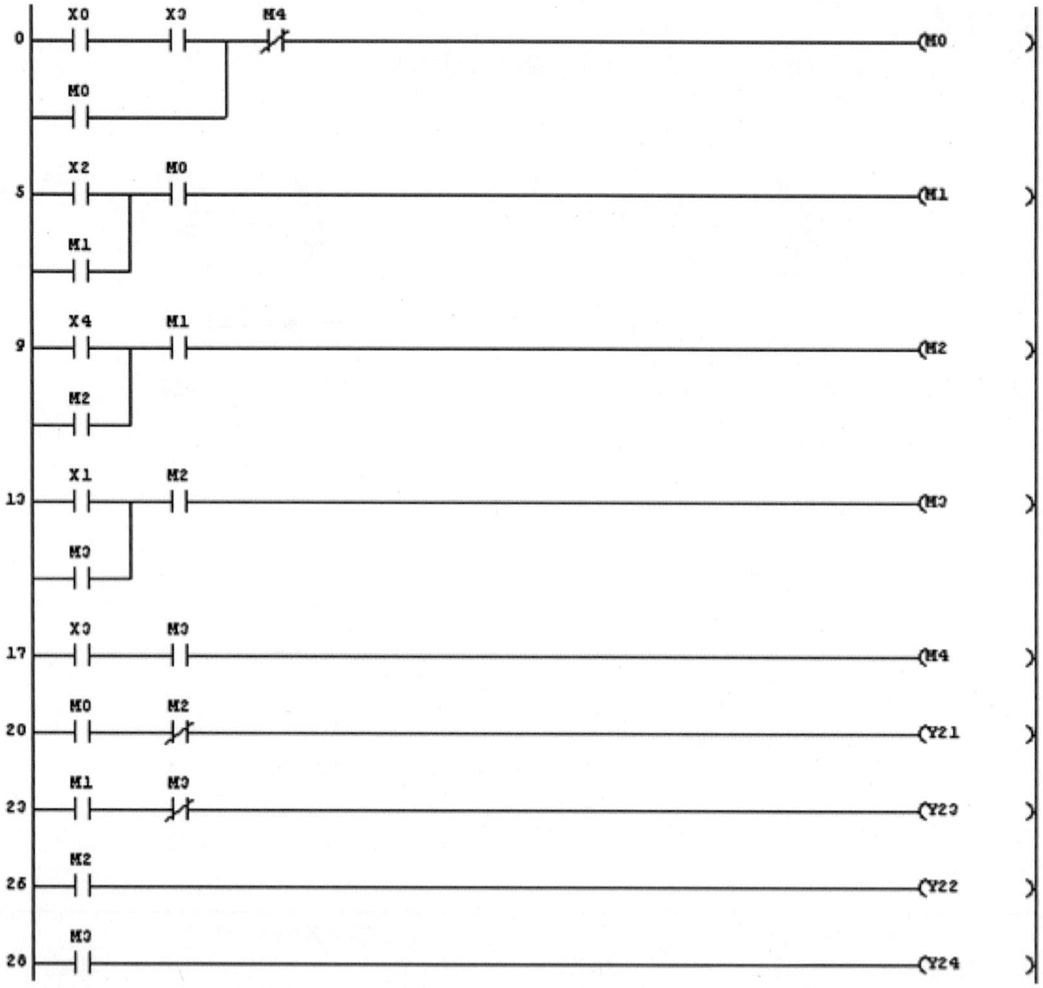

0
X0
X3
M4
M0
M0
5
X2
M0
M1
M1
9
X4
M1
M2
M2
13
X1
M2
M3
M3
17
X3
M3
M4
20
M0
M2
Y21
23
M1
M3
Y23
26
M2
Y22
28
M3
Y24

[과제 2]

[동작설명]

시작 스위치를 ON/OFF하면 다음과 같이 동작이 실행한다.

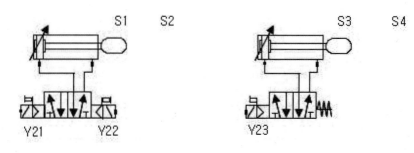

A+ . A- . B+ . B-

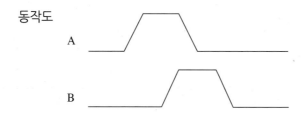

동작도

[PLC 어드레스]

입력(INPUT)			출력(OUTPUT)		
디바이스명 (ADDRESS)	코멘트 (COMMANT)	기기명 (SYMBOL)	디바이스명 (ADDRESS)	코멘트 (COMMANT)	기기명 (SYMBOL)
X00	시작 스위치	START	Y20		
X01	실린더A 후진센서	S1	Y21	실린더A 전진솔	Y21
X02	실린더A 전진센서	S2	Y22	실린더A 후진솔	Y22
X03	실린더B 후진센서	S3	Y23	실린더B 전진솔	Y23
X04	실린더B 전진센서	S4	Y24	추가 조건 예제 시 사용	
X05	추가 조건 예제 시 사용		Y25	추가 조건 예제 시 사용	
X06	추가 조건 예제 시 사용		Y26	추가 조건 예제 시 사용	
X07	추가 조건 예제 시 사용		Y27	추가 조건 예제 시 사용	

```
        X0        X3        M4
  0 ─┤├───────┤├───────┤/├──────────────────────────────────(M0 )─
        M0
   ─┤├───────┘

        X2        M0
  5 ─┤├───────┤├──────────────────────────────────────────(M1 )─
        M1
   ─┤├───┘

        X1        M1
  9 ─┤├───────┤├──────────────────────────────────────────(M2 )─
        M2
   ─┤├───┘

        X4        M2
 13 ─┤├───────┤├──────────────────────────────────────────(M3 )─
        M3
   ─┤├───┘

        X3        M3
 17 ─┤├───────┤├──────────────────────────────────────────(M4 )─

        M0        M1
 20 ─┤├───────┤/├──────────────────────────────────────────(Y21 )─

        M1
 23 ─┤├──────────────────────────────────────────────────(Y22 )─

        M2        M3
 25 ─┤├───────┤/├──────────────────────────────────────────(Y23 )─
        Y23
   ─┤├───┘
```

[과제 3]

[동작설명]

   시작 스위치를 ON/OFF하면 연속동작이 실행되고 정지 스위치를 0N/OFF 하면 동작이 완료 후 정지된다.

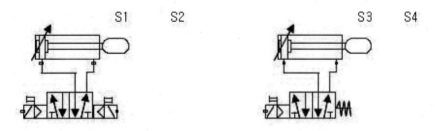

B+ . A+ . A- . B-

동작도

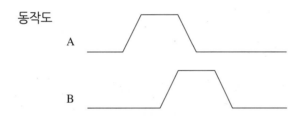

[PLC 어드레스]

입력(INPUT)			출력(OUTPUT)		
디바이스명 (ADDRESS)	코멘트 (COMMANT)	기기명 (SYMBOL)	디바이스명 (ADDRESS)	코멘트 (COMMANT)	기기명 (SYMBOL)
X00	시작 스위치	START	Y20		
X01	실린더A 후진센서	S1	Y21	실린더A 전진솔	Y21
X02	실린더A 전진센서	S2	Y22	실린더A 후진솔	Y22
X03	실린더B 후진센서	S3	Y23	실린더B 전진솔	Y23
X04	실린더B 전진센서	S4	Y24	추가 조건 예제 시 사용	
X05	정지 스위치	STOP	Y25	추가 조건 예제 시 사용	
X06	추가 조건 예제 시 사용		Y26	추가 조건 예제 시 사용	
X07	추가 조건 예제 시 사용		Y27	추가 조건 예제 시 사용	

```
0    X0      X5                                        (M0  )
     ┤├──┬──┤/├─────────────────────────────────────
     M0  │
     ┤├──┘

4    M0      X3      M5                                (M1  )
     ┤├──┬──┤├──┬──┤/├───────────────────────────────
     M1  │      │
     ┤├──┘      │

9    X4      M1                                        (M2  )
     ┤├──┬──┤├──────────────────────────────────────
     M2  │
     ┤├──┘

13   X2      M2                                        (M3  )
     ┤├──┬──┤├──────────────────────────────────────
     M3  │
     ┤├──┘

17   X1      M3                                        (M4  )
     ┤├──┬──┤├──────────────────────────────────────
     M4  │
     ┤├──┘

21   X3      M4                                        (M5  )
     ┤├────┤├────────────────────────────────────────

24   M1      M4                                        (Y23 )
     ┤├──┬──┤/├───────────────────────────────────────
     Y23 │
     ┤├──┘

28   M2      M3                                        (Y21 )
     ┤├────┤/├────────────────────────────────────────

31   M3                                                (Y22 )
     ┤├──────────────────────────────────────────────
```

[동작설명]

시작 스위치를 ON/OFF하면 다음과 같은 동작이 실행된다. B실린더 전진 시 램프1이 점등되고 후진 완료 시 소등된다. 정지 스위치를 ON/OFF하면 동작이 바로 정지되고 램프1이 소등되면 실린더는 초기 위치로 돌아온다.

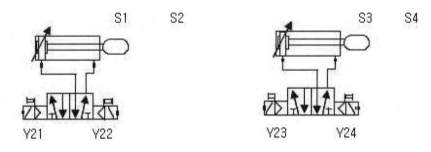

B+ . A+ . B- . A-

동작도

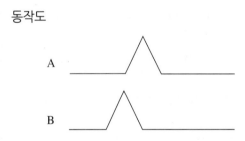

[PLC 어드레스]

입력(INPUT)			출력(OUTPUT)		
디바이스명 (ADDRESS)	코멘트 (COMMANT)	기기명 (SYMBOL)	디바이스명 (ADDRESS)	코멘트 (COMMANT)	기기명 (SYMBOL)
X00	시작 스위치	START	Y20	표시등	LAMP1
X01	실린더A 후진센서	S1	Y21	실린더A 전진솔	Y21
X02	실린더A 전진센서	S2	Y22	실린더A 후진솔	Y22
X03	실린더B 후진센서	S3	Y23	실린더B 전진솔	Y23
X04	실린더B 전진센서	S4	Y24	실린더B 후진솔	
X05	정지 스위치	STOP	Y25	추가 조건 예제 시 사용	
X06	추가 조건 예제 시 사용		Y26	추가 조건 예제 시 사용	
X07	추가 조건 예제 시 사용		Y27	추가 조건 예제 시 사용	

```
        X0      X5
   0 ───┤ ├─┬──┤/├─────────────────────────────────────────(M0  )
        M0 │
     ───┤ ├─┘

        M0      X3      M5      X5
   4 ───┤ ├─┬──┤ ├────┤/├─────┤/├──────────────────────────(M1  )
        M1 │
     ───┤ ├─┘

        X4      M1      X5
  10 ───┤ ├─┬──┤ ├────┤/├─────────────────────────────────(M2  )
        M2 │
     ───┤ ├─┘

        X2      X3      M2      X5
  15 ───┤ ├─┬──┤ ├────┤ ├─────┤/├──────────────────────────(M3  )
        M3 │
     ───┤ ├─┘

        X1      M3
  21 ───┤ ├────┤ ├─────────────────────────────────────────(M5  )

        M1      M2
  24 ───┤ ├────┤/├─────────────────────────────────────────(Y23 )

        M2      M3
  27 ───┤ ├────┤/├─────────────────────────────────────────(Y21 )

        M2
  30 ───┤ ├─┬───────────────────────────────────────────────(Y24 )
        X5 │
     ───┤ ├─┘

        M3
  33 ───┤ ├─┬───────────────────────────────────────────────(Y22 )
        X5 │
     ───┤ ├─┘

        M1      X4      M4      X5
  36 ───┤ ├─┬──┤ ├─┬──┤/├─────┤/├──────────────────────────(Y20 )
        Y20 │    │
     ───┤ ├─┘────┘

        M2      X3
  42 ───┤ ├────┤ ├─────────────────────────────────────────(M4  )
```

[동작설명]

시작 스위치를 ON/OFF하면 A실린더가 전진하고 램프1이 점등되며 2초 후에 B실린더 전진, A 실린더가 후진되며 램프1이 소등되고 3초 후에 B실린더가 후진한다.

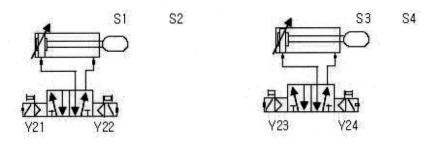

A+램프1 점등. 2초후B+. A-램프1소등. 3초후B-

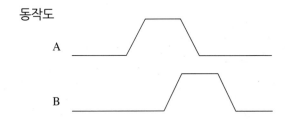

동작도

1) 시작 스위치(SW)를 ON/OFF하며 실린더 A가 전진하고 램프1이 점등한다.

2) 실린더 A의 전진 신호인 S2의 신호를 받으면 2초 후 실린더 B가 전진한다.

3) 실린더 B의 전진으로 S4의 신호를 받으면 실린더 A가 후진되고 램프1이 소등한다.

4) 실린더 A 후진, 실린더 B전진 3초후에 실린더 B가 후진한다,

[PLC 어드레스]

입력(INPUT)			출력(OUTPUT)		
디바이스명 (ADDRESS)	코멘트 (COMMANT)	기기명 (SYMBOL)	디바이스명 (ADDRESS)	코멘트 (COMMANT)	기기명 (SYMBOL)
X00	시작 스위치	START	Y20	표시등	LAMP1
X01	실린더A 후진센서	S1	Y21	실린더A 전진솔	Y21
X02	실린더A 전진센서	S2	Y22	실린더A 후진솔	Y22
X03	실린더B 후진센서	S3	Y23	실린더B 전진솔	Y23
X04	실린더B 전진센서	S4	Y24	실린더B 후진솔	Y24
X05	추가 조건 예제 시 사용		Y25	추가 조건 예제 시 사용	
X06	추가 조건 예제 시 사용		Y26	추가 조건 예제 시 사용	
X07	추가 조건 예제 시 사용		Y27	추가 조건 예제 시 사용	

[프로그램 5]

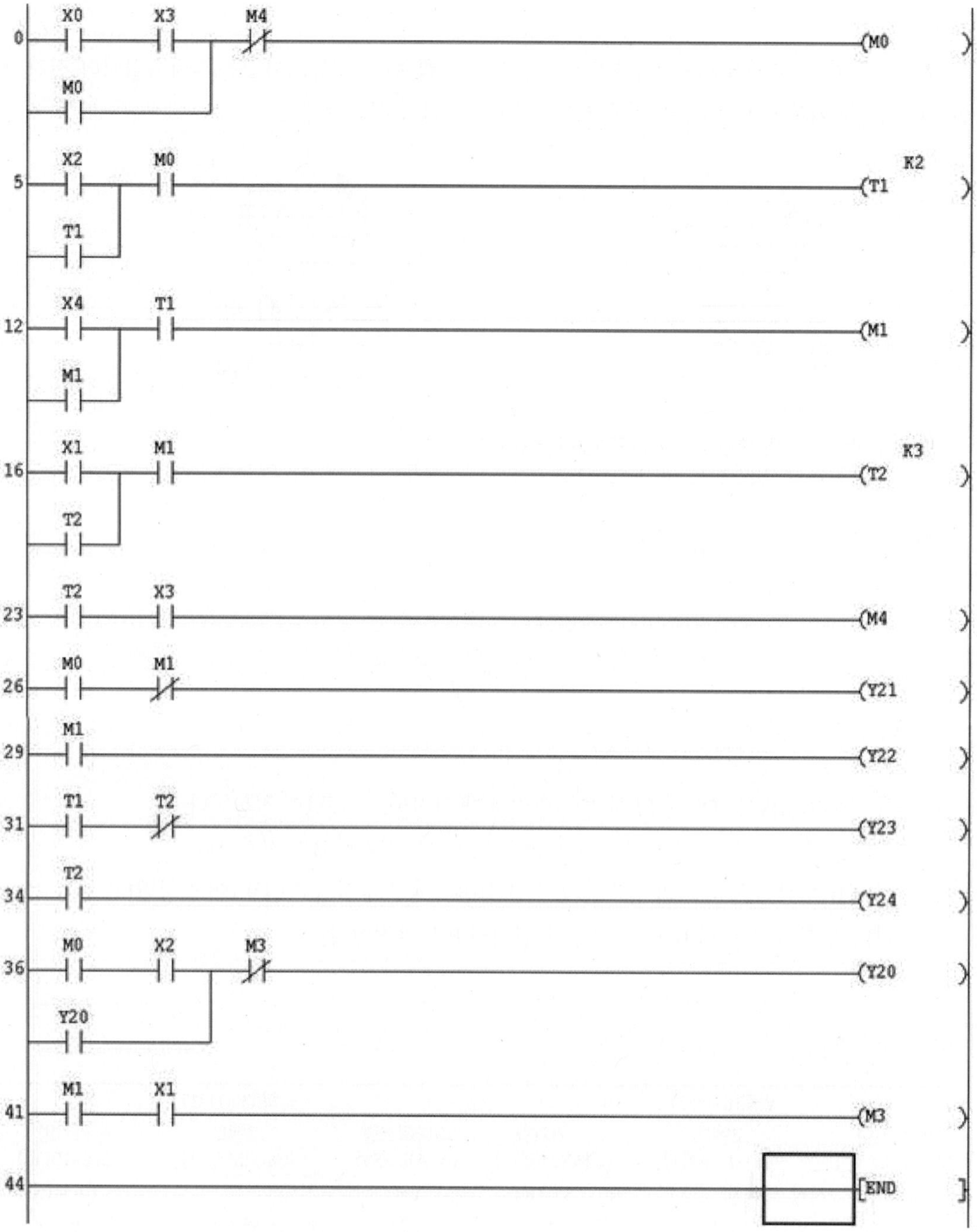
0 X0 X3 M4 M0
M0
5 X2 M0 T1 K2
T1
12 X4 T1 M1
M1
16 X1 M1 T2 K3
T2
23 T2 X3 M4
26 M0 M1 Y21
29 M1 Y22
31 T1 T2 Y23
34 T2 Y24
36 M0 X2 M3 Y20
Y20
41 M1 X1 M3
44 END

[동작설명]

    시작 스위치를 ON/OFF하면 A실린더가 전진하고 램프1이 점등되며 2초후에 B실린더 전진A 실린더 후진되며 램프1이 소등되고 3초후에 B실린더가 후진한다.

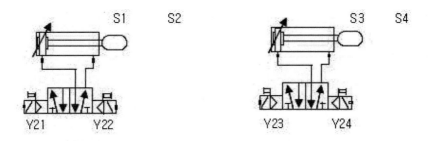

A+램프1 점등. 2초 후B+. A-램프1소등. 3초후B-

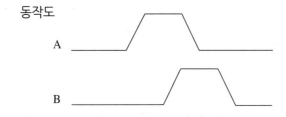

1) 시작 스위치(SW)을 ON/OFF하며 실린더 A가 전진하고 램프1이 점등한다.

2) 실린더 A의 전진 신호인 S2의 신호를 받으면 2초 후 실린더 B가 전진한다.

3) 실린더 B의 전진으로 S4의 신호를 받으면 실린더 A가 후진되고 램프1이 소등한다.

4) 실린더 A 후진, 실린더 B 전진 3초 후에 실린더 B가 후진한다,

5) 비상정지 스위치를 ON/OFF하면 동작 중이더라도 정지한다.

[PLC 어드레스]

입력(INPUT)			출력(OUTPUT)		
디바이스명 (ADDRESS)	코멘트 (COMMANT)	기기명 (SYMBOL)	디바이스명 (ADDRESS)	코멘트 (COMMANT)	기기명 (SYMBOL)
X00	시작 스위치	START	Y20	표시등	LAMP1
X01	실린더A 후진센서	S1	Y21	실린더A 전진솔	Y21
X02	실린더A 전진센서	S2	Y22	실린더A 후진솔	Y22
X03	실린더B 후진센서	S3	Y23	실린더B 전진솔	Y23
X04	실린더B 전진센서	S4	Y24	실린더B 후진솔	Y24
X05	비상정지/해제(SW)	EMG	Y25	추가 조건 예제 시 사용	
X06	추가 조건 예제 시 사용		Y26	추가 조건 예제 시 사용	
X07	추가 조건 예제 시 사용		Y27	추가 조건 예제 시 사용	

```
      X5
  0 ─┤├─────────────────────────────────────────────────[MC      N1      M30 ]

      X0       X3      M4
  3 ─┤├───────┤├──────┤/├─────────────────────────────────────────────(M0 )
      M0       │
    ─┤├────────┘

      X2       M0                                                        K20
  8 ─┤├───────┤├──────────────────────────────────────────────────────(T1 )
      T1       │
    ─┤├────────┘

      X4       T1
 15 ─┤├───────┤├──────────────────────────────────────────────────────(M1 )
      M1       │
    ─┤├────────┘

      X1       M1                                                        K30
 19 ─┤├───────┤├──────────────────────────────────────────────────────(T2 )
      T2       │
    ─┤├────────┘

      T2       X3
 26 ─┤├───────┤├──────────────────────────────────────────────────────(M4 )

      M0       M1
 29 ─┤├───────┤/├──────────────────────────────────────────────────────(Y21)

      M0
    ─┤├────────────────────────────────────────────────────────────────(Y22)

      T1       T2
 32 ─┤├───────┤/├──────────────────────────────────────────────────────(Y23)

      T2
 35 ─┤├───────────────────────────────────────────────────────────────(Y24)

      M0       X2      M3
 37 ─┤├───────┤├──────┤/├─────────────────────────────────────────────(Y20)
      Y20      │
    ─┤├────────┘

      M1       X1
 42 ─┤├───────┤├──────────────────────────────────────────────────────(M3 )

 45 ───────────────────────────────────────────────────[MCR     N1 ]
```

[동작설명]

시작 스위치를 ON/OFF하면 다음과 같이 연속동작이 되고 램프가 1초 간격으로 점멸한다.

시작 스위치를 다시 한 번 ON/OFF하면 동작 완료 후 정지하고 램프도 소등하게 된다.

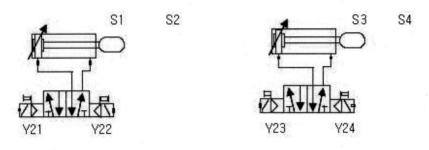

A+. B+. A-. B-. A+B+. B-. A-

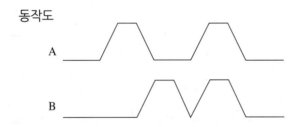

동작도

[PLC 어드레스]

입력(INPUT)			출력(OUTPUT)		
디바이스명 (ADDRESS)	코멘트 (COMMANT)	기기명 (SYMBOL)	디바이스명 (ADDRESS)	코멘트 (COMMANT)	기기명 (SYMBOL)
X00	시작 스위치	START	Y20	표시등	LAMP1
X01	실린더A 후진센서	S1	Y21	실린더A 전진솔	Y21
X02	실린더A 전진센서	S2	Y22	실린더A 후진솔	Y22
X03	실린더B 후진센서	S3	Y23	실린더B 전진솔	Y23
X04	실린더B 전진센서	S4	Y24	실린더B 후진솔	Y24
X05	추가 조건 예제 시 사용		Y25	추가 조건 예제 시 사용	
X06	추가 조건 예제 시 사용		Y26	추가 조건 예제 시 사용	
X07	추가 조건 예제 시 사용		Y27	추가 조건 예제 시 사용	

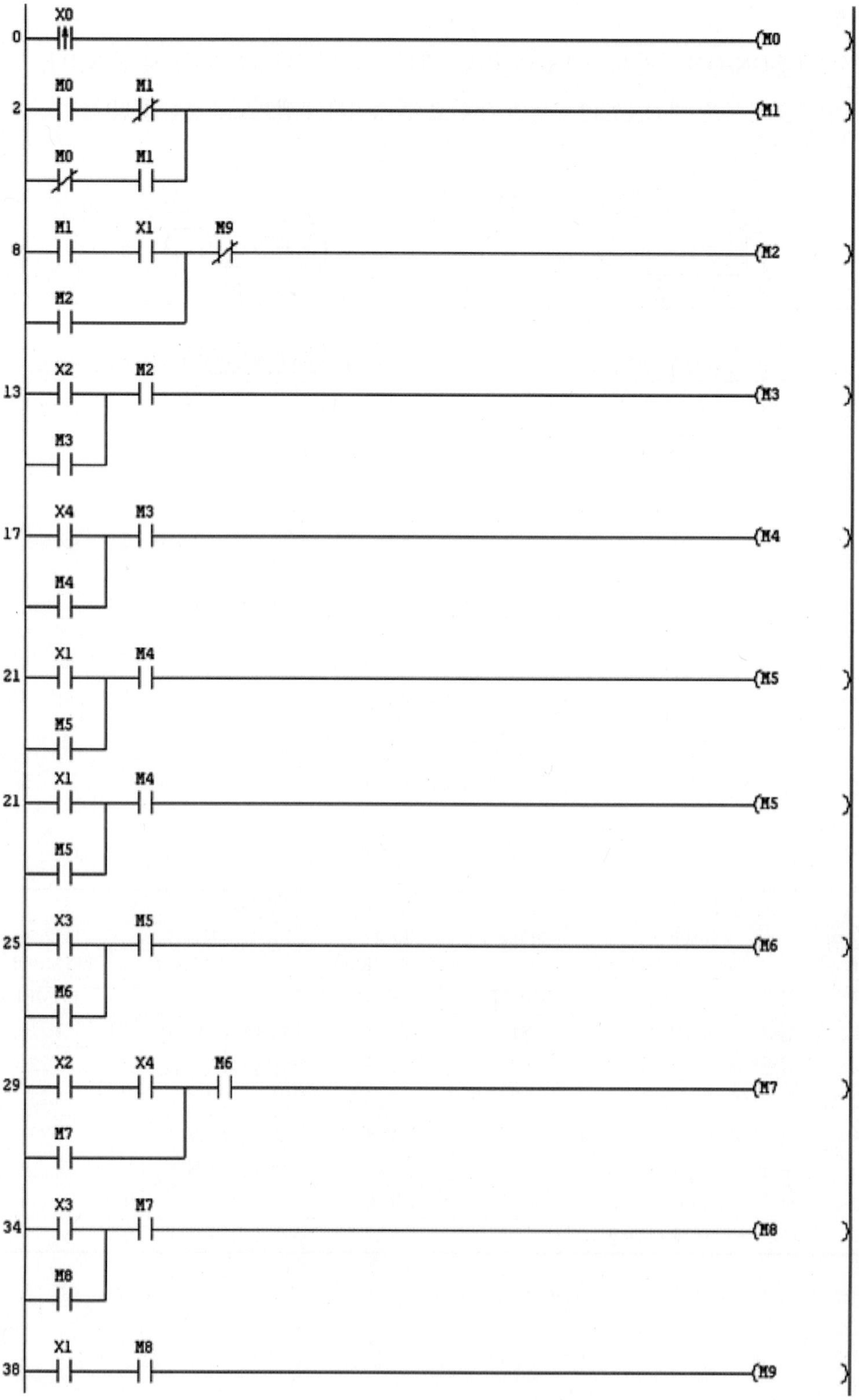

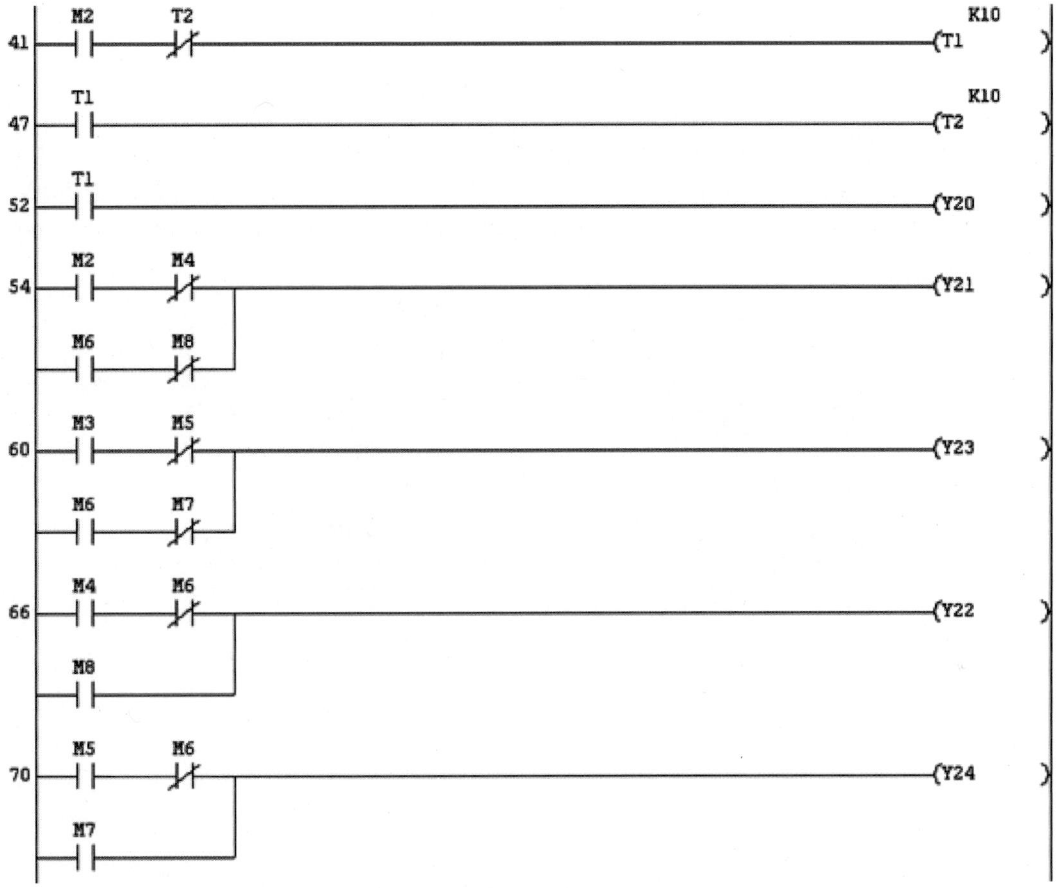
41 M2 T2 K10 T1
47 T1 K10 T2
52 T1 Y20
54 M2 M4 Y21
M6 M8
60 M3 M5 Y23
M6 M7
66 M4 M6 Y22
M8
70 M5 M6 Y24
M7

[동작설명]

시작 스위치를 ON/OFF하면 다음과 같이 3회 반복하고 정지한다. 램프는 2초 점등, 1초 소등을 반복한다. 비상정지/해제 스위치를 누르면 동작을 멈추고 램프는 0.5초 간격으로 점멸한다. 비사정지/해제 스위치를 다시 한 번 누르면 이어서 한다. 정지 스위치를 누르면 모든 동장은 초기상태가 된다.

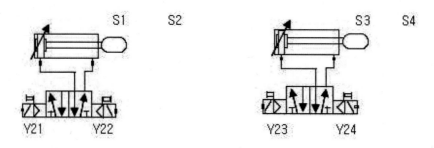

B+. A+. B-. A-

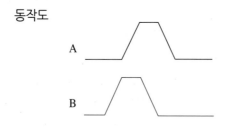

동작도

[PLC 어드레스]

입력(INPUT)			출력(OUTPUT)		
디바이스명 (ADDRESS)	코멘트 (COMMANT)	기기명 (SYMBOL)	디바이스명 (ADDRESS)	코멘트 (COMMANT)	기기명 (SYMBOL)
X00	시작 스위치	START	Y20	표시등	LAMP1
X01	실린더A 후진센서	S1	Y21	실린더A 전진솔	Y21
X02	실린더A 전진센서	S2	Y22	실린더A 후진솔	Y22
X03	실린더B 후진센서	S3	Y23	실린더B 전진솔	Y23
X04	실린더B 전진센서	S4	Y24	실린더B 후진솔	Y24
X05	비상정지/해제(SW)	EMR	Y25		
X06	정지(S/W)	STOP	Y26		
X07			Y27		

```
0)  ├─X0──┬──/X8──/C1─────────────────────────────────(Y0)──┤>
      │
    ├─M0──┘

5)  ├─X5──────────────────────────────────────────────(M6)──┤>

7)  ├─M6──┬─/M7──/X8──────────────────────────────────(M7)──┤>
      │
    ├/M6──┴─M7─┘

                                              K           K50
14) ├─M7──/T4─────────────────────────────────────────(T3)──┤>

                                              K           K50
20) ├─T3──────────────────────────────────────────────(T4)──┤>

25) ├─X1──M4──────────────────────────────────────────(M5)──┤>

28) ├─X8──┬──────────────────────────────────[ RST   C1 ]──┤>
      │
    ├─C1──┘

                                                          K3
34) ├─X4────────────────────────────────────────────────(C1)──┤>

                                              K          K100
38) ├─M0──/T2─────────────────────────────────────────(T1)──┤>

                                              K          K200
45) ├─T1──────────────────────────────────────────────(T2)──┤>

50) ├─M0──┬─X3──/M5──/X6───────────────────────────────(M1)──┤>
      │
    ├─M1──┘

56) ├─X4──┬─M1──/X6─────────────────────────────────────(M2)──┤>
      │
    ├─M2──┘

61) ├─X2──┬─M2──/X6─────────────────────────────────────(M3)──┤>
      │
    ├─M3──┘
```

```
         X3      M3      X6
55  ├────┤ ├─────┤ ├─────┤/├──────────────────────────────────────(M4   )
         M4
    ├────┤ ├──┘


         T1      M7
70  ├────┤ ├─────┤/├──┐─────────────────────────────────────────(Y20   )
         T3          │
    ├────┤ ├─────────┘


         M1      M3      M7
74  ├────┤ ├─────┤/├─────┤/├──────────────────────────────────────(Y23   )


         M2      M4      M7
78  ├────┤ ├─────┤/├─────┤/├──────────────────────────────────────(Y21   )


         M3      M7
82  ├────┤ ├─────┤/├────────────────────────────────────────────(Y24   )
         X6
    ├────┤ ├──┘


         M4      M7
86  ├────┤ ├─────┤/├────────────────────────────────────────────(Y22   )
         X6
    ├────┤ ├──┘
```

[과제 8]

[동작설명]

    시작 스위치(X0)를 ON/OFF하면 다음과 같은 연속동작을 하게 된다. 스위치3(S6)을 누르고 (X6→OFF, M100→ON) X7과 X8을 이용해서 동작 관련 숫자를 설정하여 선택된 횟수에 따라 동작을 반복하게 된다. 이때 시작을 위해 X0을 1회 On/OFF 할 때의 M100 상태는 OFF 여야 한다. 물론 프로그램을 달리 해서 동작할 경우 위의 설명과 같이 동작하게 할 필요는 없다. 또한 필요시 별도의 I/O 접점 어드레스를 활용하면 된다.

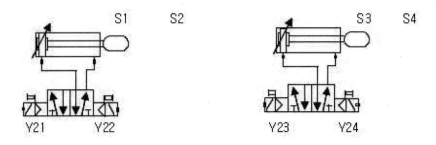

A+, A-, B+, B-

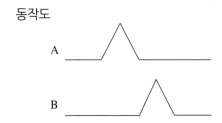

동작도

[PLC 어드레스]

입력(INPUT)			출력(OUTPUT)		
디바이스명 (ADDRESS)	코멘트 (COMMANT)	기기명 (SYMBOL)	디바이스명 (ADDRESS)	코멘트 (COMMANT)	기기명 (SYMBOL)
X00	시작 스위치	START	Y20	표시등	LAMP1
X01	실린더A 후진센서	S1	Y21	실린더A 전진솔	Y21
X02	실린더A 전진센서	S2	Y22	실린더A 후진솔	Y22
X03	실린더B 후진센서	S3	Y23	실린더B 전진솔	Y23
X04	실린더B 전진센서	S4	Y24	실린더B 후진솔	Y24
X05	스위치2	SW2	Y25		
X06	스위치3	SW3	Y26		
X07	카운터 입력 펄스	C_IN	Y27		
X08	다운카운터 선택	C_D			

[프로그램 8]

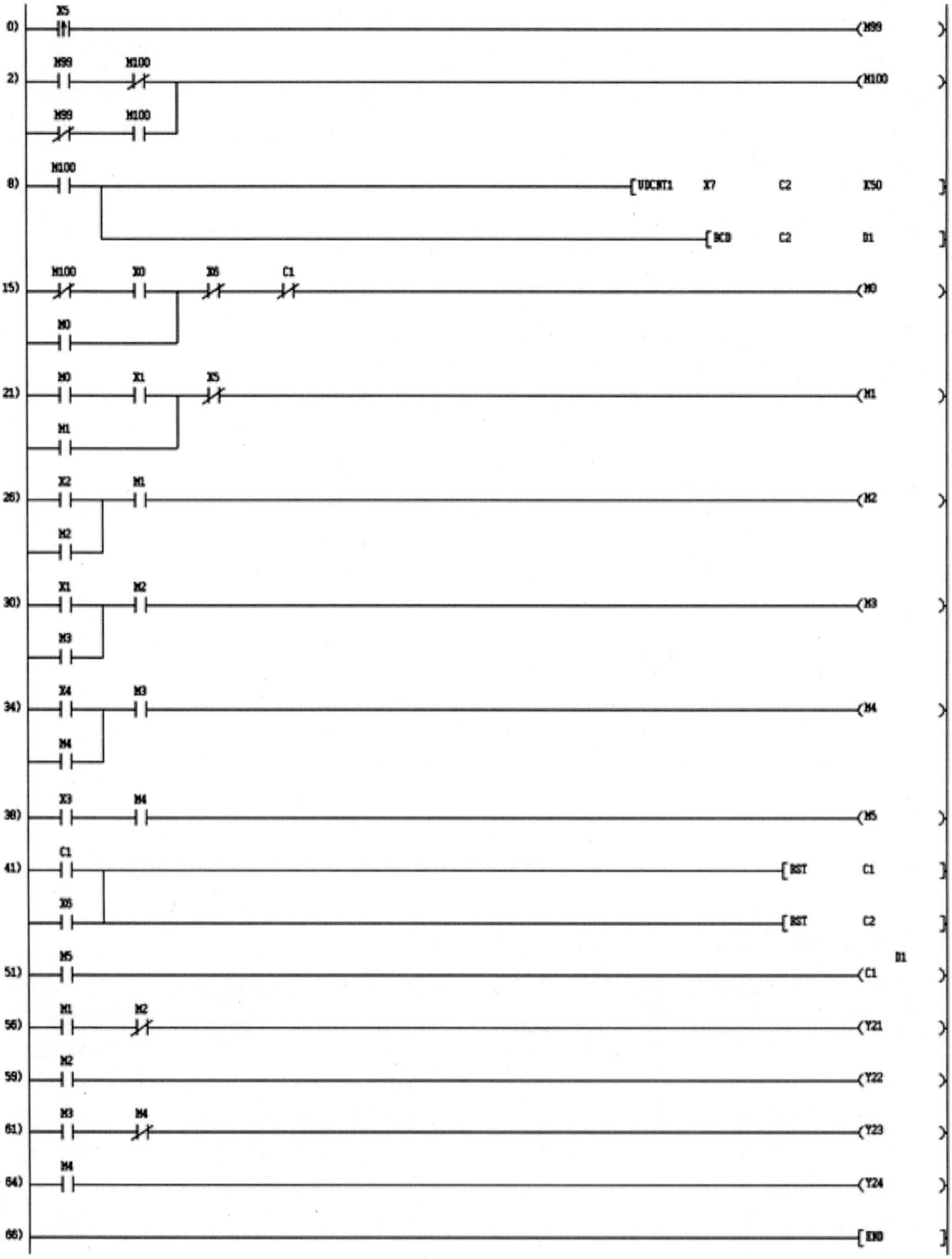
0)
X5
M99
2)
M99
M100
M100
M99
M100
8)
M100
UDCNT1
X7
C2
K50
BCD
C2
D1
15)
M100
X0
X6
C1
M0
M0
21)
M0
X1
X5
M1
M1
26)
X2
M1
M2
M2
30)
X1
M2
M3
M3
34)
X4
M3
M4
M4
38)
X3
M4
M5
41)
C1
RST
C1
X6
RST
C2
51)
M5
C1
D1
56)
M1
M2
Y21
59)
M2
Y22
61)
M3
M4
Y23
64)
M4
Y24
66)
END

[동작설명]

1) 스위치1을 ON/OFF하면 다음과 같은 동작을 하게 된다.

2) 스위치2를 ON/OFF하고 스위치1을 누를 때마다 한동작씩만 하게 된다. 1번 동작 시 램프는 점등하고 완료기 램프는 소등하고, 2번 동작 시 1초 점등 0.5초을 반복한다.

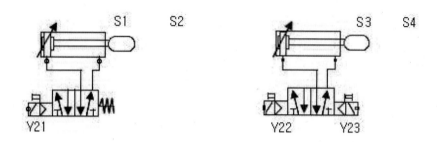

B+. A+. A-. A+. B-. A-

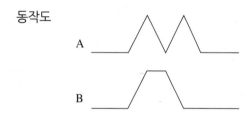

동작도

[PLC 어드레스]

입력(INPUT)			출력(OUTPUT)		
디바이스명 (ADDRESS)	코멘트 (COMMANT)	기기명 (SYMBOL)	디바이스명 (ADDRESS)	코멘트 (COMMANT)	기기명 (SYMBOL)
X00	시작 스위치	START	Y20	표시등	LAMP1
X01	실린더A 후진센서	S1	Y21	실린더A 전진솔	Y21
X02	실린더A 전진센서	S2	Y22	실린더B 전진솔	Y22
X03	실린더B 후진센서	S3	Y23	실린더B 후진솔	Y23
X04	실린더B 전진센서	S4	Y24		
X05	스위치2	SW2	Y25		
X06			Y26		
X07			Y27		

[프로그램 9]

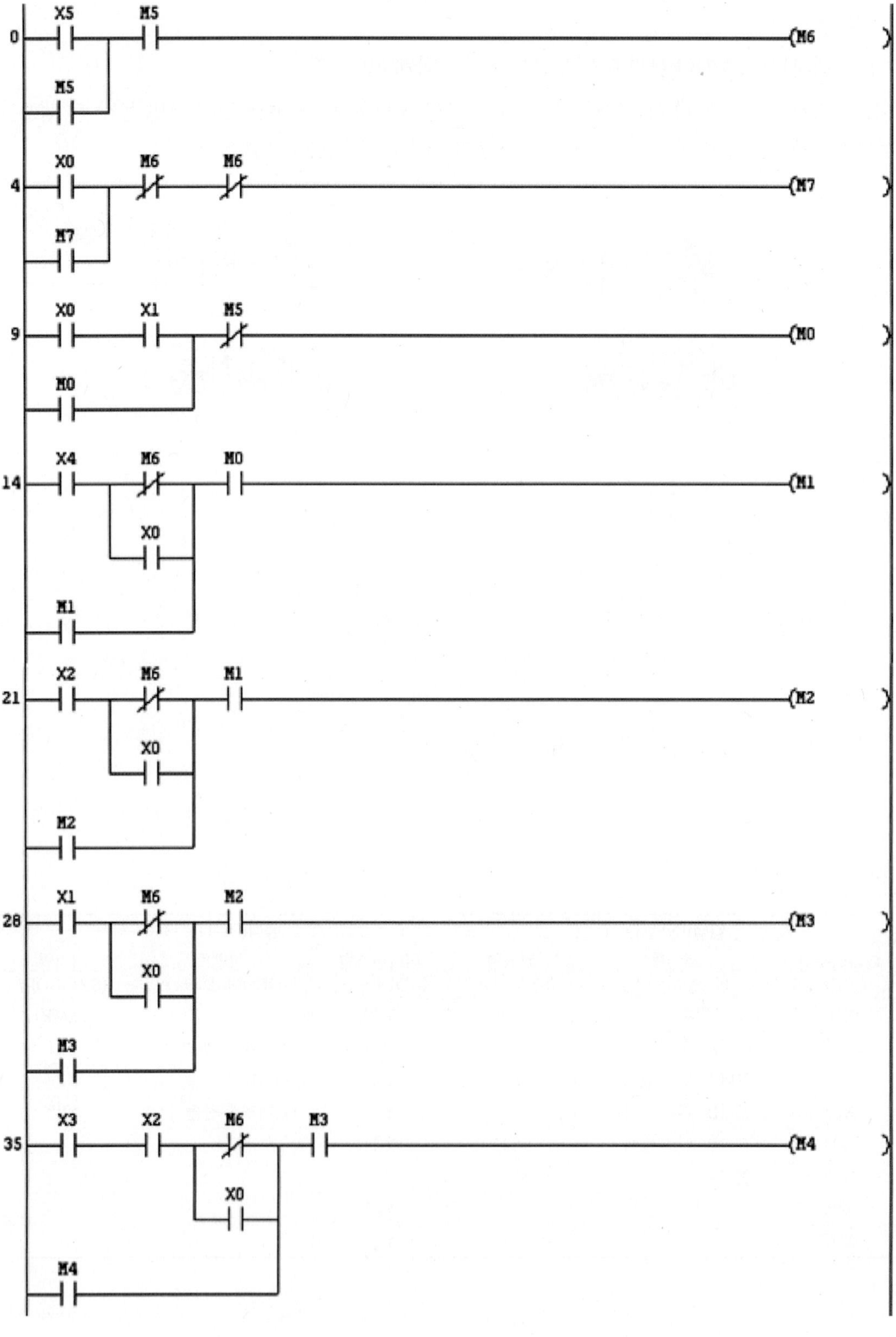

X5
M5
0
M6
M5
X0
M6
M6
4
M7
M7
X0
X1
M5
9
M0
M0
X4
M6
M0
14
M1
X0
M1
X2
M6
M1
21
M2
X0
M2
X1
M6
M2
28
M3
X0
M3
X3
X2
M6
M3
35
M4
X0
M4

[동작설명]

　　시작 스위치를 ON/OFF하면 다음과 같은 동작을 3회 하게 된다. 동작을 시작할 때 램프가 점등되었다가 1회 반복 시 0.5초 간격으로 점멸하고, 2회 반복 시 1초 간격으로 점멸하게 된다. 정지 스위치를 ON/OFF하게 되면 모든 동작은 초기 상태가 된다.

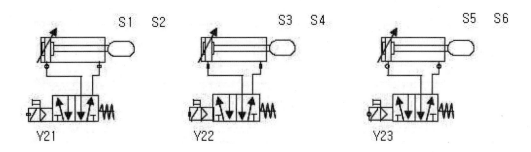

B+, C+, A+, C-, B-, A-

동작도

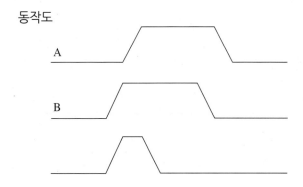

[PLC 어드레스]

입력(INPUT)			출력(OUTPUT)		
디바이스명 (ADDRESS)	코멘트 (COMMANT)	기기명 (SYMBOL)	디바이스명 (ADDRESS)	코멘트 (COMMANT)	기기명 (SYMBOL)
X00	시작 스위치	START	Y20	표시등	LAMP1
X01	실린더A 후진센서	S1	Y21	실린더A 전진솔	Y21
X02	실린더A 전진센서	S2	Y22	실린더B 전진솔	Y22
X03	실린더B 후진센서	S3	Y23	실린더C 전진솔	Y23
X04	실린더B 전진센서	S4	Y24		
X05	실린더C 후진센서	S5	Y25		
X06	실린더C 전진센서	S6	Y26		
X07	정지	STOP	Y27		

```
 0)  ──┤X0├──┤/C1├──────────────────────────────────────────────(M10)─┤
        ┤M10├

 4)  ──┤M10├──┤/X7├──┤/M7├────────────────────────────────────────(M0)──┤
        ┤M0├

 9)  ──┤X1├──┤M0├──────────────────────────────────────────────(M1)──┤
        ┤M1├

13)  ──┤X4├──┤M1├──────────────────────────────────────────────(M2)──┤
        ┤M2├

17)  ──┤X5├──┤M2├──────────────────────────────────────────────(M3)──┤
        ┤M3├

21)  ──┤X2├──┤M3├──────────────────────────────────────────────(M4)──┤
        ┤M4├

25)  ──┤X5├──┤M4├──────────────────────────────────────────────(M5)──┤
        ┤M5├

29)  ──┤X3├──┤M5├──────────────────────────────────────────────(M6)──┤
        ┤M6├

33)  ──┤X1├──┤M6├──────────────────────────────────────────────(M7)──┤

36)  ──┤C1├────────────────────────────────────────[RST    C1 ]──┤

41)  ──┤X1├──┤M6├──────────────────────────────────────────────(C1)──┤  X3

47)  ──┤M0├──[=    C1    K1 ]───────────────────────────────────(M9)──┤

52)  ──┤M9├──┤/T2├──────────────────────────────────────────────(T1)──┤  X5

58)  ──┤T1├────────────────────────────────────────────────────(T2)──┤  X5

63)  ──┤M0├──[=    C1    K2 ]───────────────────────────────────(M9)──┤

68)  ──┤M9├──┤/T4├──────────────────────────────────────────────(T3)──┤  X10

74)  ──┤T3├────────────────────────────────────────────────────(T4)──┤  X10
```

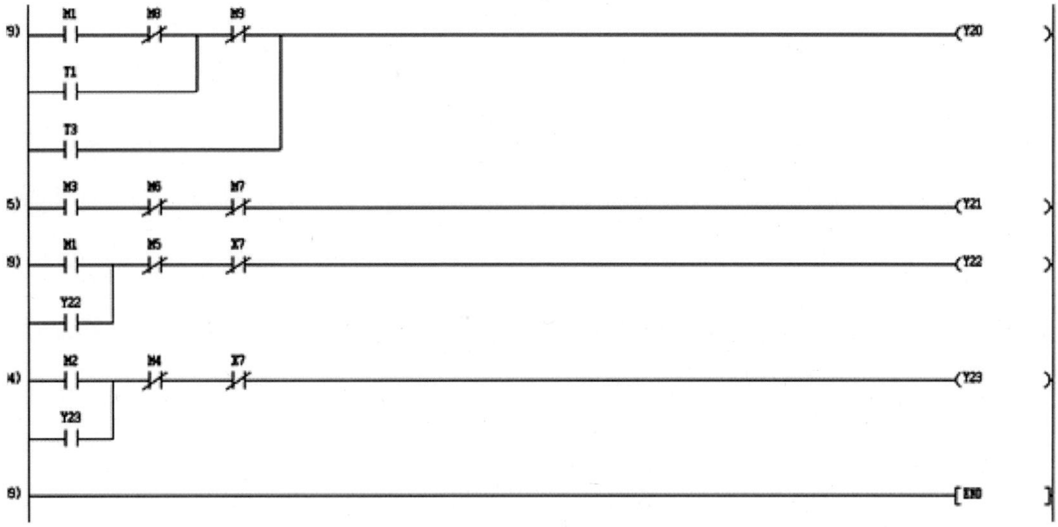
M1
M8
M9
Y20
T1
T3
M3
M6
M7
Y21
M5
X7
Y22
M2
M4
Y23
END

[동작설명]

　　스위치1을 누르고 스위치2를 누르면, "A실린더 전진→ B실린더 전진→ A실린더 후진→ B 실린더 후진"이 순서대로 동작하고, 스위치2를 누르지 않으면 동작을 멈추고 램프가 0.5초 간격으로 점멸한다.

　　"A실린더 전진→B실린더 전진→A실린더 후진→B실린더 후진" 동작 후 스위치3을 3초 안에누르면 "A 실린더 전진→ C실린더 전진→ A실린더 후진→ C 실린더 후진"이 동작하고 3초안에 누르지 않으면 초기 상태가 된다. 스위치를 누르기 전에 3초 동안은 램프가 점등한다.

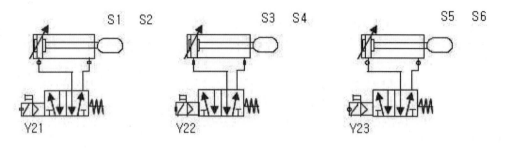

A+. B+. A-. B-. A+. C+. A-. C-

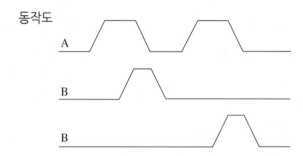

동작도

[PLC 어드레스]

입력(INPUT)			출력(OUTPUT)		
디바이스명 (ADDRESS)	코멘트 (COMMANT)	기기명 (SYMBOL)	디바이스명 (ADDRESS)	코멘트 (COMMANT)	기기명 (SYMBOL)
X00	시작 스위치	START	Y20	표시등	LAMP1
X01	실린더A 후진센서	S1	Y21	실린더A 전진솔	Y21
X02	실린더A 전진센서	S2	Y22	실린더B 전진솔	Y22
X03	실린더B 후진센서	S3	Y23	실린더C 전진솔	Y23
X04	실린더B 전진센서	S4	Y24		
X05	실린더C 후진센서	S5	Y25		
X06	실린더C 전진센서	S6	Y26		
X07	스위치2	SW1	Y27		
X08	스위치3	SW3			

[프로그램 11]

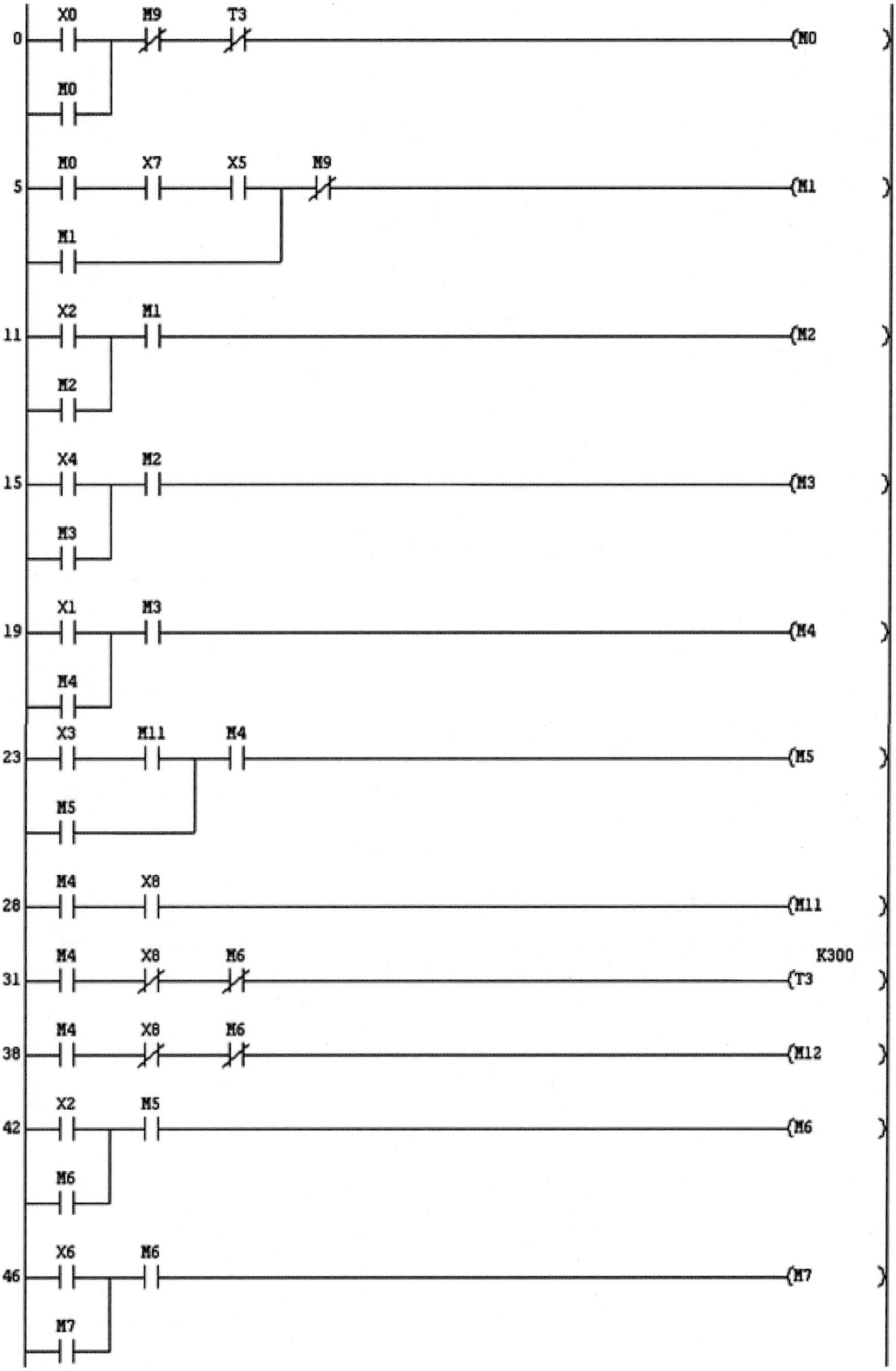

0
X0
M9
T3
M0
M0
5
M0
X7
X5
M9
M1
M1
11
X2
M1
M2
M2
15
X4
M2
M3
M3
19
X1
M3
M4
M4
23
X3
M11
M4
M5
M5
28
M4
X8
M11
31
M4
X8
M6
K300
T3
38
M4
X8
M6
M12
42
X2
M5
M6
M6
46
X6
M6
M7
M7

```
        X1        M7
50     ─┤├───────┤├──────────────────────────────────────────────────(M8  )
        M8
       ─┤├─

        X5        M8
54     ─┤├───────┤├──────────────────────────────────────────────────(M9  )

        M0        X7        M1
57     ─┤├───────┤↑├──────┤↓├────────────────────────────────────────(M10 )

        M10       T2                                              K50
61     ─┤├───────┤↓├───────────────────────────────────────────(T1  )

        T1                                                       K50
67     ─┤├────────────────────────────────────────────────────(T2  )

        T1
72     ─┤├──────────────────────────────────────────────────────────(Y20 )
        M12
       ─┤├─

        M1        M3        T3
75     ─┤├───────┤↓├──────┤↓├─────────────────────────────────────────(Y21 )
        Y21
       ─┤├─
        M5        M7
       ─┤├───────┤↓├─

        M2        M4        T3
83     ─┤├───────┤↓├──────┤↓├─────────────────────────────────────────(Y22 )
        Y22
       ─┤├─

        M6        M8        T3
88     ─┤├───────┤↓├──────┤↓├─────────────────────────────────────────(Y23 )
        Y23
       ─┤├─
```

[동작설명]

GX 소프트웨어를 사용하지 않고 외부에서 타이머 설정값을 변경한다.

① 디지털 스위치로 100(10초)을 설정한다.

② 스위치(SW1)를 누른다(T1의 설정 값이 등록된다).

③ FND에서 타이머 설정값이 표시된다.

④ 스위치(SW0)를 누른다.

⑤ 100초 후에 램프(L0) 점등하나

⑥ 스위치(SW2)를 누르면 소등된다.

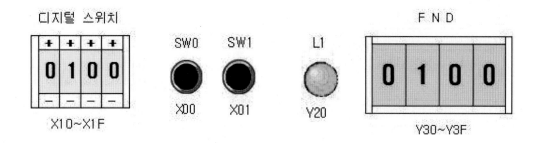

[PLC 어드레스]

입력(INPUT)			출력(OUTPUT)		
디바이스명 (ADDRESS)	코멘트 (COMMANT)	기기명 (SYMBOL)	디바이스명 (ADDRESS)	코멘트 (COMMANT)	기기명 (SYMBOL)
X00	시작 스위치	SW1	Y20	표시등	L1
X01	입력완료	SW2	Y21		
X02			Y22		
X03			Y23		
X04			Y24		
X05			Y25		
X06			Y26		
X07			Y27		

```
       X1
0     ─┤↑├────────────────────────────────────────[MOV    K4X10    D1    ]

       X0
3     ─┤↑├──────────────────────────────────────────────────────────(M0  )

       M0    M1
5     ─┤ ├──┤/├─┬──────────────────────────────────────────────────(M1  )
       M0    M1 │
      ─┤/├──┤ ├─┘

       M1                                                      D1
11    ─┤ ├──┬───────────────────────────────────────────────────(T1  )
            │ T1
            └─┤ ├─────────────────────────────────────────────(Y20  )

       SM400
18    ─┤ ├─────────────────────────────────────────[MOV    D1    K4Y30  ]
```

[과제 13]

[동작설명]

GX 소프트웨어를 사용하지 않고 외부에서 카운터 설정값을 변경한다.

① 디지털 스위치로 5회를 설정한다.

② 스위치(SW0)를 누른다. C1의 설정값이 등록된다.

③ FND에 계숫값을 표시한다.

④ 펄스(ON/OFF) 입력 스위치(S0)를 이용하여 계수를 시작한다.

⑤ 카운터 설정값에 도달하면 램프(L0)가 점등하다.

⑥ 리셋버튼(S1)을 누르면 카운터의 모든 데이터가 지워진다.

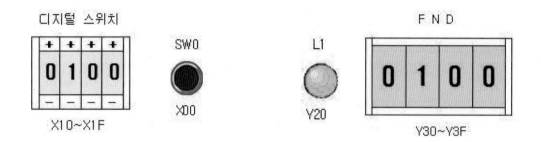

[PLC 어드레스]

입력(INPUT)			출력(OUTPUT)		
디바이스명 (ADDRESS)	코멘트 (COMMANT)	기기명 (SYMBOL)	디바이스명 (ADDRESS)	코멘트 (COMMANT)	기기명 (SYMBOL)
X00	시작 스위치	SW1	Y20	표시등1	L0
X01	리셋	SW2	Y21		
X02			Y22		
X03			Y23		
X04			Y24		
X05			Y25		
X06			Y26		
X07			Y27		

```
        SM400
   0 ──┤├──────────────────────────────────────────[MOV    K4X10    D1    ]

        M1                                                          D1
   3 ──┤├──────────────────────────────────────────────────────(C1        )

        SM400    C1
   8 ──┤├────────┤├───────────────────────────────────────────(Y20        )

        X1
  11 ──┤├──────────────────────────────────────────[RST    C1             ]

        SM400
  16 ──┤├──────────────────────────────────────────[MOV    D1    K4Y30     ]
```

[동작설명]

타이머 카운터를 이용한 문제

① 푸시버튼 스위치(SW1)를 ON/OFF 5회하면 실린더A가 전진한다.

② 실린더A 전진후(S2신호) 5초 후에 실린더A가 후진한다.

③ 이때 카운터의 리셋은 적절히 설정한다(푸시버튼 스위치 중 하나를 사용).

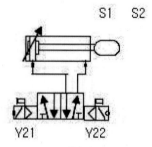

S1   S2

Y21   Y22

카운터 5회. A+. 타이머 5후. A−

동작도

A

[PLC 어드레스]

입력(INPUT)			출력(OUTPUT)		
디바이스명 (ADDRESS)	코멘트 (COMMANT)	기기명 (SYMBOL)	디바이스명 (ADDRESS)	코멘트 (COMMANT)	기기명 (SYMBOL)
X00	카운터 입력	SW0	Y20	표시등1	L0
X01	실린더A 후진센서	S1	Y21	실린더A 전진솔	Y21
X02	실린더B 전진센서	S2	Y22	실린더A 후진솔	Y22
X03			Y23		
X04			Y24		
X05			Y25		
X06			Y26		
X07			Y27		

```
       X0                                                      K5
  0 ───┤├──────────────────────────────────────────────────(C1  )

       C1      X1      M6
  5 ───┤├─────┤├─────┤/├──────────────────────────────────(M3  )
       M3
      ─┤├─────────────┘

       X2      M3
 10 ───┤├──────┤├─────────────────────────────────────────(M4  )
       M4
      ─┤├──────┘

       M4                                                     K500
 14 ───┤├──────────────────────────────────────────────────(T1  )

       X1      M4
 19 ───┤├─────┤├───────────────────────────────────────────(M6  )

       M3      M5
 22 ───┤├─────┤/├───────────────────────────────────────────(Y21 )

       T1
 25 ───┤├───────────────────────────────────────────────────(Y22 )
```

[동작설명]

타이머 카운터를 이용한 문제

① 실린더A가 전진해서 후진을 시작하기 전까지 램프1이 ON된다.

② 실린더A가 후진 완료한 후 실린더B가 전진하면서 모터를 회전한다.

③ 실린더B가 전진 완료되면 3초 경과 후 후진하고 한 사이클 운전을 마친다. 이때 모터의
회전도 멈춘다.

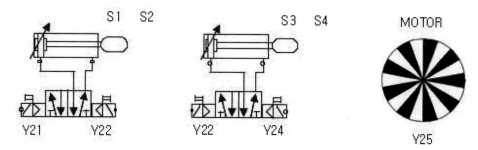

A+. LAMP ON. A-. B+. MOTOR ON. 타이머 3초. B-

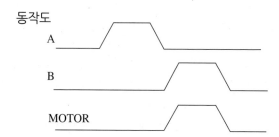

[PLC 어드레스]

입력(INPUT)			출력(OUTPUT)		
디바이스명 (ADDRESS)	코멘트 (COMMANT)	기기명 (SYMBOL)	디바이스명 (ADDRESS)	코멘트 (COMMANT)	기기명 (SYMBOL)
X00	시작 스위치	SW0	Y20	표시등1	L0
X01	실린더A 후진센서	S1	Y21	실린더A 전진솔	Y21
X02	실린더B 전진센서	S2	Y22	실린더B 전진솔	Y22
X03	실린더B 후진센서	S3	Y23	실린더C 전진솔	Y23
X04	실린더B 전진센서	S4	Y24	실린더C 후진솔	Y24
X05			Y25	MOTOR	Y25
X06			Y26		
X07			Y27		

```
       X0      M7
  0  ──┤├──────┤/├────────────────────────────────────────(M0 )─┤
       M0
     ──┤├──

       M0      X2      M2
  4  ──┤/├──────┤/├──────┤/├──────────────────────────────(M1 )─┤
       M1
     ──┤├──

       X2      X1      M3
  9  ──┤├──────┤/├──────┤/├──────────────────────────────(M2 )─┤
       M2
     ──┤├──

       M2      X1      M7
 14  ──┤├──────┤├───────┤/├──────────────────────────────(M3 )─┤
       M3
     ──┤├──

       M3      M5
 19  ──┤├──────┤/├────────────────────────────────────────(M4 )─┤
       M4
     ──┤├──

       X4      M6
 23  ──┤/├──────┤/├──────────────────────────────────────(M5 )─┤
       M5                                              K30
     ──┤├────────────────────────────────────────────────(T1 )─┤

       T1      M7
 31  ──┤├──────┤/├────────────────────────────────────────(M6 )─┤
       M6
     ──┤├──

       M6      X3
 35  ──┤├──────┤├──────────────────────────────────────────(M7 )─┤

       M1      M7
 38  ──┤├──────┤/├────────────────────────────────────────(Y20 )─┤
       Y20
     ──┤├──
```

```
42 ─┤M1├──────────────────────────────────────(Y21  )

44 ─┤M2├──────────────────────────────────────(Y22  )

46 ─┤M4├──────────────────────────────────────(Y23  )

48 ─┤M6├──────────────────────────────────────(Y24  )

50 ─┤M4├──────────────────────────────────────(Y25  )
```

[동작설명]

디지털 스위치를 이용하여 사칙(더하기, 빼기, 곱하기, 나누기)연산을 프로그래밍한다.

(더하기 +) (빼기 −) (곱하기 ×) (나누기 /)

① DS를 이용하여 6을 설정하고 S1을 누른다. (S)

② DS를 이용하여 4를 설정하고 S2을 누른다. (D)

③ S0을 누르면 입력이 완료되고 FND에 그 결과값이 표시된다.

④ S3은 데이터를 삭제한다.

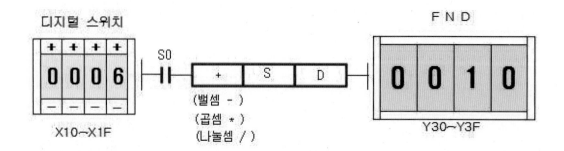

[PLC 어드레스]

입력(INPUT)			출력(OUTPUT)		
디바이스명 (ADDRESS)	코멘트 (COMMANT)	기기명 (SYMBOL)	디바이스명 (ADDRESS)	코멘트 (COMMANT)	기기명 (SYMBOL)
X00	시작 스위치	SW0	Y20		
X01	S데이터	SW1	Y21		
X02	D데이터	SW2	Y22		
X03	삭제	SW3	Y23		
X04		SW4	Y24		
X05			Y25		
X06			Y26		
X07			Y27		

[더하기 프로그램 16]

```
         X1      X2
   0 ─┤↑├─────┤/├──────────────────────────────[MOV    K4X10    D1  ]

         X2      X1
   4 ─┤↑├─────┤/├──────────────────────────────[MOV    K4X10    D2  ]

         X0
   8 ─┤ ├────────────────────────────────[+    D1       D2       K4Y30 ]

         X3
  13 ─┤↑├──┬───────────────────────────────────[MOVP   K0       K4Y30 ]
           │
           ├───────────────────────────────────[MOVP   K0       D1  ]
           │
           └───────────────────────────────────[MOVP   K0       D1  ]
```

[빼기 프로그램 16]

```
         X1      X2
   0 ─┤├├─────┤/├──────────────────────────────[MOV    K4X10    D1  ]

         X2      X1
   4 ─┤├├─────┤/├──────────────────────────────[MOV    K4X10    D2  ]

         X0
   8 ─┤ ├────────────────────────────────[-    D1       D2       K4Y30 ]

         X3
  13 ─┤├├──┬───────────────────────────────────[MOVP   K0       K4Y30 ]
           │
           ├───────────────────────────────────[MOVP   K0       D1  ]
           │
           └───────────────────────────────────[MOVP   K0       D1  ]
```

[곱하기 프로그램 16]

```
         X1      X2
   0 ─┤↑├─────┤/├──────────────────────────────[MOV    K4X10    D1  ]

         X2      X1
   4 ─┤↑├─────┤/├──────────────────────────────[MOV    K4X10    D2  ]

         X0
   8 ─┤ ├────────────────────────────────[*    D1       D2       K4Y30 ]

         X3
  13 ─┤↑├──┬───────────────────────────────────[MOVP   K0       K4Y30 ]
           │
           ├───────────────────────────────────[MOVP   K0       D1  ]
           │
           └───────────────────────────────────[MOVP   K0       D1  ]
```

[나누기 프로그램 16]

```
      X1    X2
0  ──┤├────┤/├──────────────────────────────[MOV   K4X10   D1  ]

      X2    X1
4  ──┤├────┤/├──────────────────────────────[MOV   K4X10   D2  ]

      X0
8  ──┤├──────────────────────────[/    D1      D2      D3  ]

      X0
13 ──┤├──────────────────────────────[MOVP   D3    K4Y30 ]

      X3
16 ──┤├──────┬───────────────────────[MOVP   K0    K4Y30 ]
             │
             ├───────────────────────[MOVP   K0    D1    ]
             │
             └───────────────────────[MOVP   K0    D1    ]
```

서보 운전을 위한 파라메터 설정

서보 운전에 필요한 PLC 어드레스, QP75MH1 입출력을 다음과 같이 할당한다.

서보 드라이브 파라미터, 위치결정 모듈(QD75MH1) 파라미터는 실습하기 전에 시스템에 맞게 설정해 준다.

[PLC 어드레스]

입력(INPUT)			출력(OUTPUT)		
디바이스명 (ADDRESS)	코멘트 (COMMANT)	기기명 (SYMBOL)	디바이스명 (ADDRESS)	코멘트 (COMMANT)	기기명 (SYMBOL)
X00	원점복귀 스위치	SW0	Y20	원점복귀 램프	L0
X01	정지지령 스위치	SW1	Y21	정지 램프	L1
X02	대기점 기동 스위치	SW2	Y22		L2
X03	위치데이터 기동	SW3	Y23	M 코드검출 램프	L3
X04	JOG + 스위치	SW4	Y24	JOG + 운전 중 램프	L4
X05	JOG − 스위치	SW5	Y25	JOG − 운전 중 램프	L5
X06	인칭기동 스위치	SW6	Y26		L6
X07	위치데이터 등록	SW7	Y27	에러 램프	L7
X08	데이터 변경 스위치	SW8	Y28		
X09	재기동 스위치	SW9	Y29		
X0A	준비OFF 스위치	SW10	Y2A		
X0B	에러 리셋 스위치	SW11	Y2B		
X0C			Y2C		
X0D			Y2E		
X0E			YEF		

[PLC 내부 릴레이 어드레스]

디바이스명 (ADDRESS)	코멘트 (COMMANT)	기기명 (SYMBOL)	디바이스명 (ADDRESS)	코멘트 (COMMANT)	기기명 (SYMBOL)
M00	원점복귀 지령펄스		D10	원점복귀 램프	
M01			D11	정지램프	
M02	대기점 기동펄스		D13, D14		
M03	위치데이터 기동		자동 리플레시 설정용		
M04			D100, D101	축1 이송현재 값	
M05			D102, D103	축1 이송기계 값	
M06			D104, D105	축1 이송속도 값	
M07	위치데이터 등록		D106	축1 에러코드	
M08	에러리셋 재기동		D107	축1 경고코드	
M09			D108	축1 유효 M코드	
M10	인터록(플레시ROM)		D109	축1 동작 상태	
M20	마스터 컨트롤				
M200~M259 QD75 전용명령에 사용			D200~D259 QD75 전용명령에 사용		

비고
PLC 프로그램에서 사용할 수 있게 자동 리플레시시킨다

[QD75 입출력]

디바이스명칭		디바이스				용 도	ON일 때 내용
		축1	축2	축3	축4		
QD75 입출력	입력	X40				QD75 준비완료 신호	준비완료
		X41				동기용 플래그	QD75 버퍼 메모리 엑세스 가능
		X44	X45	X46	X47	M코드ON신호	M코드 출력중
		X48	X49	X4A	X4B	에러 검출신호	에러검출
		X4C	X4D	X4E	X4F	BUSY신호	BUSY (운전중)
		X50	X51	X52	X53	기동완료 신호	기동완료
		X54	X55	X56	X57	위치결정 완료신호	위치결정 완료
	출력	Y40				PLC Ready신호	PLC CPU준비완료
		Y41				Servo On신호	Servo ON
		Y44	Y45	Y46	Y47	축 정지신호	정지 요구 중
		Y48	Y4A	Y4C	Y4E	정회전 JOG기동신호	정회전 JOG 기동중
		Y49	Y4B	Y4D	Y4F	역회전JOG기동신호	역회전 JOG 기동중
		Y50	Y51	Y52	Y53	위치결정기동신호	기동 요구 중

[과제 17]

[동작설명]

PLC 준비, 에러코드 표시, 에러해제

운용 프로그램을 작성하기 전에 기본 프로그램을 작성한다. 운전준비, 에러코드와 리셋 등 SW11 스위치를 ON하면 에러가 해제된다. 에러코드는 QD75 매뉴얼을 참조한다,

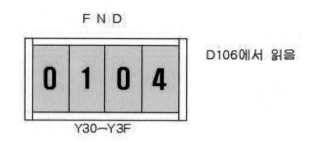

F N D

0 1 0 4   D106에서 읽음

Y30~Y3F

[프로그램 17]

```
0    SM1039   M10                                                    (Y40 )
     ─┤├──────┤/├────────────────────────────────────────────────

3    X40                                                             (Y41 )
     ─┤├──────────────────────────────────────────────────────────

5    SM1032   SM1006                                                 (Y27 )
     ─┤├──────┤├───────┬──────────────────────────────────────────
              X48      │
              ─┤├──────┤
                       └──────────────────────[BCDP   D106   K4Y30 ]

14   X8                                              U4\
     ─┤├──────┬───────────────────────────────[MOVP  K1    G1502 ]
              │
              └───────────────────────────────[RST   Y50         ]
```

[동작설명]

　　다음과 같이 동작 프로그램을 작성한다(JOG+, JOG−).

　① SW4(X04) JOG+ 방향으로 움직인다.

　② SW5(X05) JOG− 방향으로 움직인다.

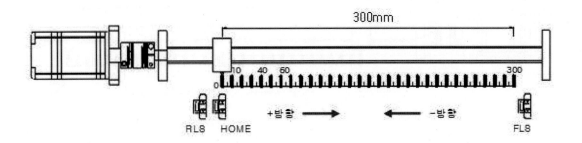

[프로그램 18]

[과제 19]

[동작설명]

다음과 같이 동작 프로그램을 작성한다(원점복귀 HOME).

① SW0(X00) 스위치를 누르면 원점복귀한다(기계적 원점복귀 설정).

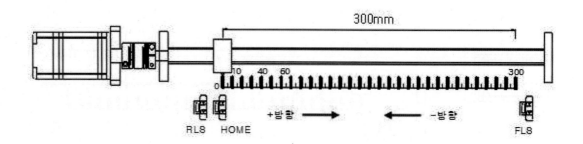

[프로그램 19]

```
      X0      M201
105  ──┤├──────┤/├─────────────────────────────────────[PLS    M200  ]

      M200    X1
124  ──┤├──────┤/├─────────────────────────────────────[SET    M201  ]

      M201
127  ──┤├──────┬──────────────────────────────[MOVP   K9001   D202  ]
             │
             ├──────────────────[ZP.PSTRT1      "U04"   D200   M202  ]
             │
             └──────────────────────────────────[RST    M201  ]

      M202    M203
141  ──┤├──────┤/├─────────────────────────────────────[PLS    M204  ]

      SM1032                                          U4\
147  ──┤├──────┬────────────────────────────────[MOVP   G817    D20   ]
             │
             │  D20.3
             └──┤├──────────────────────────────────────(Y20   )

      D20.3
165  ──┤/├────────────────────────────────────[MC     N0      M20   ]
```

[동작설명]

다음과 같이 동작 프로그램을 작성한다(위치결정 데이터의 기동).

① SW2(X02) 스위치를 ON하면 데이터No1을 직접 지정으로 기동한다.

② SW3(S03) 스위치를 ON하면 디지털 스위치(X10~X1B)로 위치데이터 No을 호출하여 기동한다(위치결정 데이터를 QP 소프트웨어를 사용하여 등록되어 있어야 한다. No1, No2, No3, No4, No5).

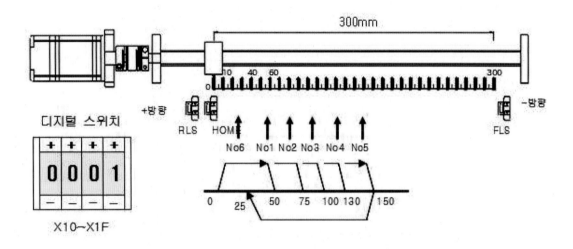

[위치 결정 데이터]

No.	CTRL method	SLV axis	ACC(ms)	DEC(ms)	Positioning address [um]	Arc Address [um]	Command speed [mm/min]	Dwell time [ms]	M code
1	1:ABS line1	-	0;100	0;100	50000.0	0.0	2000.00	0	0
2	1:ABS line1	-	0;100	0;100	75000.0	0.0	2000.00	0	0
3	1:ABS line1	-	0;100	0;100	100000.0	0.0	2000.00	0	0
4	1:ABS line1	-	0;100	0;100	130000.0	0.0	2000.00	0	0
5	1:ABS line1	-	0;100	0;100	150000.0	0.0	2000.00	0	0
6	1:ABS line1	-	0;100	0;100	25000.0	0.0	2000.00	0	0

위치결정 데이터 No (단위 um)

1 .... 50000(50 mm)

2 .... 75000(75 mm)

3 .... 100000(100 mm)

4 .... 130000(130 mm)

5 .... 150000(150 mm)

6 .... 250000(250 mm)

```
         X2      M221
168    ──┤├─────┤/├──────────────────────────────────────[PLS      M220  ]

         M220     X1
182    ──┤├─────┤/├──────────────────────────────────────[SET      M221  ]

         M221
185    ──┤├──┬───────────────────────────────────[MOVP     K1      D222  ]
              │
              ├──────────────────────[ZP.PSTRT1        "U4"    D220    M222  ]
              │
              └──────────────────────────────────[RST      M221  ]

         M222    M223
198    ──┤├─────┤/├──────────────────────────────────────[PLS      M224  ]

         X3      M231
202    ──┤├─────┤/├──────────────────────────────────────[PLS      M230  ]

         M230     X1
216    ──┤├─────┤/├──────────────────────────────────────[SET      M231  ]

         M231
219    ──┤├──┬───────────────────────────────────[BIN      K3X10   D232  ]
              │
              ├──────────────────────[ZP.PSTRT1        "U4"    D230    M232  ]
              │
              └──────────────────────────────────[RST      M231  ]

         M232    M233
233    ──┤├─────┤/├──────────────────────────────────────[PLS      M234  ]
```

[동작설명]

다음과 같이 동작 프로그램을 작성한다(다점 연속 위치결정).

① 디지털 스위치(X10~X1B)로 기동할 데이터 번지를 선택하고 SW3(S03) 스위치를 ON 하면
다점 연속으로 동작한다(위치결정 데이터를 QP 소프트웨어를 사용하여 등록 되어있어야 한다.
No11, No12, No13, No14, No15, No16).

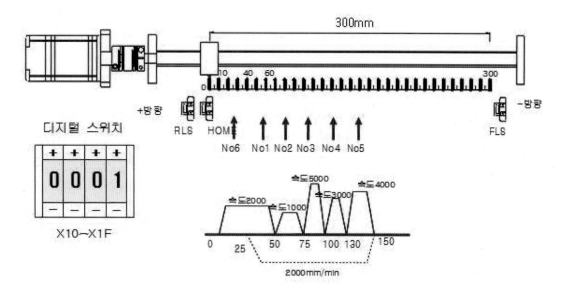

[위치결정 데이터]

No.	Pattern	CTRL method	SLV axis	ACC(ms)	DEC(ms)	Positioning address [um]	Arc Address [um]	Command speed [mm/min]	Dwell time [ms]
11	1:CONT	1:ABS line1	–	0;100	0;100	50000.0	0.0	2000.00	500
12	1:CONT	1:ABS line1	–	0;100	0;100	75000.0	0.0	1000.00	500
13	1:CONT	1:ABS line1	–	0;100	0;100	100000.0	0.0	5000.00	500
14	1:CONT	1:ABS line1	–	0;100	0;100	130000.0	0.0	3000.00	500
15	1:CONT	1:ABS line1	–	0;100	0;100	1500000.0	0.0	4000.00	500
16	0:END	1:ABS line1	–	0;100	0;100	250000.0	0.0	2000.00	500

위치결정 데이터 No (단위 um)

11 ....   50000(50 mm) / 2000 mm/min

12 ....   75000(75 mm) / 1000 mm/min

13 ....   100000(100 mm) / 5000 mm/min

14 ....   130000(130 mm) / 3000 mm/min

15 ....   150000(150 mm) / 4000 mm/min

16 ....   250000(250 mm) / 2000 mm/min

과제 18번과 프로그램이 동일하다. 단 운전방식만 "연속"으로 변경하고 각 위치결정 데이터의
이송속도를 다르게 준다.

```
        X2      M221
168 ────┤├──────┤╱├──────────────────────────────────[PLS    M220  ]

        M220    X1
182 ────┤├──────┤╱├──────────────────────────────────[SET    M221  ]

        M221
185 ────┤├─────────────────────────────────[MOVP    K1      D222  ]
            │
            ├──────────────────[ZP.PSTRT1        "U4"    D220    M222  ]
            │
            └────────────────────────────────────────[RST    M221  ]

        M222    M223
198 ────┤├──────┤╱├──────────────────────────────────[PLS    M224  ]

        X3      M231
202 ────┤├──────┤╱├──────────────────────────────────[PLS    M230  ]

        M230    X1
216 ────┤├──────┤╱├──────────────────────────────────[SET    M231  ]

        M231
219 ────┤├─────────────────────────────────[BIN     K3X10   D232  ]
            │
            ├──────────────────[ZP.PSTRT1        "U4"    D230    M232  ]
            │
            └────────────────────────────────────────[RST    M231  ]

        M232    M233
233 ────┤├──────┤╱├──────────────────────────────────[PLS    M234  ]
```

[동작설명]

　다음과 같이 동작 프로그램을 작성한다(동작중지).

　① SW1 스위치를 ON하면 서보 모터는 감속정지한다.

[프로그램 22]

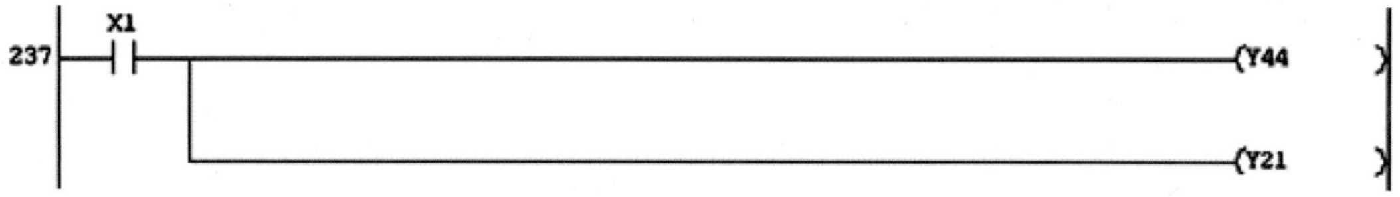

```
237 ─┤ ├─X1──────────────────────────────────────(Y44  )
           └───────────────────────────────────────(Y21  )
```

[과제 23]

[동작설명]

　다음과 같이 동작 프로그램을 작성한다(정지 후 재기동).

　① 데이터 No11~16의 연속 위치결정 중에 SW1 스위치를 ON하면 감속정지한다.

　② 재기동하려면 버퍼 메모리의 1503(재기동)에 "1"을 쓴다.

[프로그램 23]

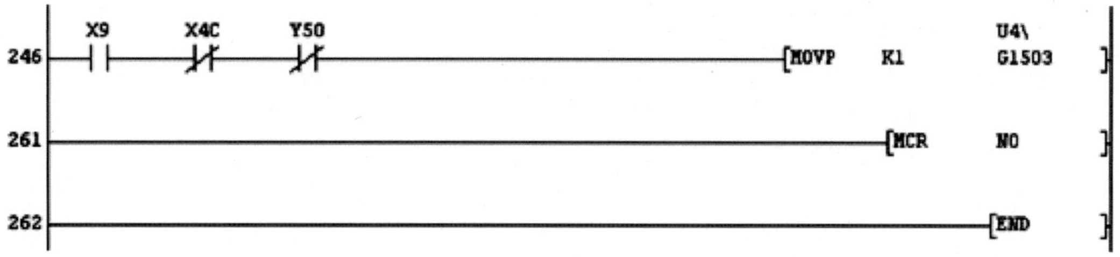

```
        X9    X4C   Y50                              U4\
246 ─┤ ├─┤/├─┤/├──────────────────────[MOVP  K1    G1503 ]

261 ──────────────────────────────────────────[MCR   N0    ]

262 ──────────────────────────────────────────[END         ]
```

[과제 24]

[동작설명]

모니터링 장치(터치패널)를 이용하여 서보의 위치데이터 및 시스템 모니터링을 한다.

① TOP 작화 소프트웨어를 이용하여 아래와 같이 만든다.

② Base Screen-1 서보 모니터링 화면을 만든다. 자동운전에 필요한 버튼을 "START" "START" "STOP" "HOME" KEY를 만들고 화면전환2용 KEY도 만든다.

서보의 시스템의 모니터링을 할 수 있게 데이터 시트를 만든다.

(아래 기본화면1을 참조할 것)

③ Base Screen-2 수동운전용 화면을 구성한다.

수동운전 화면을 만드는 이유는 서보 시스템을 개별운전하기 위하여 필요하다.

개별 운전에는 "텐키입력 화면", "P START", "A START", "R START", "STOP", "REST" "HOME", "JOG+(J+)KEY", "JOG-(J-)" KEY를 만들고 서보 시스템의 모니터링용 데이터 시트를 추가한다. 기본화면1용 전환 KEY도 하나 만들어 둔다.(아래 기본화면2를 참조)

[터치패널 어드레스]

PLC TAG	설 명	TOP TAG	TAG No	설 명	PLC TAG
M300	원점복귀 스위치	HOME	D10	원점복귀 램프	
M301	정지지령 스위치	STOP	D11	정지램프	
M302	대기점 기동 스위치	A START	D13		
M303	위치데이터 기동	P START	D100	축1 이송현재 값	
M304	JOG + 스위치	JOG +	D102	축1 이송기계 값	
M305	JOG – 스위치	JOG –	D104	축1 이송속도 값	
M306	인칭기동 스위치		D106	축1 에러코드	
M307	위치데이터 등록		D107	축1 경고코드	
M308	데이터 변경 스위치		D108	축1 유효 M코드	
M309	재기동 스위치	R START	D109	축1 동작 상태	
M310	준비OFF 스위치				
M311	에러 리셋 스위치	RESET			
M312					
M313					
M314					
M315					
Y20	원점복귀 램프				

(계속)

Y21	정지램프				
Y24	JOG + 운전중 램프				
Y25	JOG − 운전중 램프				
Y27	에러 램프				

〈 기본화면1 서보 모니터링 〉

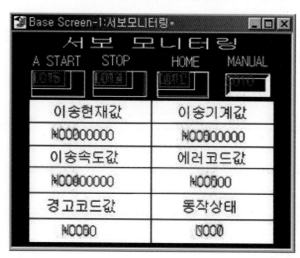

〈 기본화면2 수동조작〉

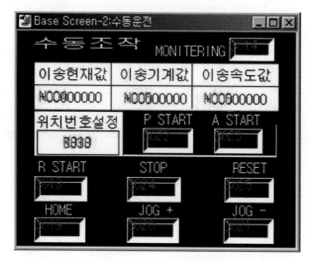

[프로그램 24]

아래 프로그램은 광통신형위치결정카드를 위한 SERVO ON을 위한 Ladder 프로그램이다.

```
3  ─┤ ├─────────────────────────────────────────────────────────(Y41)
    X40

0  ─┤ ├──┤/├──────────────────────────────────────────────────(Y40)
   SM1039  M10

20 ─┤ ├──┤ ├──┬──────────────────────────────────────────────(Y27)
   SM1032 SM1006 │
          ┌──┤ ├──┘
          │  X48
          └──────────────────────────[BCDP   D106    K4Y30]

                                                        U4\
37 ─┤ ├──────────────────────────────[MOVP   K1     G1502]
    X0B   에러리셋

   ─┤ ├──────────────────────────────────────[RST    Y50]
    M311

                                                        U4\
53 ─┤ ├──┤/├──┤/├──┬──────────────────[DMOVP  K100000  G1518]
    X4    M305  X49 │
   ┌┤ ├──┤        ├─┤/├──────────────[MOVP   K0      G1517]
   M304  조그 +   │  X6                                  U4\
                   ├─┤ ├──────────────[MOVP   K1000   G1517]
                   │  X6                                 U4\
                   ├──────────────────────────────────(Y48)
                   └──────────────────────────────────(Y24)

                                                        U4\
86 ─┤ ├──┤/├──┤/├──┬──────────────────[DMOVP  K100000  G1518]
    X5    M304  X48 │
   ┌┤ ├──┤        ├──────────────────[MOVP   K0      G1517]
   M305  조그 -   │                                      U4\
                   ├──────────────────────────────────(Y49)
                   └──────────────────────────────────(Y25)
```

```
         X0      M201
110    ┤ ├──┬──┤/├──────────────────────────────────[PLS     M200  ]
                │
        M300     │
       ┤ ├──────┘  원점복귀

        M200     X1      M301
130    ┤ ├──┤/├──┤/├──────────────────────────────[SET     M201  ]

        M201
134    ┤ ├──┬──────────────────────────────[MOVP    K9001   D202  ]
            │
            ├────────────────────[ZP.PSTRT1      "U04"    D200   M202 ]
            │
            └──────────────────────────────────────[RST     M201  ]

        M202     M203
148    ┤ ├──┤/├──────────────────────────────────[PLS     M204  ]

        SM1032                                         U4\
152    ┤ ├──┬──────────────────────────────[MOVP    G817    D20   ]
            │
            │  D20.3
            └──┤ ├──────────────────────────────────────(Y20    )

        D20.3
170    ┤/├──────────────────────────────────────[MC      N0      M20  ]
        X2      M221
173    ┤ ├──┬──┤/├──────────────────────────────[PLS     M220  ]
            │
        M302 │
       ┤ ├──┘  대기점 기동

        M220     X1      M301
188    ┤ ├──┤/├──┤/├──────────────────────────────[SET     M221  ]

        M221
192    ┤ ├──┬──────────────────────────────[MOVP    K1      D222  ]
            │
            ├────────────────────[ZP.PSTRT1      "U4"     D220   M222 ]
            │
            └──────────────────────────────────────[RST     M221  ]
```

```
         M232     M233
242  ─────┤ ├─────┤/├──────────────────────────────────────[PLS    M234  ]

          ┌─────┐
          │ X1  │  정지
246       │─┤ ├─│────────────────────────────────────────────────(Y44  )
          │     │
          │ M301│
          │─┤ ├─│────────────────────────────────────────────────(Y21  )
          └─────┘
          ┌─────┐
          │ X9  │   X4C      Y50                                    U4\
256       │─┤ ├─│───┤/├──────┤/├────────────────────────[MOVP   K1   G1503 ]
          │     │
          │ M309│
          │─┤ ├─│  재기동
          └─────┘

272  ──────────────────────────────────────────────────────[MCR    N0    ]

         M222     M223
205  ─────┤ ├─────┤/├──────────────────────────────────────[PLS    M224  ]

          ┌─────┐
          │ X3  │   M231
209       │─┤ ├─│───┤/├──────────────────────────────────────[PLS    M230  ]
          │     │
          │ M303│
          │─┤ ├─│  위치 데이터 기동
          └─────┘

         M230      X1      M301
224  ─────┤ ├─────┤/├──────┤/├──────────────────────────────[SET    M231  ]

         M231
228  ─────┤ ├──────────────────────────────────────[BIN    K3X10   D232  ]
              │
              ├──────────────────────[ZP.PSTRT1    "U4"    D230    M232  ]
              │
              └──────────────────────────────────────────[RST    M231  ]

         M232     M233
242  ─────┤ ├─────┤/├──────────────────────────────────────[PLS    M234  ]

273  ──────────────────────────────────────────────────────[END          ]
```

[동작설명]

PLC A 측과 PLC B 측은 각각 데이터 송신과 데이터 수신을 수행한다.

① TCP/IP통신으로 데이터를 송수신한다.

② 송신측 PLC A의 X0~X7, X10~X1F의 정보가 PLC B의 Y20~Y27, Y30~Y3F에 표시된다.

③ 수신측 PLC B의 X0~X7, X10~X2F의 정보가 PLC A의 Y20~Y2F, Y30~Y3F에 표시된다.

④ PLC A, PLC B에 파라미터와 프로그램을 Download한다.

⑤ PLC A, PLC B 모두를 RUN 상태로 한다.

⑥ PLC A I/O 패널의 [XA]를 OFF→ON→OFF하여 커넥션을 오픈한다.

⑦ Ethernet 모듈의 커넥션이 오픈되고, "OPEN"LED가 점등한다.

⑧ 송신측 PLC A의 X0~X7을 ON/OFF한다. 또한, 디지털 스위치(X10~X1F)에 값을 입력한다. 송신측 PLC A I/O 패널의 [X8]을 ON하고 데이터를 송신한다.

⑨ 송신측의 X0~X7의 상태에 부합하여 수신측의 Y20~Y27이 점등한다. 송신측 디지털 스위치 (X10~X1F)의 값이 수신측의 FND(Y30~Y3F)에 표시된다.

⑩ I/O 패널에서의 확인이 종료되며, 송신 측 I/O 패널의 [X8]을 OFF하고, 데이터 송신을 종료한다. 다시 데이터를 송신할 때에는 ⑧부터 실행한다.

⑪ PLC A I/O패널의 [XB]를 OFF→ON→OFF하고, 커넥션을 클로즈한다.

⑫ 커넥션이 클로즈되고, 각 Ethernet 모듈의 "OPEN"LED가 소등한다.

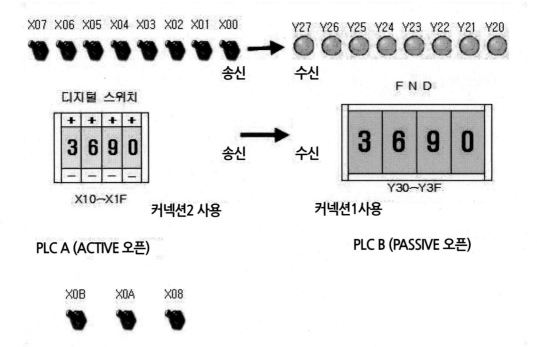

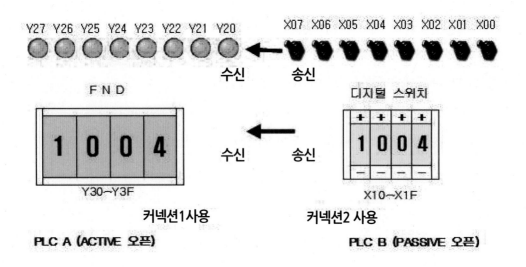

[PLC A 디바이스 일람]

디바이스명	설 명	디바이스명	설 명
SM400	항시 ON	X10~X1F	PLC CPU B에 송신할 데이터
M0	커넥션 No.1의 오픈 처리 완료 후, 1스캔만 ON한다.	X079 (X(n+1)9)	Ethernet 모듈의 이니셜 처리가 정상 완료되면 ON한다.
M1	커넥션 No.1의 오픈 처리가 이상 완료된 경우 1스캔만 ON한다.	X07C (X(n+1)C)	COM.ERR LED 점등 시에 ON한다.
M10	커넥션 No.1 클로즈 처리 완료 후 1스캔만 ON한다.	Y30~Y3F	PLC CPU B에서 송신된 X10~X1F의 정보가 저장된다.
M11	커넥션 No.1의 클로즈 처리가 이상 완료된 경우 1스캔만 ON한다.	Y20~Y27	PLC CPU B에서 송신된 X0~X7의 정보가 저장된다.
M20	데이터 송신 완료 후, 1스캔만 ON한다.	Y28	데이터 수신이 정상 완료되면 ON한다.
M21	데이터 송신이 이상 완료된 경우 1스캔만 ON한다.	Y29	데이터 수신이 이상 완료되면 ON한다.
M22	데이터 송신 시에 ON한다. 또한 데이터 송신이 완료되면 OFF한다.	Y2A	데이터 송신이 정상 완료되면 ON한다.
M30	데이터 수신 완료 후, 1스캔만 ON한다.	Y2B	데이터 송신이 이상 완료되면 ON한다.
M31	데이터 수신이 이상 완료된 경우 1스캔만 ON한다.	Y077 (Y(n+1)7)	COM. ERR LED 소등 요구
M48	커넥션 No.1이 오픈 상태일 때 ON한다.	D0~D9	OPEN명령의 컨트롤 데이터를 저장한다.
M49	커넥션 No.2가 오픈 상태일 때 ON한다.	D10~D11	CLOSE명령의 컨트롤 데이터를 저장한다.
M64	커넥션 No.1의 오픈 요구가 실행되거나 오픈 중일 때 ON한다.	D20~D21	BUFSND명령의 컨트롤 데이터를 저장한다.
M65	커넥션 No.2의 오픈 요구가 실행되거나 오픈 중일 때 ON한다.	D22	송신 데이터 길이를 저장한다.
M80	Ethernet 모듈의 커넥션 No.1이 데이터 수신 중일 때 ON한다.	D23	송신 데이터(X0~X7)를 저장한다.
X00~X07	PLC CPU B에 송신할 데이터	D24	송신 데이터(X10~X1F)를 저장한다.
X08	데이터 송신을 지시하는 스위치	D30~D31	BUFRCV명령의 컨트롤 데이터를 저장한다.
X09	표시 LED 에러 표시의 클리어를 지시하는 스위치	D32	수신 데이터 길이가 저장된다.
X0A	커넥션의 오픈을 지시하는 스위치	D33	수신 데이터(X0~X7)가 저장된다.
X0B	커넥션의 클로즈를 지시하는 스위치	D34	수신 데이터(X10~X2F)가 저장된다.

Ethernet 모듈의 설정(PLC A)

① 프로젝트 데이터 일람에서 「네트워크 파라미터」를 더블클릭한다.

② 네트워크 파라미터 선택 대화상자가 표시되면 MELSECNET/Ethernet 버튼을 클릭한다.

③ 네트워크 파라미터 MNET/10H Ethernet 설정화면이 표시된다.

④ 네트워크 파라미터 MNET/10H Ethernet 설정화면의 아래 내용을 설정한다.

　네트워크 종류 : Ethernet

　선두I/O번호 : 0060

국번 : 11

모드 : 온라인

⑤ 동작 설정 버튼을 클릭하여 Ethernet 동작 설정 대화상자를 표시한다.

⑥ 아래 내용을 설정하고, 종료 버튼을 클릭하여 Ethernet 동작 설정 대화상자를 닫는다.

교신 데이터 코드 설정 : 임의

이니셜 타이밍 설정 : 상시 OPEN 대기

IP 어드레스 : 211.173.66.111

송신 프레임 설정 : Ethernet(V2.0)

⑦ 오픈 설정 버튼을 클릭하여 네트워크 파라미터 Ethernet 오픈 설정 화면을 표시한다.

⑧ 아래 내용을 설정한다.

프로토콜 : TCP

오픈 방식 : Active

고정 버퍼 교신 순서 : 순서 없음(무수순)

페어링 오픈 : 페어로 한다.

생존 확인 : 확인 안함

자국 포트No. : 0401

교신 상대IP 어드레스 : 211.173.66.112

교신 상대 포트 No. : 0401

⑨ 종료 버튼을 클릭하여 네트워크 파라미터 Ethernet 오픈 설정 화면을 닫는다.

⑩ 종료 버튼을 클릭하여 네트워크 파라미터 MNET/10H Ethernet 장수 설정 화면을 닫는다.

⑪ 저장 버튼을 클릭하여 저장한다.

다음 그림을 확인해서 어드레스 설정과 커넥션 설정에 대한 이해를 돕도록 한다.

항목명	항목의 설정 내용	설정 범위 / 선택 항목
프로토콜	통신방식(프로토콜)을 설정	• TCP/IP • UDP/IP
오픈 방식	오픈 방식을 선택	• Active 오픈 • Unpassive 오픈 • Fullpassive 오픈
고정 버퍼	고정 버퍼의 사용 용도를 선택	• 송신 • 수신
고정 버퍼 교신 순서	고정 버퍼에 의한 교신에서 수순의 유무를 선택	• 수신 • 무수신
페어링 오픈	페어링 오픈의 유무를 선택	• 페어로 하지 않는다. • 페어로 한다.
생존 확인	교신 상대의 IP 어드레스를 설정	• 확인하지 않는다. • 확인한다.
자국 포트 번호	자국의 포트 번호를 설정	$401_H \sim 1388_H$ 또는 $138B_H \sim FFFE_H$
교신 상대 IP 어드레스	상대 기기의 IP 어드레스를 설정	$1_H \sim FFFFFFFF_H$ ($FFFFFFFF_H$: 일제 동보 통신)
교신 상대 포트 번호	상대 기기의 포트 번호를 설정	$401_H \sim FFFF_H$ ($FFFF_H$: 일제 동보 통신)

커넥션 설정시 참고용 표

[프로그램 PLC A]

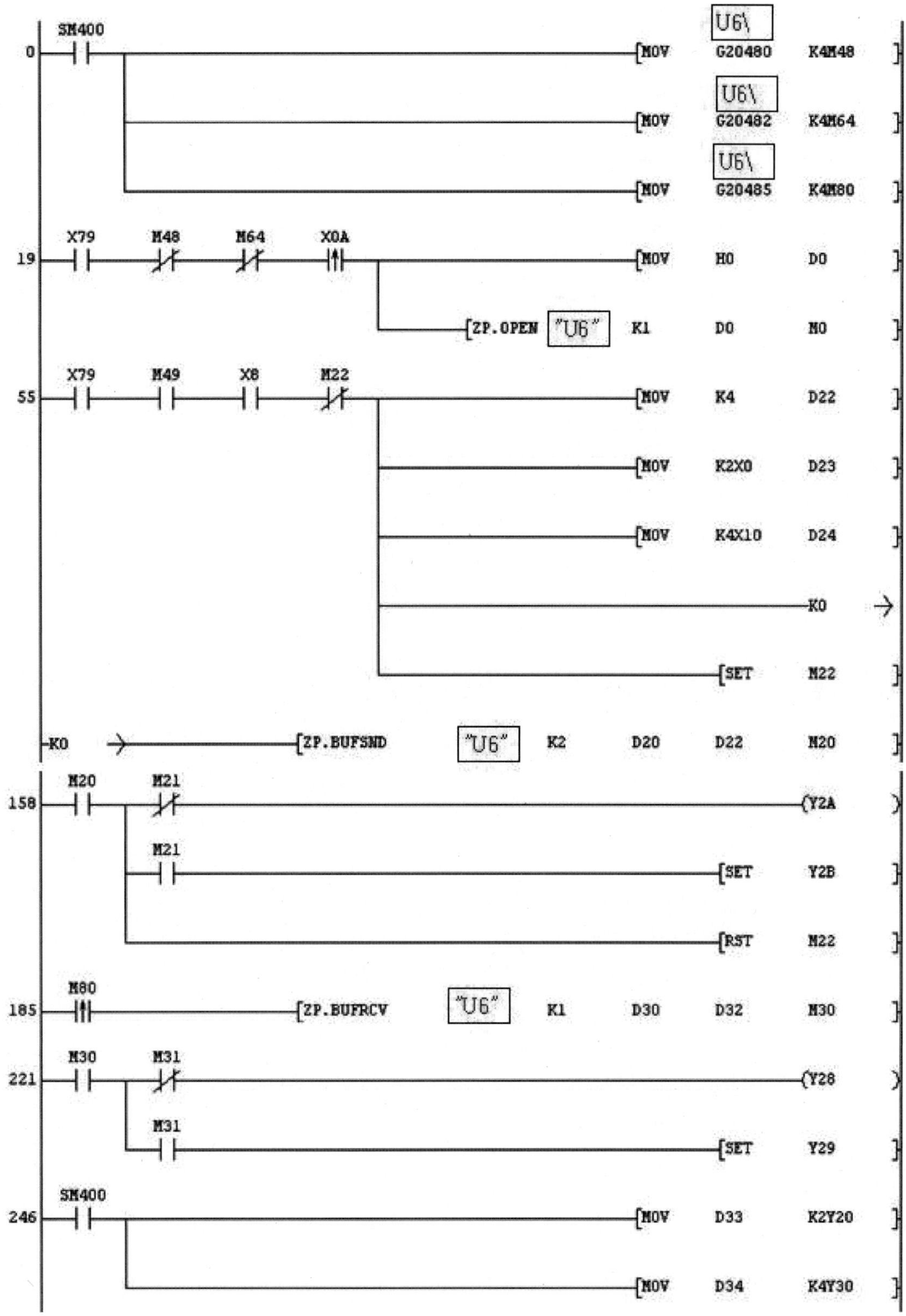
0
SM400
MOV U6\G20480 K4M48
MOV U6\G20482 K4M64
MOV U6\G20485 K4M80
19
X79 M48 M64 X0A
MOV H0 D0
ZP.OPEN "U6" K1 D0 M0
55
X79 M49 X8 M22
MOV K4 D22
MOV K2X0 D23
MOV K4X10 D24
K0
SET M22
K0
ZP.BUFSND "U6" K2 D20 D22 M20
158
M20 M21
Y2A
M21
SET Y2B
RST M22
185
M80
ZP.BUFRCV "U6" K1 D30 D32 M30
221
M30 M31
Y28
M31
SET Y29
246
SM400
MOV D33 K2Y20
MOV D34 K4Y30

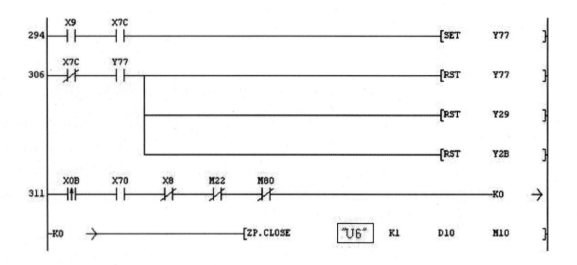

- 프로그램 중에 표시한 U6, U6는 버퍼 메모리 다음의 영역을 지정하고 있다.
  U6: 오픈 완료 신호 저장 영역(어드레스 : 5000H[20480])
  U6: 오픈 요구 신호 저장 영역(어드레스 : 5002H[20482])
- X79 : 이니셜 정상 완료 신호
- X70 - X77 : 사용할 커넥션의 오픈 완료 신호(버퍼 메모리 어드레스 : 5000H)
  이들 신호가 ON하고 있다면 시퀀스 프로그램의 유무에 관계없이 상대기기에서
  MC프로토콜에 의한 교신을 실행할 수 있다.

[PLC B 디바이스 일람]

디바이스명	설 명	디바이스명	설 명
SM400	항시 ON	Y30~Y3F	PLC CPU A에서 송신된 X10~X1F의 정보가 저장된다.
M20	데이터 송신 완료 후, 1스캔만 ON한다.	Y20~Y27	PLC CPU A에서 송신된 X0~X7의 정보가 저장된다.
M21	데이터 송신이 이상 완료된 경우 1스캔만 ON한다.	Y28	데이터 수신이 정상 완료되면 ON한다.
M22	데이터 송신 시에 ON한다. 또한 데이터 송신이 완료되면 OFF한다.	Y29	데이터 수신이 이상 완료되면 ON한다.
M30	데이터 수신 완료 후, 1스캔만 ON한다.	Y2A	데이터 송신이 정상 완료되면 ON한다.
M31	데이터 수신이 이상 완료된 경우 1스캔만 ON한다.	Y2B	데이터 송신이 이상 완료되면 ON한다.
M48	커넥션 No.1이 오픈 상태일 때 ON한다.	Y077 (Y(n+1)7)	COM. ERR LED 소등 요구
M80	Ethernet 모듈의 커넥션 No.1이 데이터 수신 중일 때 ON한다.	D20~D21	BUFSND명령의 컨트롤 데이터를 저장한다.
X0~X7	PLC CPU A로 송신할 데이터	D22	송신 데이터 길이를 저장한다.
X08	데이터 송신을 지시하는 스위치	D23	송신 데이터(X0~X7)를 저장한다.
X09	표시LED 에러 표시의 클리어를 지시하는 스위치	D24	송신 데이터(X10~X1F)를 저장한다.

(계속)

X10~X17	PLC CPU A에 송신할 데이터.	D30~D31	BUFRCV 명령의 컨트롤 데이터를 저장한다.
X070 (X(n+1)0)	커넥션 No.1이 오픈 완료되면 ON한다.	D32	수신 데이터 길이가 저장된다.
X079 (X(n+1)9)	Ethernet 모듈의 이니셜 처리가 정상 완료되면 ON한다.	D33	수신 데이터(X0~X7)가 저장된다.
X07C (X(n+1)C)	COM.ERR LED 점등 시에 ON한다.	D34	수신 데이터(X10~X2F)가 저장된다.

Ethernet 모듈의 설정(PLC B)

① 프로젝트 데이터 일람에서 「네트워크 파라미터」를 더블 클릭한다.

② 네트워크 파라미터 선택 대화상자가 표시되면 MELSECNET/Ethernet 버튼을 클릭한다.

③ 네트워크 파라미터 MNET/10H Ethernet 설정화면이 표시된다.

④ 네트워크 파라미터 MNET/10H Ethernet 설정화면의 아래 내용을 설정한다.

    네트워크 종류 : Ethernet

    선두I/O번호 : 0060

    네트워크No. : 1

    그룹No. : 0

    국번 : 21

    모드 : 온라인

⑤ 동작 설정 버튼을 클릭하여 Ethernet 동작 설정 대화상자를 표시한다.

⑥ 아래 내용을 설정하고, 종료 버튼을 클릭하여 Ethernet 동작 설정 대화상자를 닫는다.

    교신 데이터 코드 설정 : 임의

    이니셜 타이밍 설정 : 상시 OPEN 대기

    IP 어드레스 : 192.168.1.201

    송신 프레임 설정 : Ethernet(V2.0)

⑦ 오픈 설정 버튼을 클릭하여 네트워크 파라미터 Ethernet 오픈 설정 화면을 표시한다.

⑧ 아래 내용을 설정한다.

    프로토콜 : TCP

    오픈 방식 : Unpassive

    고정 버퍼 교신 순서 : 순서 없음(무수순)

    페어링 오픈 : 페어로 한다.

    생존 확인 : 확인 안함

    자국 포트No. : 0401

⑨ 종료 버튼을 클릭하여 네트워크 파라미터 Ethernet 오픈 설정 화면을 닫는다.

⑩ 종료 버튼을 클릭하여 네트워크 파라미터 MNET/10H Ethernet 장수 설정 화면을 닫는다.

⑪ 저장 버튼을 클릭하여 저장한다.

[프로그램 PLC B]

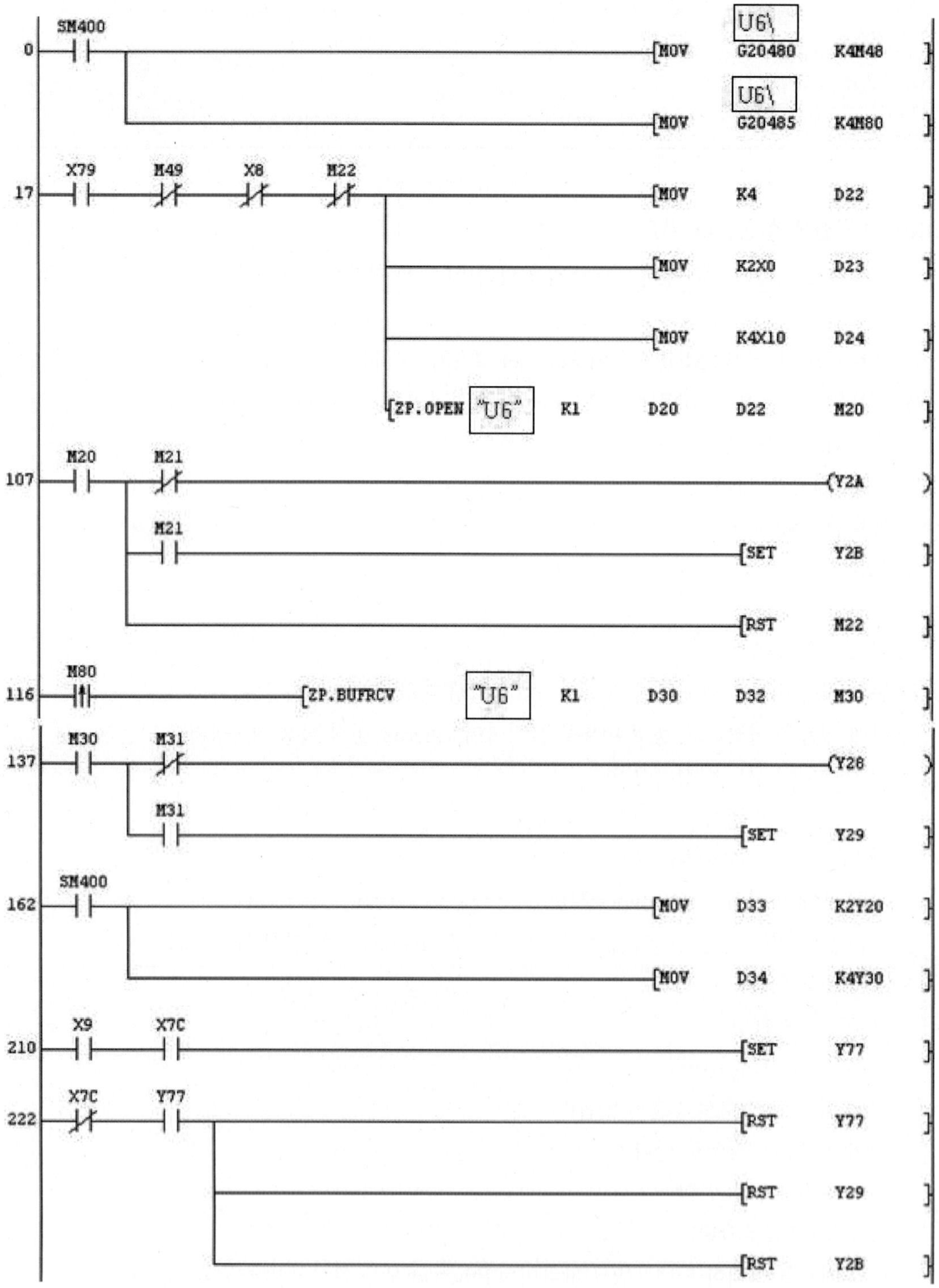
SM400
0
MOV U6\G20480 K4M48
MOV U6\G20485 K4M80
X79 M49 X8 M22
17
MOV K4 D22
MOV K2X0 D23
MOV K4X10 D24
ZP.OPEN "U6" K1 D20 D22 M20
M20 M21
107
Y2A
M21
SET Y2B
RST M22
M80
116
ZP.BUFRCV "U6" K1 D30 D32 M30
M30 M31
137
Y28
M31
SET Y29
SM400
162
MOV D33 K2Y20
MOV D34 K4Y30
X9 X7C
210
SET Y77
X7C Y77
222
RST Y77
RST Y29
RST Y2B

미니 MPS의 구성은 아래 그림과 같다. "공급부, 이송부, 판별부, 저장이송부, 저장부"로 구성되어
있다.

10.1. 메카트로닉스 미니 MPS 장치 Motor 제어용 릴레이 배선방법

메카트로닉스 미니 MPS 장치에서 사용되는 MOTOR는 2개이다. 하나는 컨베이어에 사용되는 MOTOR이고, 다른 하나는 적치대, 즉 저장창고의 위치를 잡기 위해 사용되는 MOTOR이다. 그러나 컨베이어 구동용 MOTOR는 방향 전환을 하지 않는다는 조건에서 적치대, 즉 저장 창고의 방향제어를 위해서 다음 회로도와 같이 8핀 릴레이를 연결하여 동작하도록 한다. 만약 컨베이어 모터의 경우도 회전 방향을 제어하고자 한다면 다음 회로를 참고해서 사용하면 된다. 아래 그림을 통해서 확인하기 바란다. 또한 모터 구동을 위해서는 PLC의 출력 COMMON을 (−)로 해야 함을 잊어서는 안 된다.

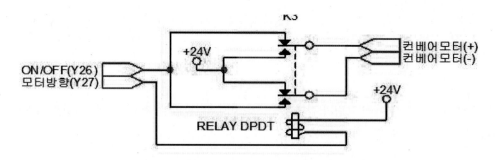

컨베이어 모터 제어를 위한 릴레이 배선도

※ Y26이 ON되면 컨베이어 모터회전(회전방향은 Y27에 따라 결정됨)
※ Y27의 ON/OFF에 따라 컨베이어 모터 방향 결정

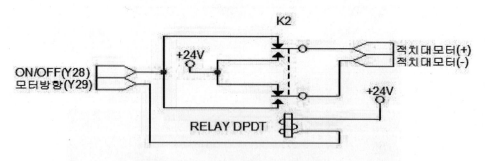

적치대 모터 제어를 위한 릴레이 배선도

※ Y28이 ON되면 적치대 모터회전(회전방향은 Y29에 따라 결정됨)
※ Y29의 ON/OFF에 따라 적치대 모터 방향 결정

10.2. 센서 사용방법

10.2.1. 광 화이버 센서

메카트로닉스 미니 MPS 장치의 센서에 대한 기본 개념은 NPN형으로 통일하는 것이다. 국내의 산업 현장은 거의 모든 분야에서 센서 사용을 NPN Type으로 사용하고 있기 때문에 여기에 맞추도록 한다. 특히 중력 매거진과 스토퍼에 장착된 광화이버 센서(BF3RX-FD-320-05)의 경우 컨트롤 선을 GND에 연결해서 NPN Type으로 사용할 수 있도록 구성하고, 광케이블과 앰프의 연결은 어댑터를 이용해서 해야 한다.

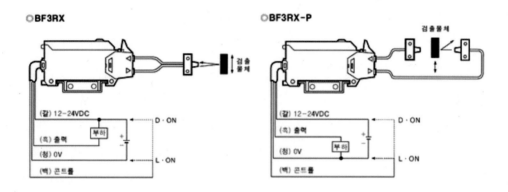

광화이버 센서의 감도 조정은 아래 표와 같은 방법으로 사용하면 된다. 본 메카트로닉스 미니 MPS 장치에서 사용되는 센서의 경우 가장 민감한 부분일 것 같아서 소개한다.

순서	검출방식 반사형	검출방식 투과형	조 정 방 법	VR COARSE	VR FINE
1	초기설정		강조정 VR (COARISE)은 최소 (MIN)에 미세조정(VR(FINE)은 중앙(▼)표시지점에 고정한다.	MIN	(−) (+)
2	입광	입광	검출상태를 입광상태로하여 강조정 VR(COARSE)을 천천히 우회전 하여 ON되는 위치에 고정한다.	ON MIN	(−) (+)
3	입광	입광	미세조정(FINE)을 (−) 측으로 회전하여 OFF되는 지점에서 다시 (+) 측으로 회전하여 ON되는 지점 A를 확인한다.	이후 강조정 VR은 조정 불필요	A ON OFF (−) (+)
4	차광	차광	이후 검출상태를 차광상태로 하여 미세조정 VR(FINE)을 (+) 측으로 회전하여 ON되는 지점에서 다시 (−)측으로 회전하여 OFF 되는 지점 B를 확인한다.		OFF B (−) (+) ON
5	−	−	A와 B의 중간 지점에 고정한다. 이 위치가 최상의 설정위치가 된다.		A B (−) (+)
6	입광	입광	위의 조정방법으로 조정이 불가능할 경우 미세조정VR(FINE) 을 (+) 측의 최대(MAX)지점에 놓고 위 순서 1번부터 재조정한다.	MIN	(−) (+) MAX

10.2.2. 근접스위치(Proximity Switch)

근접 스위치는 리미트 스위치와 같은 기계적인 접점에 의한 접촉식 스위치와는 달리 물체의 접촉없이 물체의 유무를 검출하는 검출기로서, 고주파 발진형, 자기형, 정전 용량형, 초음파형, 전파형, 공기압형 광전형 그리고 광섬유형 등이 있다. 메카트로닉스 미니 MPS에서 사용되는 센서는 고주파 발진형과 정전 용량형 근접 스위치를 사용한다. 이 두 가지를 소개하도록 하겠다.

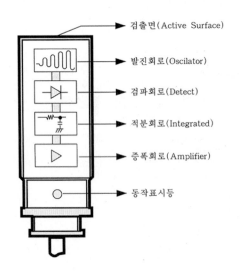

(1) 고주파 발진형 근접 스위치

고주파 발진형 근접 스위치는 금속의 경우 검출이 가능 한 타입인데, 검출 코일에서 고주파 자계가 발생하고 이 자계에 금속 검출체가 접근하면 전자 유도 현상에 의하여 검출체인 금속에 와전류가 흐르게 된다. 그런 데 이 와전류는 그림에서 확인할 수 있는 것과 같이 검 출코일에서 발생하는 자속의 변화를 방해하는 방향으로 발생함으로써 검출 코일에서 발진폭이 감소하거나 없어지게 된다. 따라서 이 상태를 이용하여 검출체의 유무를 감지할 수 있게 된다. 다음 그림은 검출과정의 발 진 파형을 나타낸 것이다.

근접 스위치의 내부구조

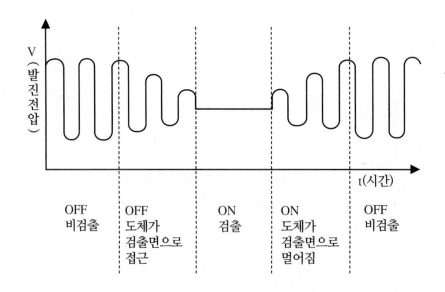

고주파 발진형 근접스위치의검출과정

(2) 정전 용량형 근접 스위치

정전 용량형(electrostatic capacity type)은 금속 비금속을 불문하고 검출할 수 있는 타입이다. 검출 전극에 검출체가 접근하면 검출 전극과 검출체 표면에 분극이 발생하여 대지간 정전용량이 변화하는 것을 이용하여 검출체를 검출하게 된다. 검출거리는 재질의 유전 계수에 따라 차이가 나며, 공기의 유전 계수는 1이고, 나무는 6~8, 스치로폴은 1.2, 유리는 5~10 그리고 물은 80 정도이다. 다음 그림은 물체 검출에 따른 발진 파형의 변화를 그려놓은 것이다.

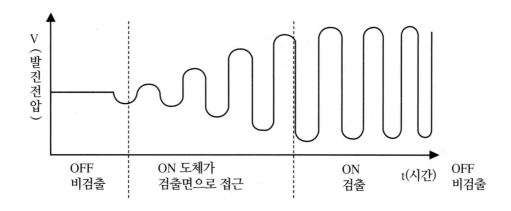

(3) 검출 거리 및 사용 방법

근접 스위치가 물체를 검출하기 위해서는 검출거리 안에 들어와야 한다. 검출체가 검출거리 안에 들어오면 근접 스위치는 신호를 보내게 된다. 그리고 출력 신호가 나오는 검출거리 안에 검출체가 들어오게 되면 출력 신호는 얻게 된다. 그러나 복귀거리와 검출거리가 차이가 나듯이 히스테리시스, 즉 강자성체의 히스테리시스 곡선과 같은데, 잠시만 살펴보면 자성체의 자장(자계)에 대한 응답을 자화라 한다. 자화는 자성재료를 특징하는 제일 기본적인 물리량이다. 자장에 대한 자화의 변화를 자화곡선이라 한다. 강자성체의 자화곡선은 일반적으로 이력(히스테리시스)을 나타낸다. 그 때문에 강자성체의 자화곡선을 히스테리시스 곡선이라 하는 경우가 있다. 이와 같이 히스테리시스, 즉 응차거리라는 것이 존재한다. 검출과 복귀의 거리가 다르게 나타남을 말한다.

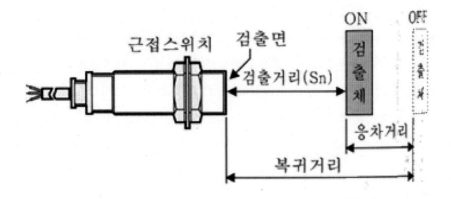

위 그림에서 보듯이 응차거리(히스테리시스)는 스위칭 ON되는 지점과 스위칭 OFF되는 지점의 차이를 나타내며, 보통 허용범위로는 2~10% 정도이다. 식으로 나타내면 다음과 같다

$$응차거리(히스테리시스) = \frac{스위칭\ ON - 스위칭\ OFF}{스위칭\ ON} \times 100$$

스위칭 히스테리시스는 일정 범위 내에 존재해야 하며 그 폭이 너무 적거나 커서는 안된다. 즉, 히스테리시스가 없으면 미세한 진동에도 ON 과 OFF를 반복하여 ON, OFF의 정확한 위치의 무분별 현상이 나타나며, 기계에 의한 치명적인 파손이 우려되기 때문이다. 또한 히스테리시스가 너무 크면 ON, OFF점을 찾기 위해서 임의적으로 거리를 많이 움직여야 함에 따라 위치제어에 상당한 문제점 발생하게 된다.

메카트로닉스 미니 MPS에서 사용되는 두 종류의 근접스위치는 "PRL18-8DN"과 "CR18-8DN" 이다. "PRL18-8DN"은 원주 일반형 근접센서로서 직류3선식 고주파 발진형이고, "CR18-8DN" 은 철, 금속, 플라스틱, 물, 돌, 분체 등 유전율을 갖고 있는 물체를 검출할 수 있는 직류3선식 정전 용량형 근접센서이다. 다음은 근접센서의 실물 사진과 NPN Type 센서의 연결도를 보여준다. PLC 와 연결되는 흑색선인 신호선을 바로 PLC 입력으로 연결하면 된다.

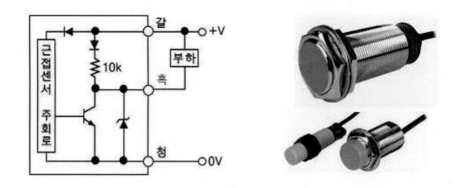

10.2.3. 포토 마이크로센서(BS5-T2M)

포토 마이크로센서 모형이나 연결 방법은 다음 그림과 같다. 메카트로닉스 미니 MPS 장치에서는 적치대, 즉 저장창고에서 위치를 알아내기 위한 센서로 끝단에 설치되어 있다. 물론 위치를 알기 위한 스위치는 리미트 스위치가 별도로 있으니 둘 중 어느 것이든 사용해서 확인할 수 있도록 했다. 그림을 사용해서 동작 프로그램을 구성하도록 하자. 여기서 사용한 센서는 "BS5-T2M"이다

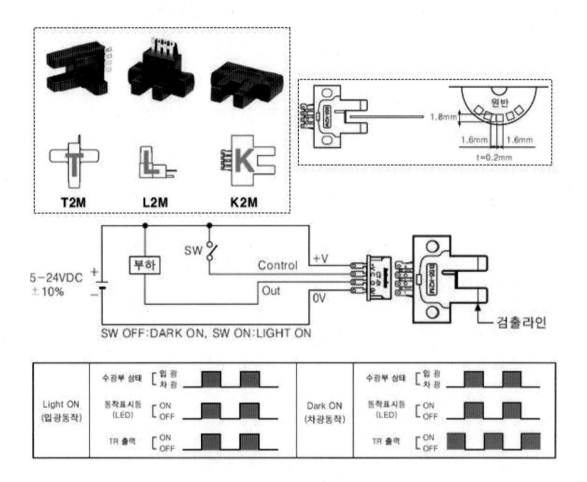

10.2.4. Reed 스위치

Reed 스위치는 2선식과 3선식 및 4선식 모두 사용되는데 주로 2선식이 많이 이용된다. 3선식의 경우 3선식 근접 스위치와 같은 방식으로 사용하면 되고, 2선식의 경우 2선식 근접 스위치와 같은 방식으로 사용하면 된다. 여기서는 2선식인 "D-C73K"와 "D-A73K"를 사용하였다. 그림의 제품 품번은 "D-C73K"라는 제품이다. 밴드 형태로서 공압 실린더의 몸체에 밴드를 이용해서 부착하면 사용이 가능하다.

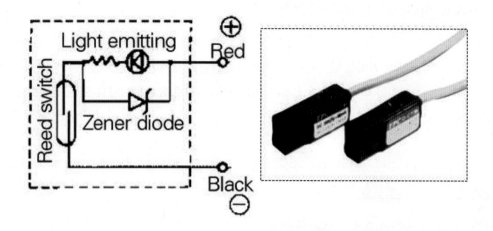

Reed 스위치는 일반 스위치와 같은 방법으로 사용하면 된다. 즉, 그림의 회로도에 "+"와 "−"가 표시되어 있지만, 전원의 "+"와 "−"를 연결하라는 말은 아니다. 단지 스위치와 같이 신호를 연결해주는 역할로 사용해야 함을 잊지 말아야 한다. 그림의 Black에 전원의 GND를 연결하고 RED(+)를 PLC 입력으로 연결하면 Reed 스위치는 단지 스위치 역할만해서 GND 신호를 PLC 입력으로 전달하는 역할만 한다.

10.3. 메카트로닉스 미니 MPS를 이용한 과제 풀이

과제 1. 공급실린더 제어를 통한 부품 공급

[동작설명]

"시작스위치 ON/OFF → 공급실린더 전진 → 공급실린더 후진 → 초기화" 과정을 수행한다.

실습 목적 : 스위치가 ON 되었을 때 실린더 전후진

[프로그램 1]

```
     X0       X3
0 ───┤├──────┤/├──────────────────────────────( Y20 )
     Y20
  ───┤├─
                                           ┌────────┐
4 ─────────────────────────────────────────┤        ├──[END]
                                           └────────┘
```

과제 2. 싱글스텝 신호에 의한 동작

[동작설명]

　"시작스위치 ON/OFF → 공급 실린더 전진 → 시작스위치 ON/OFF → 공급 실린더 후진 → 시작스위치 ON/OFF → 토퍼 실린더 전진 → 시작스위치 ON/OFF → 스토퍼 실린더 후진 → 시작스위치 ON/OFF → Y축 실린더 전진 → 시작스위치 ON/OFF → Y축 실린더 후진 → 시작스위치 ON/OFF → 흡착컵 동작 → 시작스위치 ON/OFF → 흡착컵 해제 → 시작스위치 ON/OFF → X축 실린더 전진 → 시작스위치 ON/OFF → X축 실린더 후진 → 초기화" 과정을 수행한다.

실습 목적 : 스위치가 ON될 때마다 각각의 동작 수동 실행

[프로그램 2]

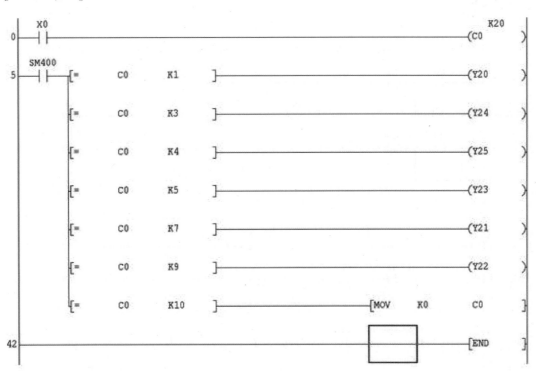

　※ 프로그램의 구성이 약간 문장과 조금 다르게 구성되어 있다. 여기서 제시한 작업의 프로그램은 약간은 다르더라도 기본적인 개념이 같은 경우 응용해서 추가적인 작업을 할 수 있도록 구성하는 데 목적이 있음을 알아주길 바란다.

과제 3. 스위치 동작에 의한 1Cycle 자동운전

[동작설명]

"시작스위치 ON/OFF → 공급 실린더 전진 → 공급 실린더 후진 → 스토퍼 실린더 전진 → Y축 실린더 전진 → 흡착컵 동작 → Y축 실린더 후진 → X축 실린더 전진 → Y축 실린더 전진 → 흡착컵 해제 → Y축 실린더 후진 → X축 실린더 후진 → 스토퍼 실린더 후진 → 초기화" 과정을 수행한다.

실습 목적 : 스위치가 동작에 의한 각 부분품 자동 실행

[프로그램 3]

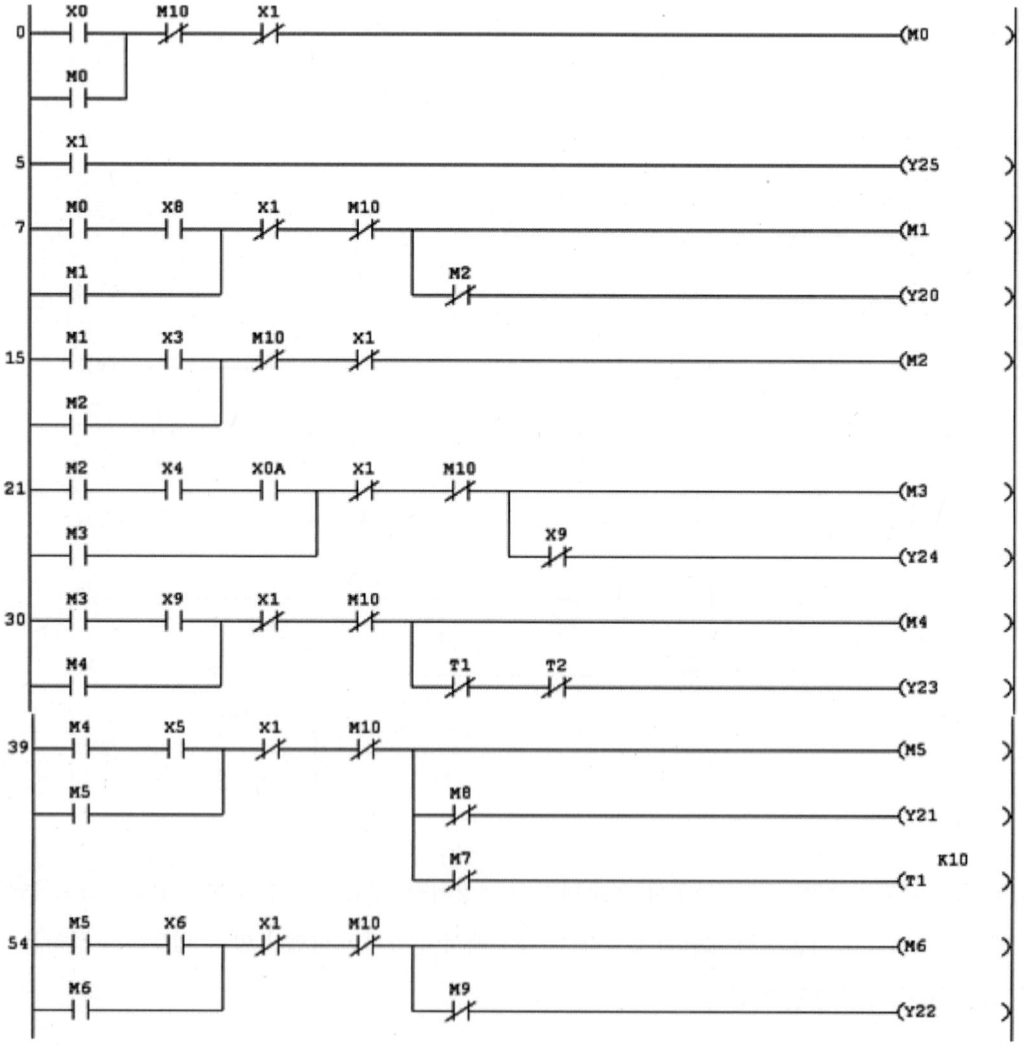

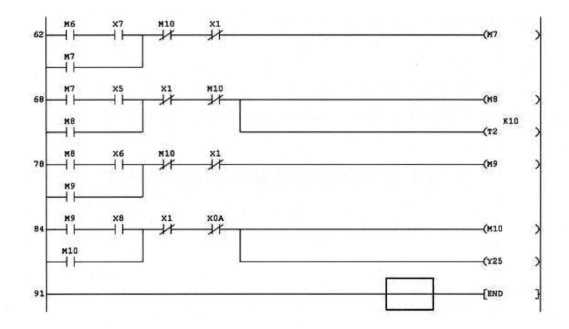

과제 4. 타이머 활용 메카트로닉스 미니 MPS 장치 제어

[동작설명]

"시작스위치 ON/OFF → 중력매거진 센서에 물건이 감지되었을 때 → 공급 실린더 전진 → 공급 실린더 후진 → 컨베이어 15초간 회전 → 컨베이어 정지 → 초기화"과정을 수행한다.

실습 목적 : 중력매거진의 물품 감지에 따른 시스템 구동

[프로그램 4]

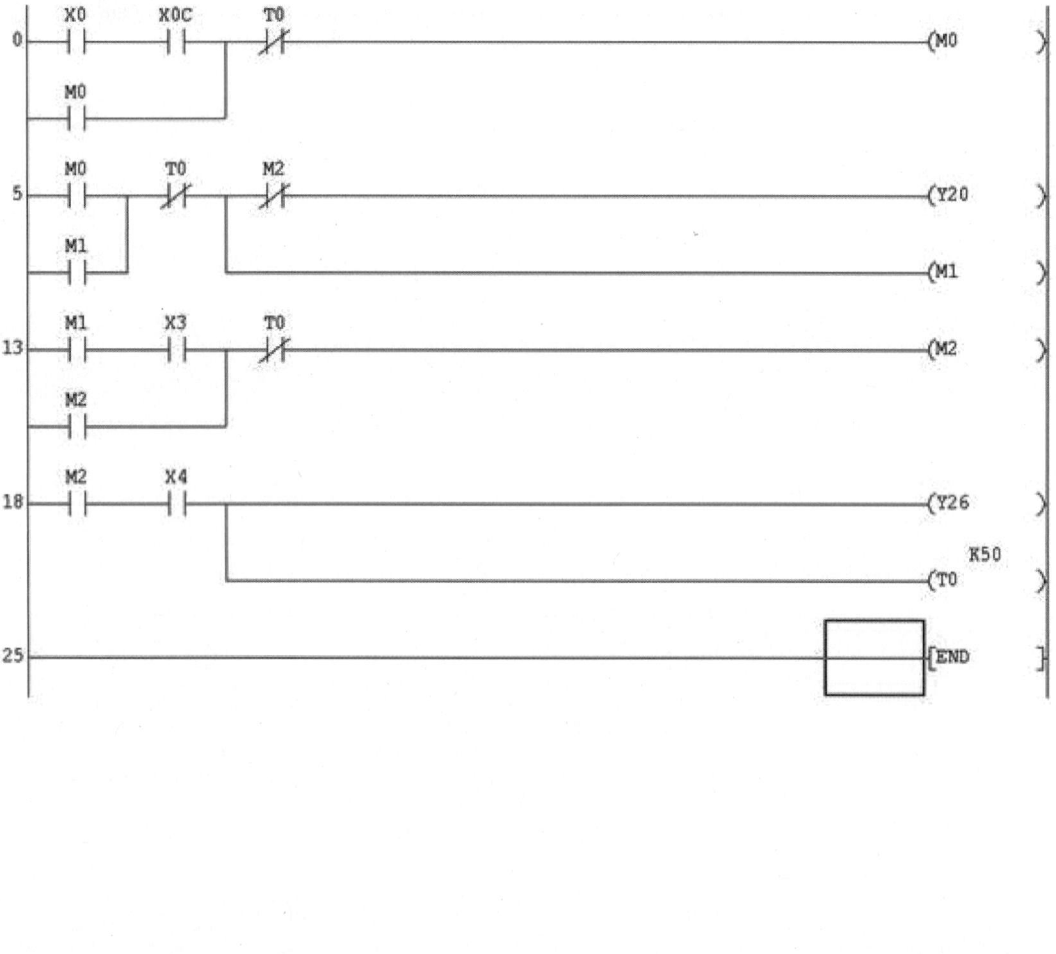

과제 5. 물품 공급 및 스토퍼 공정

[동작설명]

"시작스위치 ON/OFF → 중력매거진 센서에 물건이 감지되었을 때 → 공급 실린더 전진 → 공급 실린더 후진 → 컨베이어 동작 → 스토퍼 실린더 전진 → 스토퍼센서 감지 → 컨베이어 3초간 정지 → 스토퍼 실린더 후진 → 컨베이어 6초간 동작 → 컨베이어 정지 → 초기화" 과정을 수행한다.

실습 목적 : 중력매거진의 물품이 감지되면 무품 배출(스토퍼 사용)

[프로그램 5]

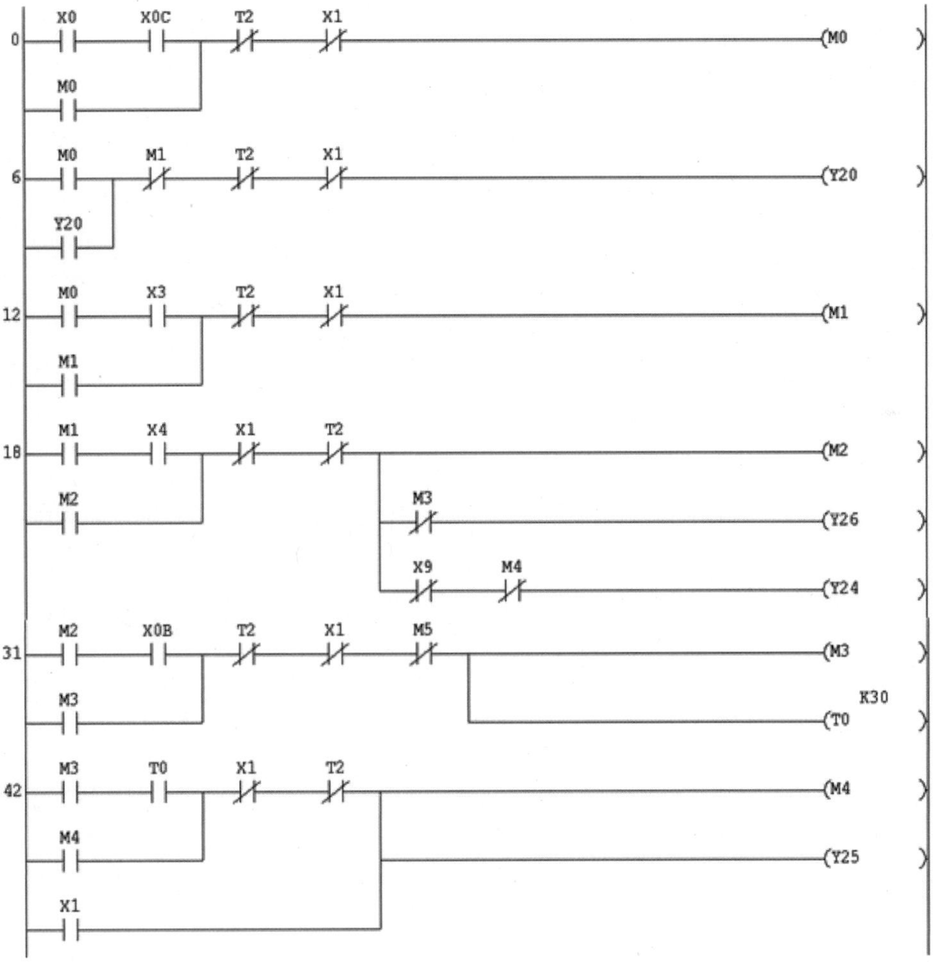

(계속)

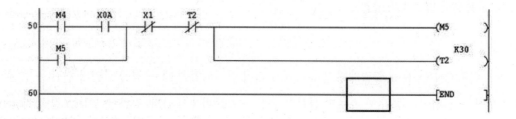

과제 6. 금속 비금속 분류 처리 기술

[동작설명]

"시작스위치 ON/OFF → 중력매거진 센서에 물건이 감지되었을 때 → 공급 실린더 전진 → 공급 실린더 후진 → 컨베이어 동작 → 물품 재질 감지 → 금속일 경우 (1)실행, 비금속일 경우 (2)실행 → (1) 스토퍼 실린더 전진 → 스토퍼센서 감지 → 컨베이어 3초간 정지 → 스토퍼 실린더 후진 → 컨베이어 6초간 동작 → 컨베이어 정지 → 초기화

(2) 컨베이어 10초간 동작 → 컨베이어 정지 → 초기화" 과정을 수행한다.

실습 목적 : 물품을 감지하여 금속일 경우 막았다가 배출하고 비금속일 경우 그냥 배출

[프로그램 6]

```
0    X0      X0C     T2      T1                                      (M0)
     ├─┤     ├─┤     ┤/├     ┤/├                                        
     M0                                                                 
     ├─┤                                                                

6    M0      T2      T1      M2                                      (Y20)
     ├─┤     ┤/├     ┤/├     ┤/├                                        
     M1                                                             (M1)
     ├─┤                                                                

15   M1      X3      T2      T1                                      (M2)
     ├─┤     ├─┤     ┤/├     ┤/├                                        
     M2                                                                 
     ├─┤                                                                

21   M2      X4      T2      T1      M7                              (Y26)
     ├─┤     ├─┤     ┤/├     ┤/├     ┤/├                                
     M3                                                             (M3)
     ├─┤                                                                

31   M3      X10     T2      T1                                      (M4)
     ├─┤     ├─┤     ┤/├     ┤/├                                        
     M4                                                                 
     ├─┤                                                                
```

(계속)

```
     M4    X11    T2     T1
37 ──┤├────┤├───┤/├────┤/├──────────────────────────(M5   )
     M5
   ──┤├──────────┘

     M5    X9     M8     T2
43 ──┤├────┤/├───┤/├────┤/├──────────────────────────(Y24  )
     Y24
   ──┤├──────┘

     X9    X0B    M8
49 ──┤├────┤├───┤/├──────────────────────────────────(M7   )
     M7                                          K30
   ──┤├──────┘    └───────────────────────────────(T0   )

     M7    T0     T2
58 ──┤├────┤├───┤/├──────────────────────────────────(Y25  )
     M8
   ──┤├──────┘    └───────────────────────────────(M8   )

     M8    X0A                                    K50
64 ──┤├────┤├───────────────────────────────────────(T2   )

     M3    X11    T1     M4
70 ──┤├────┤├───┤/├────┤/├──────────────────────────(M6   )
     M6
   ──┤├──────┘

     M6                                           K70
76 ──┤├───────────────────────────────────────────(T1   )

81 ────────────────────────────────────────────┌────┐[END  ]
                                                │    │
                                                └────┘
```

과제 7. 적재함 이동 및 적재공정

[동작설명]

"시작스위치 ON/OFF → 적재함 1번 위치로 이동 → 중력매거진 센서에 물건이 감지되었을 때 → 공급 실린더 전진 → 공급 실린더 후진 → 컨베이어 동작 → 물품 재질 감지 → 스토퍼 실린더 전진 → 스토퍼센서 감지 → 컨베이어 정지 → Y축 실린더 전진 → 흡착컵 동작 → Y축 실린더 후진 → X축 실린더 전진 → Y축 실린더 전진 → 흡착컵 해제 → Y축 실린더 후진 → X축 실린더 후진 → 스토퍼 실린더 후진 → 초기화" 과정을 수행한다.

실습 목적 : 적재함 이동 및 공정 작업을 통한 부품 적재공정

[프로그램 7]

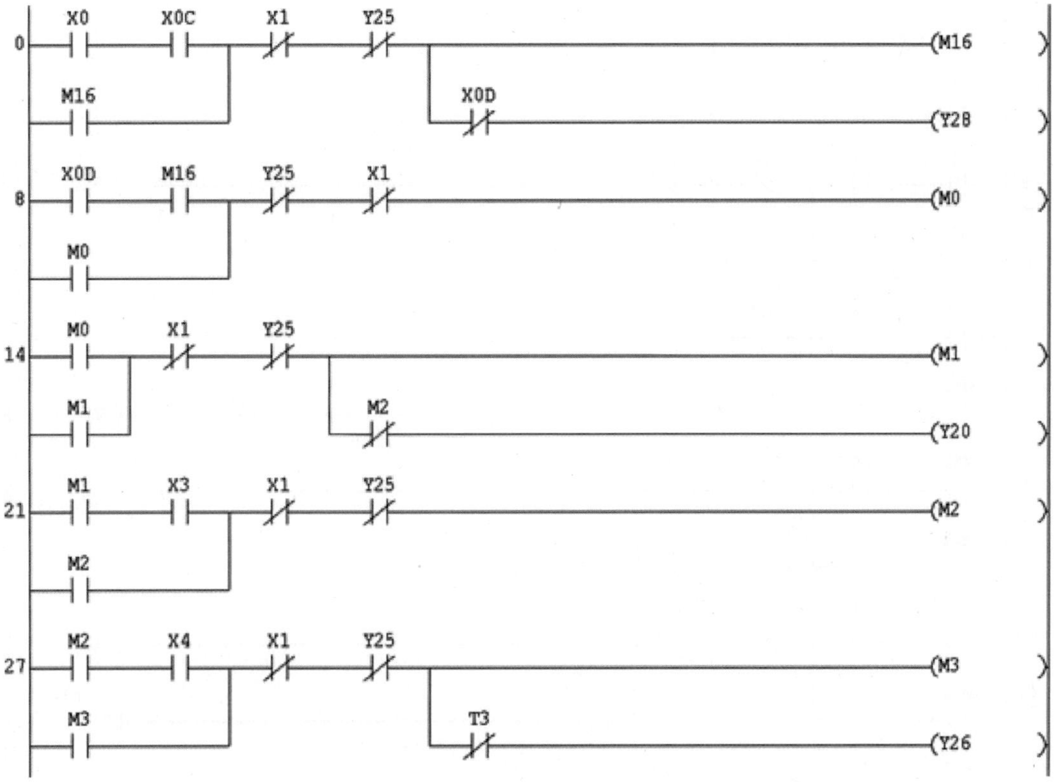

(계속)

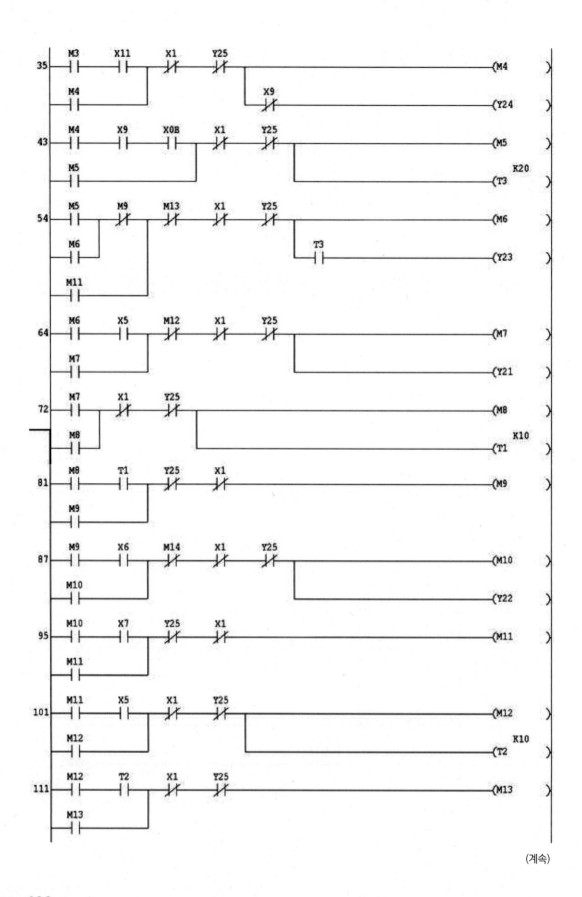

(계속)

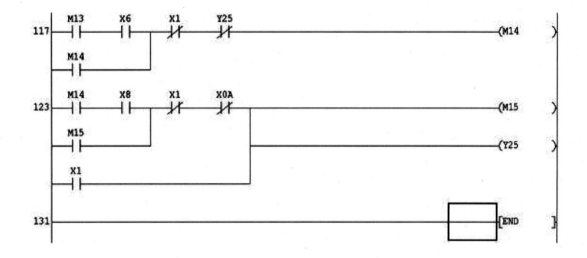

[동작설명]

"시작스위치 ON/OFF → 적재함 1번 위치로 이동 → 중력매거진 센서에 물건이 감지되었을 때
→ 공급 실린더 전진 → 공급 실린더 후진 → 컨베이어 동작 → 물품 재질 감지 → 컨베이어 정지 →
시작스위치 ON/OFF → 컨베이어 동작 → 금속일 경우 (1)실행, 비금속일 경우 (2)실행 →

(1) 스토퍼 실린더 전진 → 스토퍼센서 감지 → 컨베이어 정지 → 시작스위치 ON/OFF → Y
축 실린더 전진 → 흡착컵 동작 → Y축 실린더 후진 → 시작스위치 ON/OFF → X축 실린더
전진 → 시작스위치 ON/OFF → Y축 실린더 전진 → 흡착컵 해제 → Y축 실린더 후진 →
시작스위치 ON/OFF → X축 실린더 후진 → 시작스위치 ON/OFF → 스토퍼 실린더 후진 →
초기화

(2) 컨베이어 10초간 동작 → 컨베이어 정지 → 초기화" 과정을 수행한다.

> **실습 목적 : 스위치를 ON/OFF 할 때마다 물품을 감지하여**
> **(1)금속일 경우 적재하고, (2)비금속일 경우 그냥 배출**

[프로그램 8]

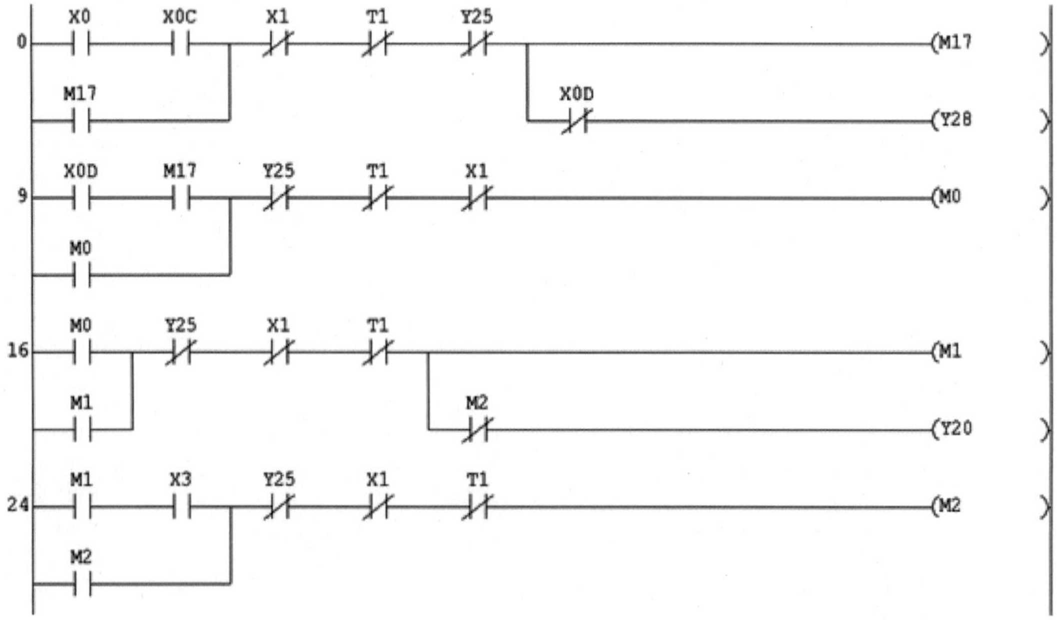

(계속)

(계속)

```
         M13     T4      X6      X0      X1      Y25                                  (M14   )
119     ─┤├─────┤├─────┤├─────┤├───┬──┤/├─────┤/├──────────────────────────────────
         M14                        │
        ─┤├─────────────────────────┘

         M14     X8      X0      X1      T5      X1                              K10
127     ─┤├─────┤├─────┤├──┬──┤/├─────┤/├──┬──┤/├──────────────────────────────(T5    )
         Y25               │               │
        ─┤├────────────────┘               │                                      (Y25   )
         X1                                 │
        ─┤├────────────────────────────────┘

         M3      X11     X0      M5      X1      T1                                  (M7    )
142     ─┤├─────┤├─────┤├───┬──┤/├─────┤/├──┬──┤/├──────────────────────────────
         M7                  │               │                                  K50
        ─┤├──────────────────┘               └──────────────────────────────────(T1    )

         M3      X11     X0                                                         (M20   )
154     ─┤├───┬─┤↑├────┤/├──────────────────────────────────────────────────────
         M5    │
        ─┤├────┤
         M20   │
        ─┤├────┘

160     ─────────────────────────────────────────────────────────────────[END ]
```

과제 9. 동작 시퀀스는 다음과 같다.

1. 매거진에 자재가 공급되고 2초 뒤에 공급 실린더가 전/후진하여 자재를 컨베이어에 공급한다.

2. 컨베이어에 자재가 공급되면 컨베이어 모터를 구동하여 자재를 이송한다.

3. 자재의 금속 여부를 확인한다.

4. 흡착 위치에 자재가 도착하면 창고로 적재시킨다.

5. 터치 스크린에서 금속/비금속 배출을 선택하면 현재 창고 위치에서 제일 가까운 금속/비금속을 배출한다.

※ 공급

창고에 빈 자리가 없을 경우 자재를 공급하지 않는다.

※ 디스플레이

터치 스크린을 통해 적재된 자재의 금속/비금속 여부를 표시한다.

※ 창고

배출 혹은 공급이 완료되면 다음 배출, 공급 신호가 입력되었을 때 가장 효율적으로 동작하도록 한다.

EX(M) = 금속, N = 비금속, 0 = 비어있음, 1 = 흡착컵 위치

M | 0 | N

배출 이후에 1과 같은 상황인 경우 자재가 공급되면 현재 위치에 자재를 공급하고, 배출 신호가 입력 되어도 좌, 우로 한칸만 움직일 수 있는 상황이므로 현재 상태가 효율적인 상황이라고 할 수 있다.

0 | M | N

반면에 배출 이후에 1과 같은 상황이라면 자재 공급 시 현재 위치, 금속 배출 시 한칸, 비금속 배출시 두 칸을 이동해야 하므로 배출 완료 이후에 POS2로 이동하는 것이 가장 효율적이다.

※컨베이어

컨베이어 구동 중에 4초 동안 어떠한 센서도 작동하지 않으면 자재가 배출된 것으로 판단하여 컨베이어 구동을 정지시킨다.

[프로그램]

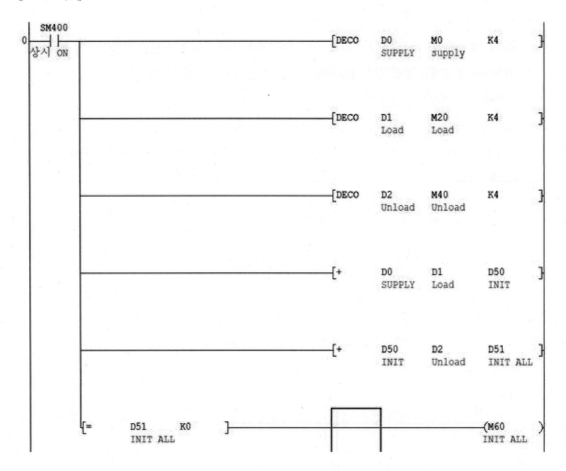

PLC에 전원이 인가되어 RUN 상태가 되면 실행되는 부분이다.

DECO 명령으로 각 데이터 레지스터값에 따라 내부 릴레이를 여자시킨다.

해당 레지스터와 내부 릴레이는 D0 → M0~M15, D1 → M20 ~ M35, D2 → M40 ~ M55이며 (각각 D0은 공급, D1은 적재, D2는 배출)

D0, D1, D2 을 모두 더해서 0 이면 M60을 ON시킨다(한 동작을 시작하기 전에 간섭을 피하기 위해 다른 동작들이 모두 종료되어 있는 상태에서 시작하기 위함).

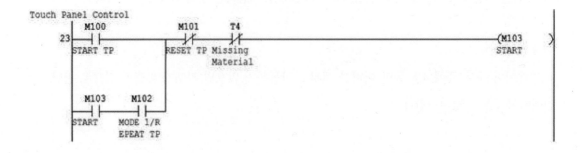

PLC 내부 릴레이와 터치 스크린의 스위치 간의 오작동을 피하기 위해 터치 스크린 스위치는 M100 부터 사용

M100(시작) 스위치를 ON 하면 M103이 ON 된다.

M102(연속/단속 선택) 스위치는 터치 스크린 프로그램 상에서 비트 전환(Bit Invert)으로 설정하여 ON되어 있을 때 연속, OFF되어 있을 때 단속 운전을 하기 위해서 M102가 ON 되어 있을 때만 M103이 자기유지된다.

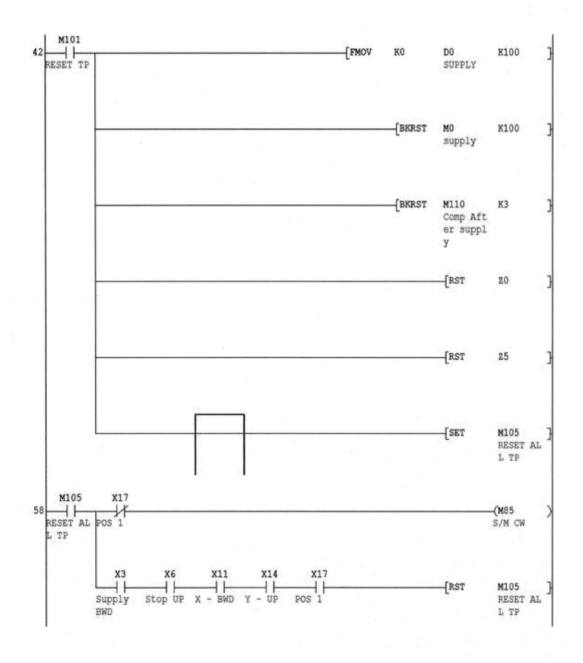

터치 스크린을 통한 전체 리셋 부분이다.

M101 (리셋) 버튼이 ON 되면 FMOV 명령어를 통해 K0 값을 D0 ~ D99에 입력하고 BKRST (블록 리셋) 명령어를 통해 M0 ~ M99, M110 ~ m112를 리셋시키며 RST (리셋) 명령어를 통해 Z0, Z5(인덱스)를 리셋시키고 SET (셋) 명령어를 통해 M105를 셋시킨다.

M105가 ON 되면 창고가 POS1에 도달하여 X17이 ON 될 때까지 모터를 ON 시키며 모든 실린더가 후진 상태가 되고 X17이 ON 되면 M105를 리셋시켜 리셋이 완료된다(X축 실린더를 제외한 다른 실린더는 편측 솔레노이드 밸브를 사용하고 있기 때문에 D0, D1, D2가 리셋되면 전진 신호가 끊겨 후진하게 되지만, X축 실린더는 양측 솔레노이드 밸브를 사용하고 있기 때문에 전진 신호가 끊기더라도 후진하지 않으므로 후진 신호를 입력하도록 한다).

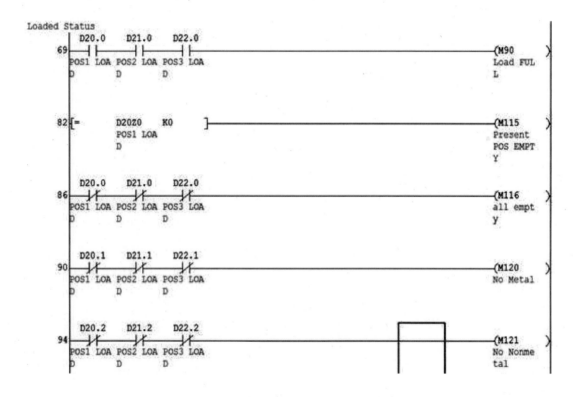

현재 적재된 자재들의 상태를 표시하기 위한 부분이다.(현재 프로그램에서는 POS1 → D20, POS2 → D21, POS3 → D22 로 설정되어 있고, 해당 위치에 자재가 없는 경우 0, 금속인 경우 3, 비금속인 경우 5를 각 레지스터에 입력한다.)

D20.0, D21.0 D22.0이 모두 ON되어 있으면 M90(창고 FULL)을 ON한다(금속, 비금속일 경우 모두 홀수를 입력하여 0번 비트는 1이 되기 때문에 자재의 존재 여부를 0번 비트로 확인할 수 있게

하였다) 비슷한 원리로 인덱스를 활용하여 현재 위치 레지스터가 K0이면 M115(현재 위치 비어있음) 을 ON시킨다(Z0에는 각 위치에 따라서 POS1 → 0, POS2 → 1, POS3 → 2의 값을 입력하여 D20Z0 가 현재 위치를 확인할 수 있도록 한다).

위와 같은 원리로 각각 D20.0, D21.0, D22.0이 모두 OFF 되어 있다면 M116(모두 비어있음), D20.1, D21.1, D22.1 이 모두 OFF 되어 있다면 M120(금속 자재 없음), D20.2, D21.2, D22.2이 모두 OFF 되어 있다면 M121(비금속 자재 없음)을 ON시킨다.

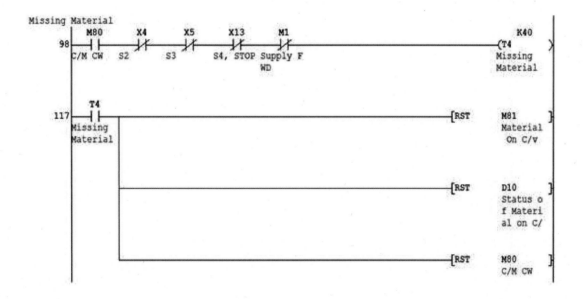

컨베이어 모터 구동을 정지시키기 위한 부분이다.

컨베이어 모터가 구동되고 있고, X4(용량형 센서), X5 (유도형 센서), X13(광화이버 센서), M1 (공급실린더 전진) 이 모두 OFF된지 4초가 경과하면 자재가 배출된 것으로 판단한다.

T4가 ON 되면 M81(컨베이어 위에 자재 있음), D10(자재의 금속/비금속 여부), M80(컨베이어 모터 구동)을 리셋시킨다.

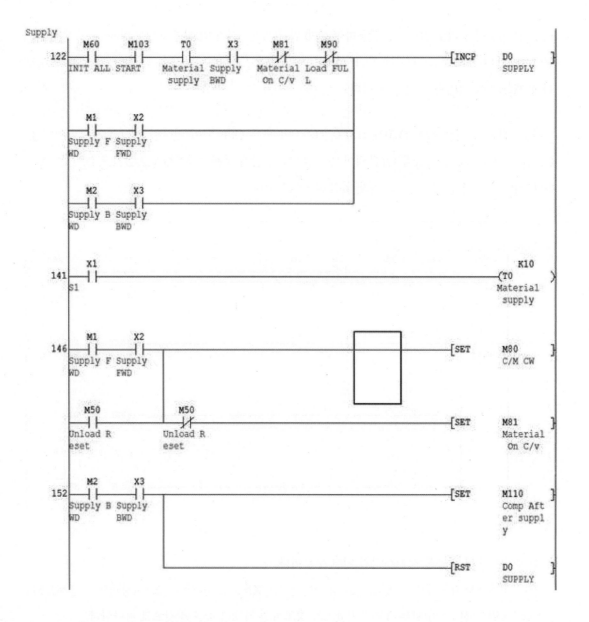

Supply

122	M60	M103	T0	X3	M81	M90		[INCP	D0
	INIT ALL	START	Material	Supply	Material	Load FUL			SUPPLY
			supply	BWD	On C/v	L			

M1 X2
Supply F Supply
WD FWD

M2 X3
Supply B Supply
WD BWD

141 X1 K10
S1 (T0
Material
supply

146 M1 X2 [SET M80
Supply F Supply C/M CW
WD FWD

M50 M50 [SET M81
Unload R Unload R Material
eset eset On C/v

152 M2 X3 [SET M110
Supply B Supply Comp Aft
WD BWD er suppl
y

[RST D0
SUPPLY

자재를 공급하는 부분이다.

모든 동작이 완료(M60)되어 있고, 시작 신호(M103)가 들어오고 자재가 공급된지 1초(T0)가 경과하고, 컨베이어에 이미 공급된 자재(M81)가 없으며, 창고가 가득 차지 않았을 때(M90) 공급이 시작된다(Sup+Sup-).

공급 실린더가 전진(M1, X2)하면 컨베이어 모터를 구동(M80)하고 컨베이어에 자재가 공급(M81)되어 있음을 표시하는 내부 릴레이를 셋시킨다.

공급 실린더가 공급을 완료(M2,X3)하고 후진하면 창고의 위치를 확인(M110)하고 D0를 리셋하여 공급을 완료한다.

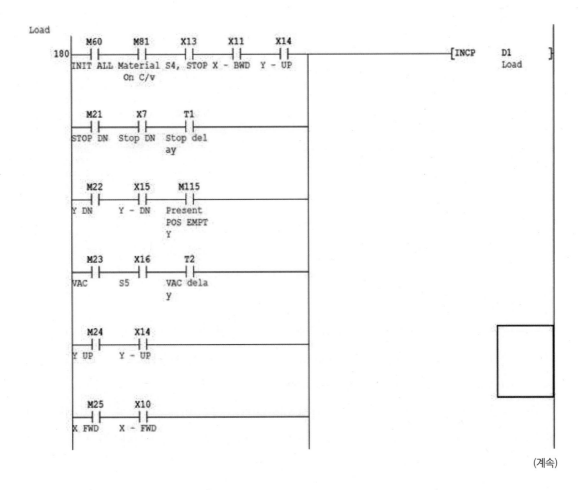

Metal/Nonmetal inspect

```
        M80        X4                                    ┌MOV    K3      D10    ┐
157 ────┤├─────────┤├───────────────────────────────────┤              Status o│
        C/M CW     S2                                    └              f Materi │
                                                                        al on C/ ┘

                   X5        D10.1                        ┌MOV    K5      D10    ┐
                ────┤├───────┤/├──────────────────────────┤              Status o│
                   S3        Status o                      └             f Materi │
                             f Materi                                    al on C/ ┘
                             al on C/
```

금속과 비금속을 분류하는 과정이다.

컨베이어 모터가 구동(M80)되고 있을 때 유도형 센서(X4)가 ON되면 현재 자재를 금속(K3)으로 판단(D10)하고, 용량형 센서(X5)가 ON 되었을 때 현재 자재가 금속이 아니라면(D10.1) 비금속(K5)으로 판단한다.

Load

```
        M60       M81        X13      X11       X14                      ┌INCP   D1      ┐
180 ────┤├────────┤├─────────┤├───────┤├────────┤├───────────────────────┤       Load    │
        INIT ALL  Material   S4, STOP X - BWD   Y - UP                   └               ┘
                  On C/v

        M21       X7         T1
     ───┤├────────┤├─────────┤├──
        STOP DN   Stop DN    Stop del
                             ay

        M22       X15        M115
     ───┤├────────┤├─────────┤├──
        Y DN      Y - DN     Present
                             POS EMPT
                             Y

        M23       X16        T2
     ───┤├────────┤├─────────┤├──
        VAC       S5         VAC dela
                             Y

        M24       X14
     ───┤├────────┤├──
        Y UP      Y - UP

        M25       X10
     ───┤├────────┤├──
        X FWD     X - FWD
```

(계속)

```
            M21                                              K10
 224  ──┤ ├─────────────────────────────────────────────────(T1      )
         STOP DN                                             Stop del
                                                             ay

            M23                                              K10
 229  ──┤ ├─────────────────────────────────────────────────(T2      )
         VAC                                                 VAC dela
                                                             y

            M26                                              K10
 234  ──┤ ├─────────────────────────────────────────────────(T3      )
         Y DN                                                Y DN dea
                                                             ly

            M30                                      ┌MOV  D10      D20Z0  ┐
 239  ──┤ ├──────┬───────────────────────────────────      Status o POS1 LOA
         Load RES │                                         f Materi D
         ET       │                                         al on C/
                  │
                  ├───────────────────────────────────┌SET  M111   ┐
                  │                                          Comp Aft
                  │                                          er Load
                  │
                  ├───────────────────────────────────┌RST  M81    ┐
                  │                                          Material
                  │                                          On C/v
                  │
                  ├───────────────────────────────────┌RST  D10    ┐
                  │                                          Status o
                  │                                          f Materi
                  │                                          al on C/
                  │
                  └───────────────────────────────────┌RST  D1     ┐
                                                             Load
```

자재를 적재하기 위한 부분

모든 동작이 완료(M60)되어 있고, 컨베이어에 자재가 있으며, 광화이버 센서(X13), X축 실린더 후진(X11), Y축 실린더 상승(X14) 신호가 ON되어 있을 때 적재가 시작된다.

(STP+ Y+ VAC+ Y- X+ Y+ VAC- Y- X- STP-)

위의 동작이 완료되면 M30이 ON되어 자재 데이터(D10:금속/비금속)를 공급 위치(D20Z0: 현재위치)에 입력하고 창고를 이동(M111)시키고 M81, D10, D1을 차례로 리셋시킨다.

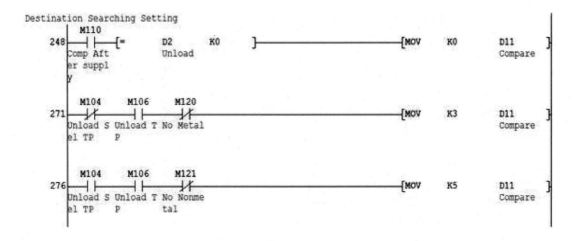

Destination Searching Setting

248 M110 ─┤ ├─ [= D2 K0] ─────────────[MOV K0 D11]
        Comp Aft   Unload   Compare
        er suppl
        y

271 M104 ─┤/├─ M106 ─┤ ├─ M120 ─┤/├─ ────────[MOV K3 D11]
        Unload S   Unload T   No Metal   Compare
        el TP   P

276 M104 ─┤ ├─ M106 ─┤ ├─ M121 ─┤/├─ ────────[MOV K5 D11]
        Unload S   Unload T   No Nonme   Compare
        el TP   P   tal

창고에서 원하는 데이터값을 찾기 위한 부분이다.

공급 완료 이후 M110이 ON 되고 배출 진행 중이 아닐 때(D2) 빈 자리를(K0) 찾고, 창고에 금속이 있을 때(M120) 금속배출(M104)을 선택하고 배출 스위치(M106)를 누르면 금속을(K3) 찾고, 창고에 비금속이 있을 때(M121) 비금속 배출(M104)을 선택하고 배출 스위치(M106)를 누르면 비금속(K5)을 찾는다.

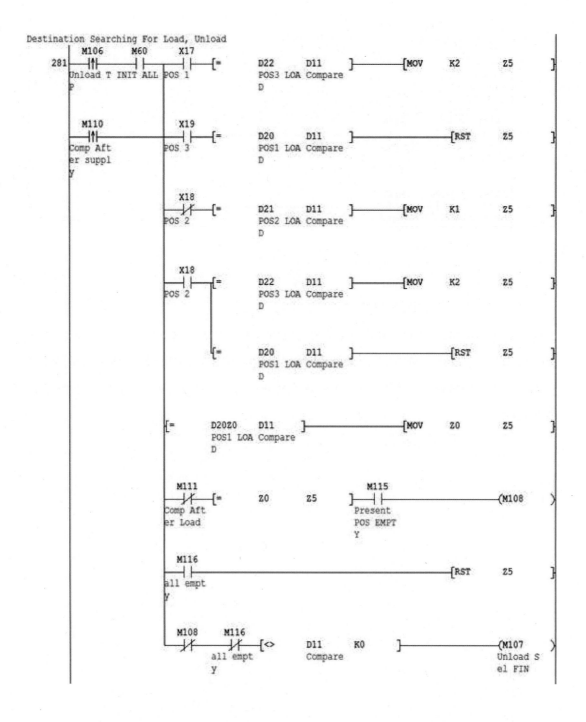

배출 신호(M106)나 공급 신호(M110)가 입력되면 D20~D22(POS1~POS3)에 저장된 데이터 값과 D11(빈자리 혹은 금속/비금속)을 비교하여 찾아낸 값 중에 현재 위치에 가장 가까운 위치를 찾는다. 프로그램은 위에서 아래로 읽는 점을 이용하여 한 인덱스(Z5)에 가장 멀리 있는 데이터부터 덮어씌우고 마지막에는 가장 가까운 데이터 값만 남게 된다.

비교 순서	첫 번째 비교	두 번째 비교	세 번째 비교
POS1(X17)	D22(POS 3)	D21(POS 2)	
POS2(X18)	D20(POS 1)	D21(POS 2)	D20Z0(현재 위치)
POS3(X19)	D22(POS 3)	D20(POS 1)	

　단, 목표 위치(Z5)와 현재 위치(Z0)가 같을 때 현재 위치에 자재가 없는 경우(M115, 공급 위치를 찾는 경우는 제외(M111))와 창고가 모두 비어있을 때(M116)는 창고 위치를 변경(M107)하지 않으며 창고가 모두 비어 있으면 목표 위치(Z5)를 리셋한다.

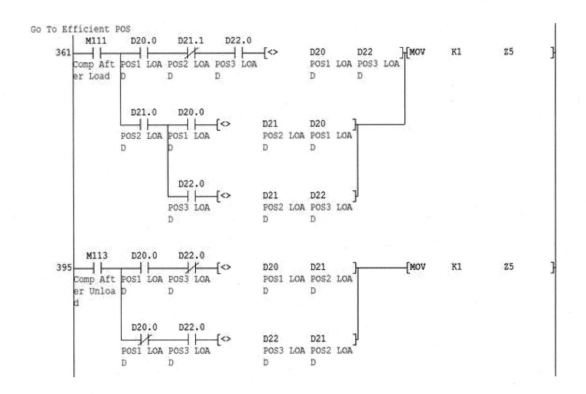

　다음 동작을 위한 위치를 찾는 부분이다.

　적재 이후(M111) POS 2(D22)는 비어있지만 POS 1,3(D20,D22)의 재질이 다르거나 근접한 POS (POS 1과 POS 2, POS 2와 POS 3)의 재질이 다른 경우 목표 위치(Z5)를 POS 2(K1)으로 설정한다.

　배출 이후(M113) POS 1(D20)과 POS 3(D22) 중 한 곳에만 자재가 있고, 자재가 있는 위치와 POS2(D20)의 데이터값이 다르면 목표 위치(Z5)를 POS 2(K1)으로 설정한다.

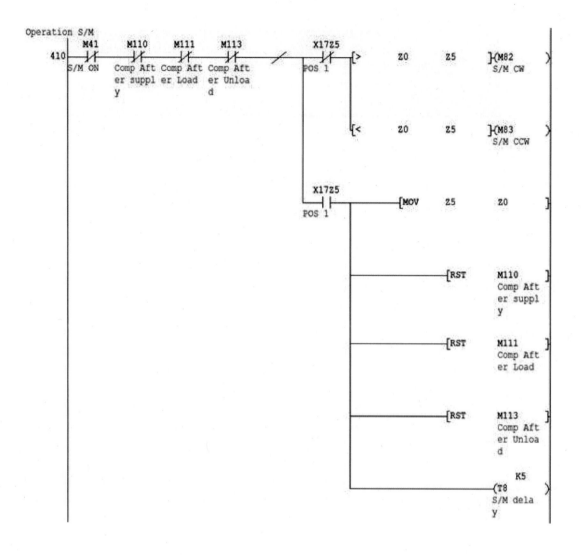

창고를 구동하기 위한 부분이다.

M41(S/M ON), M110(공급 후 비교), M111(적재 후 비교), M113(배출 후 비교) 중 하나라도 ON 되어 있고 창고가 목표 위치(X17Z5)에 도달하지 않았다면 창고를 구동시킨다.

단 현재 위치가 목표 위치보다 크면 CW 방향으로, 목표 위치가 현재 위치보다 크다면 CCW 방향으로 회전한다.

모터가 구동하여 목표 위치(X17Z5)에 도달했다면 목표 위치의 데이터값을 현재 위치에 덮어씌우고, 창고를 구동시킨 릴레이(M110, M111, M113)를 모두 리셋시키고 0.5초 뒤에 T8을 ON 시킨다.

```
            M60      M81      M106     M107
442 ┤├───────┤├───────┤/├──────┤├──────┤/├────────────────────────────────[INCP    D2      ]
            INIT ALL Material Unload T Unload S                                     Unload
                     On C/v   P        el FIN

            M41      X17Z5    T8
          ──┤├───────┤├───────┤├──
            S/M ON   POS 1    S/M dela
                              y

            M42      X10
          ──┤├───────┤├──
            X FWD    X - FWD

            M43      X15      Y29      Y2A
          ──┤├───────┤├───────┤/├──────┤/├──
            Y DN     Y - DN   S/M CW   S/M CCW

            M44      X16
          ──┤├───────┤├──
            VAC ON   S5

            M45      X14
          ──┤├───────┤├──
            Y UP     Y - UP

            M46      X11
          ──┤├───────┤├──
            X BWD    X - BWD

            M47      X15
          ──┤├───────┤├──
            Y DN     Y - DN

            M48      X16
          ──┤├───────┤/├──
            VAC OFF  S5

            M49      X14
          ──┤├───────┤├──
            Y UP     Y - UP
```

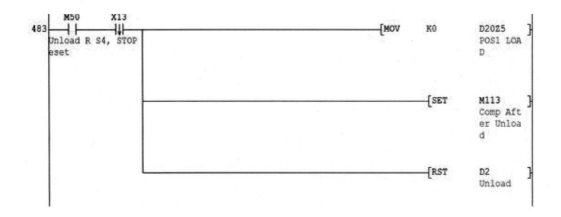

선택된 재질의 자재를 배출하기 위한 부분이다.

모든 동작이 완료(M60) 되어 있고, 컨베이어 위에 자재(M81)가 없으며 배출 위치 선택이 끝(M107)나고 배출 신호(M106)가 들어왔을 때 배출 공정(D2)이 시작된다.

(X+Y+VAC+Y-X-Y+VAC-Y-)

위의 동작이 완료되면 M50이 ON되고, 컨베이어가 가동되어 자재가 광화이버 센서(X13)를 지나가면 자재를 배출했다고 판단하고, 배출 후 비교(M113)를 실행하고 배출(D2)을 종료한다

```
        M1
490 ────┤├──────────────────────────────────────────────────────────(Y21
     Supply F                                                          SUP
     WD

496 ─[>=    K8      D1 ]─[>=    D1      K1 ]──────────────────────────(Y22
                   Load          Load                                  STP

        M25      M42
503 ────┤├───────┤/├──────────/──────────────────────────────────────(Y23
     X FWD    X FWD                                                    X - FWD

        M28      M46      M105
507 ────┤/├───────┤/├───────┤├──────────/────────────────────────────(Y24
     X BWD    X BWD    RESET AL                                        X - BWD
                      L TP

        M28      M46      M105
507 ────┤/├───────┤/├───────┤├──────────/────────────────────────────(Y24
     X BWD    X BWD    RESET AL                                        X - BWD
                      L TP

        M22      M23      M26
512 ────┤/├───────┤/├───────┤/├─────────/──────┬──────────────────────(Y25
     Y DN     VAC      Y DN                     │                      Y - FWD
                                                │
        M43      M44      M47                   │
     ───┤/├───────┤/├───────┤/├─────────/───────┘
     Y DN     VAC ON   Y DN

        M82      M85
522 ────┤/├───────┤/├──────────/──────────────────────────────────────(Y29
     S/M CW   S/M CW                                                   S/M CW

        M83      M84
526 ────┤├───────┤/├──────────/──────────────────────────────────────(Y2A
     S/M CCW  S/M CCW                                                  S/M CCW
```

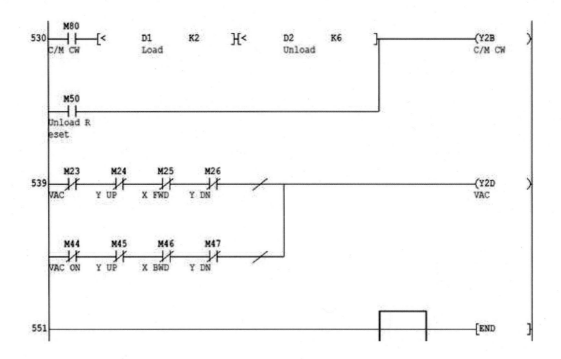

출력부

앞선 프로그램에 맞게 출력을 구성한다. 단 리셋 신호가 들어올 경우를 생각하도록 하며 OR 연산을 여러 개 쓰다 보면 프로그램이 세로 방향으로 길어져 가시성이 떨어지므로 반전 명령을 이용하여 프로그래밍하는 것이 유리하다.

생산자동화 산업기사 시험 예상 문제

[한국폴리텍대학 생산자동화 실기시험용 장치사진]

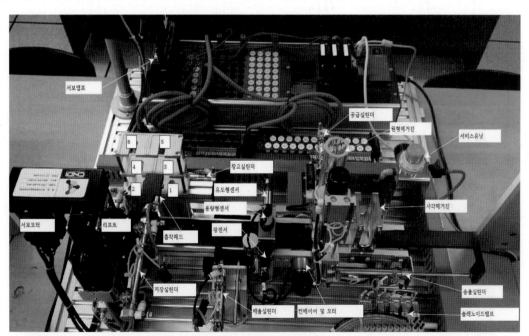

[그림 1] 시스템 구성도

11.1. 공압 배선도[참고용]

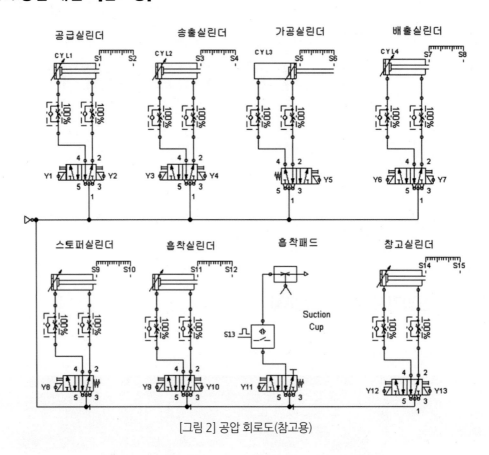

[그림 2] 공압 회로도(참고용)

11.2. 서보 시스템 설정

{www.imechatronics.net 의 홈페이지에 제공된 파일이름 : 🎁 서보 셋팅_완결 }

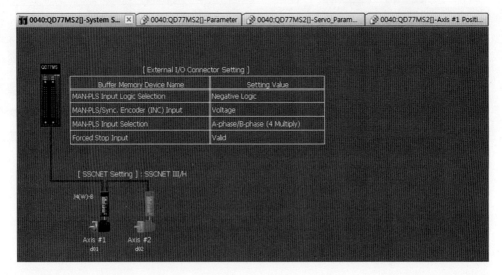

Display Filter | Display All | ▼ | Compute Basic Parameters 1

Item	Axis #1
⊟ **Basic parameters 1**	**Set according to the machine and applicable motor when system is started up.** (**This parameter become valid when the PLC READY signal [Y0] turns from OFF to ON.)**
Pr.1:Unit setting	3:PLS
Pr.2:No. of pulses per rotation	4194304 PLS
Pr.3:Movement amount per rotation	1500 PLS
Pr.4:Unit magnification	1:x1 Times
Pr.7:Bias speed at start	0 PLS/s
⊟ **Basic parameters 2**	**Set according to the machine and applicable motor when system is started up.**
Pr.8:Speed limit value	6000 PLS/s
Pr.9:Acceleration time 0	200 ms
Pr.10:Deceleration time 0	200 ms
⊟ **Detailed parameters 1**	**Set according to the system configuration when the system is started up.** (**This parameter become valid when the PLC READY signal [Y0] turns from OFF to ON)**
Pr.11:Backlash compensation amount	0 PLS
Pr.12:Software stroke limit upper limit value	2147483647 PLS
Pr.13:Software stroke limit lower limit value	-2147483648 PLS
Pr.14:Software stroke limit selection	0:Set Software Stroke Limit to Current Feed Value
Pr.15:Software stroke limit valid/invalid setting	0:Valid
Pr.16:Command in-position width	100 PLS
Pr.17:Torque limit setting value	300 %
Pr.18:M code ON signal output timing	0:WITH Mode
Pr.19:Speed switching mode	0:Standard Speed Switching Mode
Pr.20:Interpolation speed designation method	0:Composite Speed
Pr.21:Current feed value during speed control	0:Not Update of Current Feed Value
Pr.22:Input signal logic selection : Lower limit	0:Negative Logic
Pr.22:Input signal logic selection : Upper limit	0:Negative Logic
Pr.22:Input signal logic selection : Stop signal	0:Negative Logic
Pr.22:Input signal logic selection : External command/switching signal	0:Negative Logic
Pr.22:Input signal logic selection : Near-point dog signal	0:Negative Logic
Pr.22:Input signal logic selection : Manual pulse generator input	0:Negative Logic
Pr.80:External input signal selection	0:Use External Input Signal of QD77MS
Pr.24:Manual pulse generator/Incremental Sync. ENC input selection	0:A-phase/B-phase Mode (4 Multiply)
Pr.81:Speed-position function selection	0:Speed-Position Switching Control (INC Mode)
Pr.82:Forced stop valid/invalid selection	0:Valid

Detailed parameters 2	Set according to the system configuration when the system is started up. (Set as required.)
Pr.25:Acceleration time 1	1000 ms
Pr.26:Acceleration time 2	1000 ms
Pr.27:Acceleration time 3	1000 ms
Pr.28:Deceleration time 1	1000 ms
Pr.29:Deceleration time 2	1000 ms
Pr.30:Deceleration time 3	1000 ms
Pr.31:JOG speed limit value	6000 PLS/s
Pr.32:JOG operation acceleration time selection	0:200
Pr.33:JOG operation deceleration time selection	0:200
Pr.34:Acceleration/deceleration process selection	0:Trapezoidal Acceleration/Deceleration Process
Pr.35:S-curve ratio	100 %
Pr.36:Sudden stop deceleration time	1000 ms
Pr.37:Stop group 1 sudden stop selection	0:Normal Deceleration Stop
Pr.38:Stop group 2 sudden stop selection	0:Normal Deceleration Stop
Pr.39:Stop group 3 sudden stop selection	0:Normal Deceleration Stop
Pr.40:Positioning complete signal output time	300 ms
Pr.41:Allowable circular interpolation error width	100 PLS
Pr.42:External command function selection	0:External Positioning Start
Pr.83:Speed control 10x multiplier setting for degree axis	0:Invalid
Pr.84:Restart allowable range when servo OFF to ON	0 PLS
Pr.89:Manual pulse generator/Incremental Sync. ENC input type selection	1:Voltage Output/Open Collector Type
Pr.90:Operation setting for SPD-TRQ Cont. mode : Torque initial value selection	0:Command Torque
Pr.90:Operation setting for SPD-TRQ Cont. mode : Speed initial value selection	0:Command Speed
Pr.90:Operation setting for SPD-TRQ Cont. mode : Condition selection at mode switching	0:Switching Conditions Valid at Mode Switching

OPR basic parameters	Set the values required for carrying out OPR control. (This parameter become valid when the PLC READY signal [Y0] turns from OFF to ON)
Pr.43:OPR method	5:Count Method (2)
Pr.44:OPR direction	1:Reverse Direction(Address Decrease Direction)
Pr.45:OP address	0 PLS
Pr.46:OPR speed	5000 PLS/s
Pr.47:Creep speed	200 PLS/s
Pr.48:OPR retry	1:Retry OPR with Limit Switch
OPR detailed parameters	Set the values required for carrying out OPR control. (This parameter become valid when the PLC READY signal [Y0] turns from OFF to ON)
Pr.50:Setting for the movement amount after near-point dog ON	1500 PLS
Pr.51:OPR acceleration time selection	0:200
Pr.52:OPR deceleration time selection	0:200
Pr.53:OP shift amount	0 PLS
Pr.54:OPR torque limit value	300 %
Pr.55:Operation setting for incompletion of OPR	0:Positioning Control is Not Executed
Pr.56:Speed designation during OP shift	0:OPR Speed
Pr.57:Dwell time during OPR retry	0 ms
Pr.86:Pulse conversion unit : OPR request setting	0:Turn OPR Request ON at Servo OFF
Pr.87:Pulse conversion unit : Waiting time after clear signal output	0 ms
Expansion parameters	Set according to the system configuration when the system is started up. (This pa...
Pr.91:Optional data monitor : Data type setting 1	0:No Setting
Pr.92:Optional data monitor : Data type setting 2	0:No Setting
Pr.93:Optional data monitor : Data type setting 3	0:No Setting
Pr.94:Optional data monitor : Data type setting 4	0:No Setting
Pr.97:SSCNET Setting	1:SSCNET III/H

Tabs: 0040:QD77MS2[]-System Struc... | 0040:QD77MS2[]-Parameter | **0040:QD77MS2[]-Servo_Pa...** [X] | 004...

Item	Axis #1
Pr.100:Servo series	MR-J4(W)-B
PA01:Operation mode	1000
PA02:Regenerative option	0000
PA03:Absolute position detection system	0000
PA04:Function selection A-1	2100
PA05:For manufacturer setting	2710
PA06:For manufacturer setting	0001
PA07:For manufacturer setting	0001
PA08:Auto tuning mode	0001
PA09:Auto tuning response	0010
PA10:In-position range	0640

1)서보 시스템 정상동작이 아닐 시 확인할 수 있는 과정들을 아래에 소개한다.

- [MOV U4D0] : 에러코드 확인하는 번지이다. (108, 524)

- 드라이버 에러 메시지 : E6.1 (에머견시 신호 처리문제이다) 정상적으로 에머견시 신호에 (−)가 공급되어야 하나 이 신호가 공급되지 않을 때 나타나는 메시지이다. 서보 강제 정지정보로서 에머견시 신호가 안들어옴을 의미한다.

- "E6.1"의 메시지가 드라이버 표시창에 보일때는 아래 그림과 같이  **Servo_Parameter** 를 2100으로 바꿔주면 된다.

PA04:Function selection A-1 | 2100

- 정상일 때 서보드라이버 메시지는 "d01"-〉 sevo ON, "b01"-〉 servo OFF 이다.

- 한국폴리텍대학 광주캠퍼스 장비의 경우 서보모터가 Forward(정방향)일 경우 리프트가 하강하도록 구성되어 있다. 따라서 여기서도 모든 설정이 이를 기준으로 되어 있고 프로그램도 여기에 준해서 작성되었다.

11.3. 생산자동화 실습장비 PLC 입출력 할당표

입 력(IN PUT)			출 력(OUT PUT)		
NO	디바이스 NO	기능 및 명칭	NO	디바이스 NO	기능 및 명칭
1	X00	공급실린더 후진 센서	1	Y20	공급실린더 전진SOL
2	X01	공급실린더 전진 센서	2	Y21	공급실린더 후진SOL
3	X02	분배실린더 후진 센서	3	Y22	분배실린더 전진SOL
4	X03	분배실린더 전진 센서	4	Y23	분배실린더 후진SOL
5	X04	가공실린더 하강 센서	5	Y24	가공실린더 하강SOL
6	X05	가공실린더 하강 센서	6	Y25	취출실린더 전진SOL
7	X06	취출실린더 후진 센서	7	Y26	취출실린더 후진SOL
8	X07	취출실린더 전진 센서	8	Y27	스토퍼실린더 하강SOL
9	X08	스토퍼실린더 상승 센서	9	Y28	흡착실린더 전진SOL
10	X09	스토퍼실린더 하강 센서	10	Y29	흡착실린더 후진SOL
11	X0A	흡착실린더 후진 센서	11	Y2A	흡착컵 동작SOL
12	X0B	흡착실린더 전진 센서	12	Y2B	저장실린더 전진SOL
13	X0C	흡착 센서	13	Y2C	저장실린더 후진SOL
14	X0D	저장실린더 후진 센서	14	Y2D	드릴가공 모터
15	X0E	저장실린더 전진 센서	15	Y2E	컨베이어 모터
16	X0F	공급 매거진 검출 센서	16	Y2F	
17	X10	분배 매거진 검출 센서	17	Y30	
18	X11	검사 센서(1)	18	Y31	
19	X12	검사 센서(2)	19	Y32	
20	X13	스토퍼 검출 센서	20	Y33	
21	X14	컨베이어 엔코더	21	Y34	
22	X15	검사 광센서(3)	22	Y35	
23	X16		23	Y36	
24	X17		24	Y37	
25	X18		25	Y38	
26	X19		26	Y39	
27	X1A		27	Y3A	
28	X1B		28	Y3B	
29	X1C		29	Y3C	
30	X1D		30	Y3D	
31	X1E		31	Y3E	
32	X1F		32	Y3F	

[표 1] PLC I/O 한국폴리텍대학 광주캠퍼스 할당표(참고용)

11.4. 위치결정 모듈 QD77MS2의 입출력 할당 디바이스 번호

신호방향 : QD77MS2 → PLC			신호방향 : PLC → QD77MS2		
디바이스 NO	**신호 명칭**		**디바이스 NO**	**신호 명칭**	
X40	QD77 준비 완료		Y40	PLC Ready	
X41	동기용 플래그		Y41	사용금지	
X42	사용금지		Y42		
X43			Y43		
X44	축1	M코드 ON	Y44	축1	축 정지
X45	축2		Y45	축2	
X46	축3		Y46	축3	
X47	축4		Y47	축4	
X48	축1	에러검출	Y48	축1	정전JOG기동
X49	축2		Y49	축2	역전JOG기동
X4A	축3		Y4A	축3	정전JOG기동
X4B	축4		Y4B	축4	역전JOG기동
X4C	축1	BUSY	Y4C	축1	정전JOG기동
X4D	축2		Y4D	축2	역전JOG기동
X4E	축3		Y4E	축3	정전JOG기동
X4F	축4		Y4F	축4	역전JOG기동
X50	축1	기동완료	Y50	축1	위치결정 기동
X51	축2		Y51	축2	
X52	축3		Y52	축3	
X53	축4		Y53	축4	
X54	축1	위치결정 완료	Y54	축1	실행금지 플래그
X55	축2		Y55	축2	
X56	축3		Y56	축3	
X57	축4		Y57	축4	
X58	사용금지		Y58	사용금지	
X59			Y59		
X5A			Y5A		
X5B			Y5B		
X5C			Y5C		
X5D			Y5D		
X5E			Y5E		
X5F			Y5F		

[표 2] PLC I/O 한국폴리텍대학 광주캠퍼스 할당표(참고용)

11.5. 다음과 같이 시스템을 구성하여 동작하도록 한다.

1) [그림 1]시스템 구성도와 [표 1] PLC I/O 할당표를 참고하여 시스템을 구성한다.

2) 장비 시스템 상태는 모든 실린더, 램프, 모터 등은 후진, OFF 및 정지 상태인지 확인 후 작업을 시작한다.

3) [그림 1] 시스템 구성도에 있는 ②번, ⑤번 창고의 물품 저장 위치데이터는 소프트웨어를 이용, 조그(jog)운전을 실시하여 각 위치 데이터를 확인 및 입력 후 동작한다.

4) 서보앰프 파라미터 및 위치 데이터는 아래와 같이 설정하고 그 외 항목은 수험자가 임의 설정한다.

   ① 원점복귀속도 : 5000[pulse/s]

   ② 클리프속도 : 200[pulse/s]

   ③ 흡착실린더 전진상태에서 리프트 상하 이동 지령속도 : 1000[pulse/s]

   ④ 흡착실린더 후진상태에서 리프트 상하 이동 지령속도 : 3000[pulse/s]

가. 과제 ①

가) 초기상태 : FND는 ③⓪을 표시하며 입·출력모듈, FND모듈, 서보모듈을 이용하여 표와 같은 동작이 가능하도록 구성한다.

동작	구분	동작 및 표시 상태
1	서보앰프 조그운전	서보앰프의 버튼을 이용하여 리프트를 상·하 조그(jog)운전
2	실린더제어 (1초 간격으로 동작)	PB1 스위치를 누르면 아래와 같은 순서로 동작 공급실린더 전진 → 공급실린더 후진 → 가공실린더 하강 → 가공 모터 3초간 회전 → 가공실린더 상승 → 송출실린더 전진 → 송출실린더 후진 → 컨베이어 3초간 동작
3	FND	- PB2를 한 번 누를 때만 FND는 1씩 감소 - PB2를 1초 이상 계속 누르고 있으면 0.5초 간격 으로 0까지 감소 - PB3를 누르면 ③⓪으로 표시

나) 터치 패널의 "PB1", "PB2", "PB3" 버튼을 터치하면 위 2, 3 동작이 수행되도록 한다. 동작 중 "정지"버튼을 터치하면 즉시 정지하며, 3초 후 초기상태로 된다. 단, FND 표시 상태는 터치 패널에서도 동작이 되어야 한다. 다음 그림은 프로그램 구성을 나타낸다.

[기본동작 PLC 프로그램]

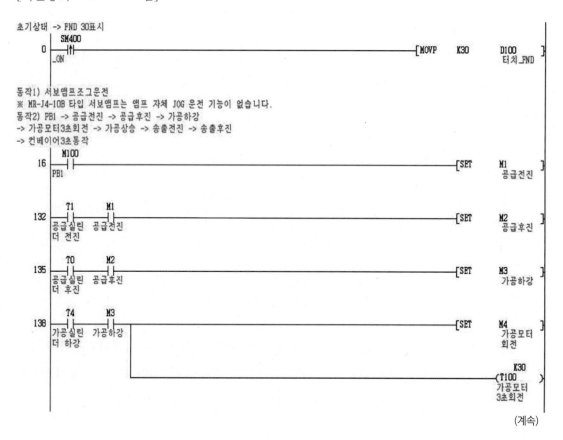

초기상태 -> FND 30표시

```
          SM400
0 ─────────┤↑├──────────────────────────────────────────[MOVP  K30    D100  ]
          _ON                                                          터치_FND
```

동작1) 서보앰프조그운전
※ MR-J4-10B 타입 서보앰프는 앰프 자체 JOG 운전 기능이 없습니다.
동작2) PB1 -> 공급전진 -> 공급후진 -> 가공하강
-> 가공모터3초회전 -> 가공상승 -> 송출전진 -> 송출후진
-> 컨베이어3초동작

```
           M100
16 ────────┤├─────────────────────────────────────────────────[SET   M1   ]
           PB1                                                        공급전진

            T1        M1
132 ───────┤├───────┤├────────────────────────────────────────[SET   M2   ]
         공급실린  공급전진                                            공급후진
         더 전진

            T0        M2
135 ───────┤├───────┤├────────────────────────────────────────[SET   M3   ]
         공급실린  공급후진                                            가공하강
         더 후진

            T4        M3
138 ───────┤├───────┤├───────┬─────────────────────────────────[SET   M4   ]
         가공실린  가공하강   │                                        가공모터
         더 하강              │                                        회전
                             │
                             │                                         K30
                             └─────────────────────────────────────(T100  )
                                                                      가공모터
                                                                      3초회전
```

(계속)

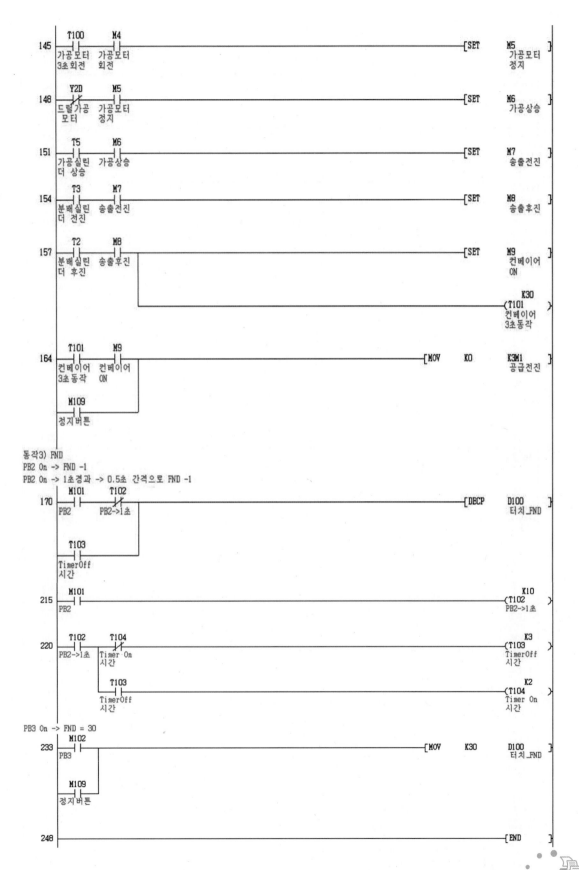

145 ┤T100├──┤M4├──────────────────────────────────────[SET M5]
   가공모터 가공모터   가공모터
   3초회전   회전   정지

148 ┤/Y2D├──┤M5├─────────────────────────────────────[SET M6]
   드릴가공 가공모터   가공상승
   모터   정지

151 ┤T5├──┤M6├───────────────────────────────────────[SET M7]
   가공실린 가공상승   송출전진
   더 상승

154 ┤T3├──┤M7├───────────────────────────────────────[SET M8]
   분배실린 송출전진   송출후진
   더 전진

157 ┤T2├──┤M8├───────────────────────────────────────[SET M9]
   분배실린 송출후진   컨베이어
   더 후진   ON

                                                          K30
                                                        (T101)
                                                         컨베이어
                                                         3초동작

164 ┤T101├──┤M9├────────────────────────────[MOV K0   K3M1]
   컨베이어 컨베이어   공급전진
   3초동작   ON
   ┤M109├
   정지버튼

동작3) FND
PB2 On -> FND -1
PB2 On -> 1초경과 -> 0.5초 간격으로 FND -1

170 ┤M101├──┤/T102├─────────────────────────────[DECP D100]
   PB2   PB2->1초   터치_FND
   ┤T103├
   TimerOff
   시간

215 ┤M101├──K10
   PB2   (T102)
                                                         PB2->1초

220 ┤T102├──┤/T104├──────────────────────────────────────K3
   PB2->1초 Timer On   (T103)
           시간   TimerOff
                                                         시간
        ┤T103├   K2
        TimerOff   (T104)
        시간   Timer On
                                                         시간

PB3 On -> FND = 30

233 ┤M102├──────────────────────────────[MOV K30   D100]
   PB3   터치_FND
   ┤M109├
   정지버튼

248 ──[END]

[입력부 PLC 프로그램]

0	X0 공급실린 더 후진		X10 (T0 공급실린 더 후진
5	X1 공급실린 더 전진		X10 (T1 공급실린 더 전진
10	X2 분배실린 더 후진		X10 (T2 분배실린 더 후진
15	X3 분배실린 더 전진		X10 (T3 분배실린 더 전진
20	X4 가공실린 더 하강		X10 (T4 가공실린 더 하강
25	X5 가공실린 더 상승		X10 (T5 가공실린 더 상승
30	X6 취출실린 더 후진		X10 (T6 취출실린 더 후진
35	X7 취출실린 더 전진		X10 (T7 취출실린 더 전진
40	X8 스토퍼실 린더 상승		X10 (T8 스토퍼실 린더 상승
45	X9 스토퍼실 린더 하강		X10 (T9 스토퍼실 린더 하강
50	X0A 흡착실린 더 후진		X10 (T10 흡착실린 더 후진
55	X0B 흡착실린 더 전진		X10 (T11 흡착실린 더 전진
60	X0C 흡착 센서		X10 (T12 흡착 센서
65	X0D 저장실린 더 후진		X10 (T13 저장실린 더 후진
70	X0E 저장실린 더 전진		X10 (T14 저장실린 더 전진

(계속)

```
       X0F                                                  X10
75   ─┤ ├─────────────────────────────────────────────────( T15 )─
     공급 매거                                               공급 매거
     진 검출                                                 진 검출

       X10                                                  X10
80   ─┤ ├─────────────────────────────────────────────────( T16 )─
     분배 매거                                               분배 매거
     진 검출                                                 진 검출

       X11                                                  X10
85   ─┤ ├─────────────────────────────────────────────────( T17 )─
     검사 센서                                               검사 센서
     (1)-비금                                                (1)-비금

       X12                                                  X10
90   ─┤ ├─────────────────────────────────────────────────( T18 )─
     검사 센서                                               검사 센서
     (2)-금속                                                (2)-금속

       X13                                                  X10
95   ─┤ ├─────────────────────────────────────────────────( T19 )─
     스토퍼 검                                               스토퍼 검
     출 센서                                                 출 센서

       X14                                                  X10
100  ─┤ ├─────────────────────────────────────────────────( T20 )─
     컨베이어                                                컨베이어
     엔코더                                                  엔코더

       X15                                                  X10
105  ─┤ ├─────────────────────────────────────────────────( T21 )─
     검사 광센                                               검사 광센
     서(3)-금                                                서(3)-금

110  ───────────────────────────────────────────────────[ END ]─
```

[출력부 PLC 프로그램]

```
 0    M1        M2                                                    (Y20
    ├─┤ ├──────┤/├─────────────────────────────────────────────────( 공급실린
      공급전진   공급후진                                                 더 전진S

 3    M2        M3                                                    (Y21
    ├─┤ ├──────┤/├─────────────────────────────────────────────────( 공급실린
      공급후진   가공하강                                                 더 후진S

 6    M7        M8                                                    (Y22
    ├─┤ ├──────┤/├─────────────────────────────────────────────────( 분배실린
      송출전진   송출후진                                                 더 전진S

 9    M8        M9                                                    (Y23
    ├─┤ ├──────┤/├─────────────────────────────────────────────────( 분배실린
      송출후진   컨베이어                                                 더 후진S
               ON

12    M3        M6                                                    (Y24
    ├─┤ ├──────┤/├─────────────────────────────────────────────────( 가공실린
      가공하강   가공상승                                                 더 하강S

15   SM400                                                            (Y25
    ├─┤/├───────────────────────────────────────────────────────────( 취출실린
     _ON                                                              더 전진S

17   SM400                                                            (Y26
    ├─┤/├───────────────────────────────────────────────────────────( 취출실린
     _ON                                                              더 후진S

19   SM400                                                            (Y27
    ├─┤/├───────────────────────────────────────────────────────────( 스토퍼실
     _ON                                                              린더 하강

21   SM400                                                            (Y28
    ├─┤/├───────────────────────────────────────────────────────────( 흡착실린
     _ON                                                              더 전진S

23   SM400                                                            (Y29
    ├─┤/├───────────────────────────────────────────────────────────( 흡착실린
     _ON                                                              더 후진S

25   SM400                                                            (Y2A
    ├─┤/├───────────────────────────────────────────────────────────( 흡착컵 동
     _ON                                                              작SOL

27   SM400                                                            (Y2B
    ├─┤/├───────────────────────────────────────────────────────────( 저장실린
     _ON                                                              더 전진S

29   SM400                                                            (Y2C
    ├─┤/├───────────────────────────────────────────────────────────( 저장실린
     _ON                                                              더 후진S

31    M4        M5                                                    (Y2D
    ├─┤ ├──────┤/├─────────────────────────────────────────────────( 드릴가공
      가공모터   가공모터                                                 모터
      회전      정지

34    M9                                                              (Y2E
    ├─┤ ├────────────────────────────────────────────────────────────( 컨베이어
      컨베이어                                                          모터
      ON

36  ───────────────────────────────────────────────────────────────[END  ]
```

나. 과제 ②

※ 다음 동작은 터치 패널를 이용해서 작업한다.

가) Magazine에 공작물을 재질 구분 없이 공급한다.

나) "원점복귀" 버튼을 터치하면 아래 제어조건과 같이 동작되도록 한다.

　　1) 원점복귀 버튼을 터치하면 원복귀를 실시한다. 원점복귀 중에는 원점복귀램프(PL1)가
　　　0.5초 간격으로 점멸하며 원점복귀가 완료되면 점등된다.

　　　[프로그램은 기본동작과 입력부는 앞과 같고 응용동작과 출력부에서의 프로그램만 변
　　　화가 있다.]

　　　www.imechatronics.net 의 홈페이지에 제공된 파일이름 : 응용동작(1)

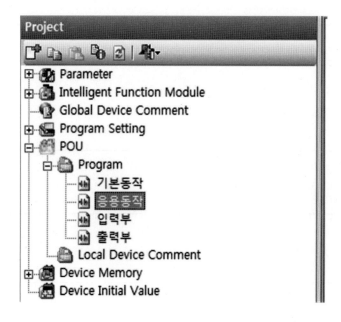

[응용동작 PLC 프로그램]

원점복귀 동작

```
0    M105                                                    ─[SET   M200    ]
     ├─┤ ├────────────────────────────────────────────────────
     원점복귀                                                        원점복귀
     스위치                                                         동작중

                                              <d817.4는 원점복귀완료신호      >

11   SM400                                                           U4₩
     ├─┤ ├──────────────────────────────────────────────[MOV   G817    D817   ]
     _ON                                                 Servo상태  Servo상태
                                                         모니터링   모니터링

31   M200    D817.4                                          ─[RST   M200    ]
     ├─┤ ├────┤ ├──────────────────────────────────────────────
     원점복귀  Servo상태                                           원점복귀
     동작중   모니터링                                              동작중

34   M200    SM412                                                ─(M103   )
     ├─┤ ├────┤ ├────┬─────────────────────────────────────────
     원점복귀  _1S   │                                              PL1
     동작중         │
                   │
     D817.4        │
     ├─┤ ├─────────┘
     Servo상태
     모니터링

38   M200                                                           U4₩
     ├─┤ ├────┬───────────────────────────────────[MOV   K9001   G1500  ]
     원점복귀  │                                                    Servo
     동작중   │                                                    Position
             │                                                    Number
             │
             └───────────────────────────────────────[PLS   M201    ]
                                                              Servo
                                                              Origin
                                                              Singal
```

서보 기동

```
45   M201                                                    ─[SET   Y50    ]
     ├─┤ ├────────────────────────────────────────────────────
     Servo                                                        Servo기동
     Origin
     Singal

54   Y50     X50                                              ─[RST   Y50    ]
     ├─┤ ├────┤ ├────┬─────────────────────────────────────────
     Servo기동 Servo  │                                             Servo기동
             명령접수 │
             완료    │
                    │
             X48    │
             ├─┤ ├───┘
             Servo
             Error

59                                                           ─[END    ]
```

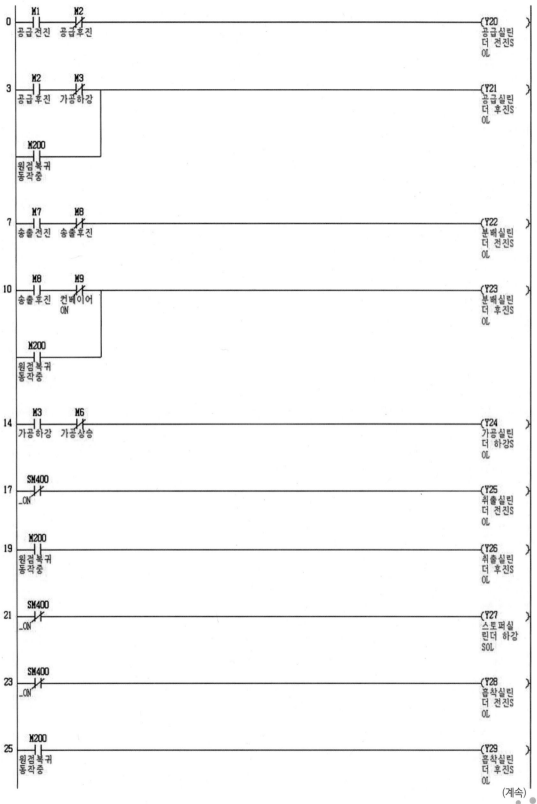

(계속)

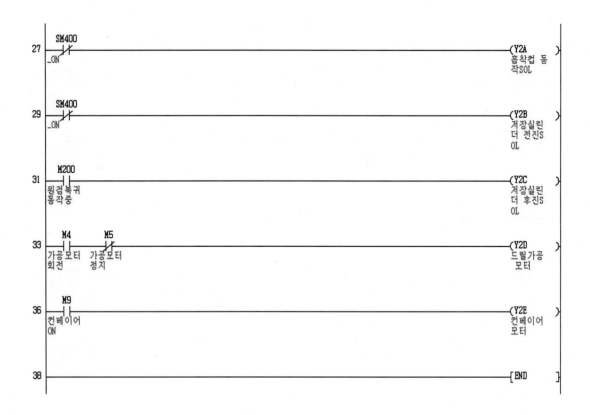

다) "②번창고" 버튼을 터치하면 다음 순서와 같이 동작되도록 한다.

흡착 위치까지(컨베이어 바로 위) 리프트 하강 → 흡착 → ②번창고 위치로 리프트 상승 → 흡

착실린더 전진 → 리프트 하강 → 흡착 해제 → 리프트상승 → 흡착실린더 후진

(입력부와 기본동작 프로그램은 이전과제와 동일함)

www.imechatronics.net 의 홈페이지에 제공된 파일이름 : 🔲 응용동작(2)

[응용동작 PLC 프로그램]

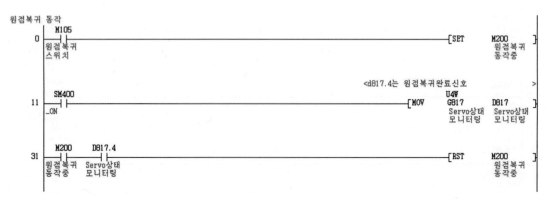

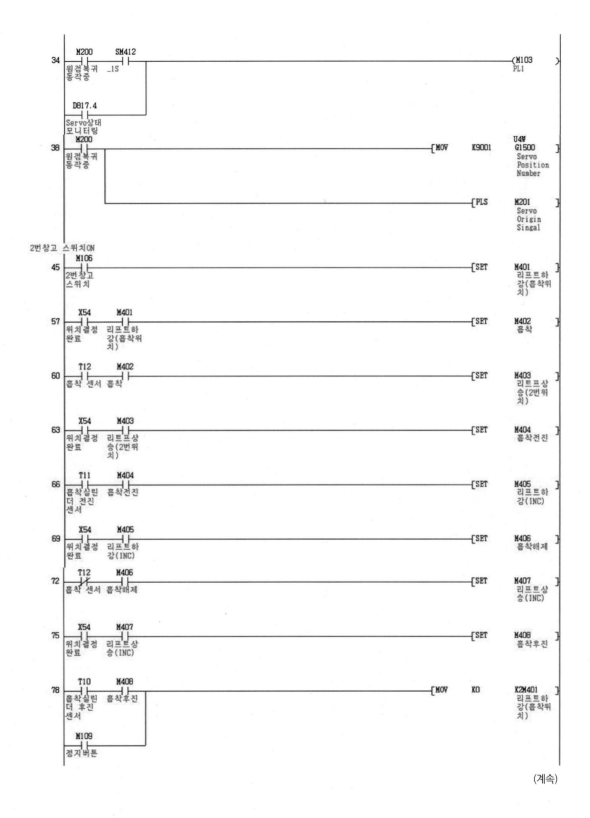

34
M200
원격복귀
동작중

SM412
_1S

(M103)
PL1

D817.4
Servo상태
모니터링

38
M200
원격복귀
동작중

[MOV   K9001

U4₩
G1500
Servo
Position
Number]

[PLS

M201
Servo
Origin
Singal]

2번창고 스위치ON

45
M106
2번창고
스위치

[SET

M401
리프트하
강(흡착위
치)]

57
X54
위치결정
완료

M401
리프트하
강(흡착위
치)

[SET

M402
흡착]

60
T12
흡착 센서

M402
흡착

[SET

M403
리프트상
승(2번위
치)]

63
X54
위치결정
완료

M403
리프트상
승(2번위
치)

[SET

M404
흡착전진]

66
T11
흡착실린
더 전진
센서

M404
흡착전진

[SET

M405
리프트하
강(INC)]

69
X54
위치결정
완료

M405
리프트하
강(INC)

[SET

M406
흡착해제]

72
T12
흡착 센서

M406
흡착해제

[SET

M407
리프트상
승(INC)]

75
X54
위치결정
완료

M407
리프트상
승(INC)

[SET

M408
흡착후진]

78
T10
흡착실린
더 후진
센서

M408
흡착후진

[MOV   K0

K2M401
리프트하
강(흡착위
치)]

M109
정지버튼

(계속)

```
                                                                    <Pos#1 => 흡착위치               >
         M401      M402      M401                                                          U4¥
    84  ─┤├───────┤/├──────┤├──────────────────────────────────[MOV      K1           G1500      ]
        리프트하   흡착    리프트하                                                       Servo
        강(흡착위         강(흡착위                                                       Position
        치)               치)                                                             Number

                                                                    <Pos#2 => 2번창고위치            >
         M403      M404      M403                                                          U4¥
        ─┤├───────┤/├──────┤├──────────────────────────────────[MOV      K2           G1500      ]
        리프트상   흡착전진  리프트상                                                     Servo
        승(2번위          승(2번위                                                        Position
        치)               치)                                                             Number

                                                                    <Pos#5 => INC -5mm              >
         M405      M406      M405                                                          U4¥
        ─┤├───────┤/├──────┤├──────────────────────────────────[MOV      K5           G1500      ]
        리프트하   흡착해제  리프트하                                                     Servo
        강(INC)          강(INC)                                                          Position
                                                                                          Number

                                                                    <Pos#6 => INC +5mm              >
         M407      M408      M407                                                          U4¥
        ─┤├───────┤/├──────┤├──────────────────────────────────[MOV      K6           G1500      ]
        리프트상   흡착후진  리프트상                                                     Servo
        승(INC)          승(INC)                                                          Position
                                                                                          Number

                                                            ─────────────────────────────[PLS      M410       ]
                                                                                          Servo
                                                                                          Move
                                                                                          Signal

  서보 기동
         M201
   167  ─┤├─┬──────────────────────────────────────────────────────────[SET      Y50        ]
        Servo │                                                                           Servo기동
        Origin │
        Singal │
         M410  │
        ─┤├────┘
        Servo
        Move
        Signal

         Y50      X50
   177  ─┤├───────┤├─┬────────────────────────────────────────────────[RST      Y50        ]
        Servo기동  Servo │                                                                 Servo기동
                   명령접수│
                   완료    │
                   X48    │
                   ─┤├────┘
                   Servo
                   Error

   182  ─────────────────────────────────────────────────────────────────────[END      ]
```

[출력부 PLC 프로그램]

```
0    M1       M2                                               (Y20
     공급전진   공급후진                                          공급실린
                                                               더 전진S
                                                               OL

3    M2       M3                                               (Y21
     공급후진   가공하강                                          공급실린
                                                               더 후진S
     M200                                                      OL
     원점복귀
     동작중

7    M7       M8                                               (Y22
     송출전진   송출후진                                          분배실린
                                                               더 전진S
                                                               OL

10   M8       M9                                               (Y23
     송출후진   컨베이어                                          분배실린
              ON                                                더 후진S
     M200                                                      OL
     원점복귀
     동작중

14   M3       M6                                               (Y24
     가공하강   가공상승                                          가공실린
                                                               더 하강S
                                                               OL

17   SM400                                                     (Y25
     _ON                                                        취출실린
                                                               더 전진S
                                                               OL

19   M200                                                      (Y26
     원점복귀                                                     취출실린
     동작중                                                      더 후진S
                                                               OL

21   SM400                                                     (Y27
     _ON                                                        스토퍼실
                                                               린더 하강
                                                               SOL

23   M404     M405                                             (Y28
     흡착전진   리프트하                                          흡착실린
              강(INC)                                           더 전진S
                                                               OL

26   M200                                                      (Y29
     원점복귀                                                     흡착실린
     동작중                                                      더 후진S
                                                               OL
     M408
     흡착후진

29   M402     M406                                             (Y2A
     흡착     흡착해제                                          흡착컵 동
                                                               작SOL
```

(계속)

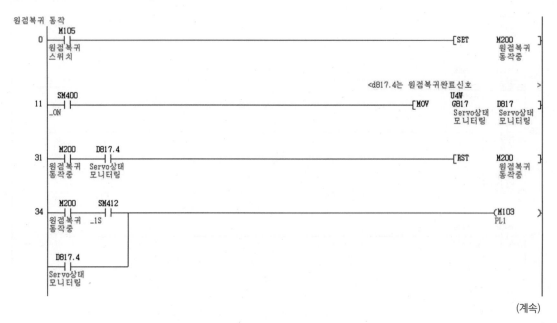

```
        SM400                                                              (Y2B
32     ─┤↑├─                                                                겨장실린
        _ON                                                                 더 전진S
                                                                            OL

        M200                                                               (Y2C
34     ─┤ ├─                                                                겨장실린
        원점복귀                                                              더 후진S
        동작중                                                                OL

        M4         M5                                                      (Y2D
36     ─┤ ├───────┤/├─                                                      드릴가공
        가공모터    가공모터                                                    모터
        회전       정지

        M9                                                                (Y2E
39     ─┤ ├─                                                                컨베이어
        컨베이어                                                              모터
        ON

41     ──────────────────────────────────────────────────────────────[END]
```

라) "⑤번창고" 버튼을 터치하면 다음 순서와 같이 동작되도록 한다.

흡착 위치까지(컨베이어 바로위) 리프트 하강 → 흡착 → ⑤번창고 위치로 리프트 상승 → 창고실린더 전진 → 흡착실린더 전진 → 리프트 하강 → 흡착해제 → 리프트 상승 → 흡착실린더 후진 → 창고실린더 후진(입력부와 기본동작 프로그램은 이전 과제와 동일함)

www.imechatronics.net 의 홈페이지에 제공된 파일이름 : 🎛️**응용동작(3)**

[응용동작 PLC 프로그램]

```
원점복귀 동작
        M105                                                      [SET    M200
0      ─┤ ├─                                                               원점복귀
        원점복귀                                                            동작중
        스위치
                                                     <d817.4는 원점복귀완료신호>
                                                                  U4W
        SM400                                               [MOV  G817     D817
11     ─┤ ├─                                                      Servo상태  Servo상태
        _ON                                                       모니터링    모니터링

        M200      D817.4                                          [RST    M200
31     ─┤ ├──────┤ ├─                                                     원점복귀
        원점복귀    Servo상태                                              동작중
        동작중     모니터링

        M200      SM412                                                   (M103
34     ─┤ ├──────┤ ├───┐                                                   PL1
        원점복귀    _1S   │
        동작중           │
                        │
        D817.4          │
       ─┤ ├─────────────┘
        Servo상태
        모니터링
```

(계속)

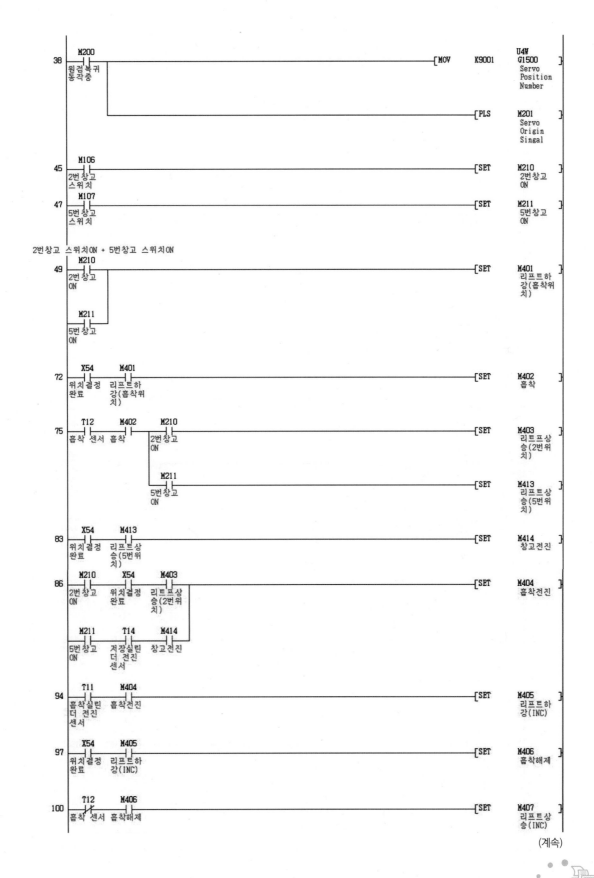

38 M200
원점복귀
동작중
[MOV X9001 U4₩
G1500
Servo
Position
Number]

[PLS M201
Servo
Origin
Singal]

45 M106
2번창고
스위치
[SET M210
2번창고
ON]

47 M107
5번창고
스위치
[SET M211
5번창고
ON]

2번창고 스위치ON + 5번창고 스위치ON

49 M210
2번창고
ON

M211
5번창고
ON
[SET M401
리프트하
강(흡착위
치)]

72 X54   M401
위치결정   리프트하
완료   강(흡착위
           치)
[SET M402
흡착]

75 T12   M402   M210
흡착센서   흡착   2번창고
                     ON
[SET M403
리프트상
승(2번위
치)]

M211
5번창고
ON
[SET M413
리프트상
승(5번위
치)]

83 X54   M413
위치결정   리프트상
완료   승(5번위
           치)
[SET M414
창고전진]

86 M210   X54   M403
2번창고   위치결정   리프트상
ON   완료   승(2번위
                     치)
[SET M404
흡착전진]

M211   T14   M414
5번창고   저장실린   창고전진
ON   더 전진
           센서

94 T11   M404
흡착실린   흡착전진
더 전진
센서
[SET M405
리프트하
강(INC)]

97 X54   M405
위치결정   리프트하
완료   강(INC)
[SET M406
흡착해제]

100 T12   M406
흡착센서   흡착해제
[SET M407
리프트상
승(INC)]

(계속)

```
103    X54      M407                                                              ┌SET  M408   ┐
       위치결정   리프트상                                                                      흡착후진
       완료      승(INC)

106    M211     T10      M408                                                     ┌SET  M418   ┐
       5번창고   흡착실린   흡착후진                                                            창고후진
       ON       더 후진
                센서

110    M210     T10      M408                                              ┌MOV  X0    K2M401  ┐
       2번창고   흡착실린   흡착후진                                                            리프트하
       ON       더 후진                                                                        강(흡착위
                센서                                                                           치)

       M211     T13      M418                                                     ┌RST  M210   ┐
       5번창고   저장실린   창고후진                                                            2번창고
       ON       더 후진                                                                        ON
                센서

       M109                                                                       ┌RST  M211   ┐
       정지버튼                                                                                 5번창고
                                                                                               ON


                                                            <Pos#1 => 흡착위치>                 U4₩    >
       M401     M402     M401                                                     ┌MOV  K1    G1500  ┐
123    리프트하   흡착     리프트하                                                             Servo
       강(흡착위          강(흡착위                                                             Position
       치)              치)                                                                    Number

                                                            <Pos#2 => 2번창고위치>              U4₩    >
       M403     M404     M403                                                     ┌MOV  K2    G1500  ┐
       리프트상   흡착전진   리프트상                                                           Servo
       승(2번위          승(2번위                                                              Position
       치)              치)                                                                    Number

                                                            <Pos#5 => INC -5mm>                U4₩    >
       M405     M406     M405                                                     ┌MOV  K5    G1500  ┐
       리프트하   흡착해제   리프트하                                                           Servo
       강(INC)          강(INC)                                                                Position
                                                                                              Number

                                                            <Pos#6 => INC +5mm>                U4₩    >
       M407     M408     M407                                                     ┌MOV  K6    G1500  ┐
       리프트상   흡착후진   리프트상                                                           Servo
       승(INC)          승(INC)                                                                Position
                                                                                              Number

                                                                                 ┌PLS  M410   ┐
                                                                                       Servo
                                                                                       Move
                                                                                       Signal

서보 기동
       M201                                                                       ┌SET  Y50    ┐
206    Servo                                                                            Servo기동
       Origin
       Singal

       M410
       Servo
       Move
       Signal

216    Y50      X50                                                               ┌RST  Y50    ┐
       Servo기동  Servo                                                                 Servo기동
                명령접수
                완료

                X48
                Servo
                Error


221    ────────────────────────────────────────────────────────────────────────┌END   ┐
```

[출력부 PLC 프로그램]

```
       M1      M2                                                        (Y20
0     ─┤├──────┤/├─────────────────────────────────────────────────────(    )┤
     공급전진  공급후진                                                  공급실린
                                                                         더 전진S
                                                                         OL

       M2      M3                                                        (Y21
3     ─┤├──────┤/├────┬────────────────────────────────────────────────(    )┤
     공급후진  가공하강 │                                                공급실린
                      │                                                  더 후진S
      M200            │                                                  OL
     ─┤├─────────────┘
     원점복귀
     동작중

       M7      M8                                                        (Y22
7     ─┤├──────┤/├─────────────────────────────────────────────────────(    )┤
     송출전진  송출후진                                                  분배실린
                                                                         더 전진S
                                                                         OL

       M8      M9                                                        (Y23
10    ─┤├──────┤/├────┬────────────────────────────────────────────────(    )┤
     송출후진  컨베이어 │                                                분배실린
              ON      │                                                  더 후진S
      M200            │                                                  OL
     ─┤├─────────────┘
     원점복귀
     동작중

       M3      M6                                                        (Y24
14    ─┤├──────┤/├─────────────────────────────────────────────────────(    )┤
     가공하강  가공상승                                                  가공실린
                                                                         더 하강S
                                                                         OL

      SM400                                                              (Y25
17    ─┤├──────────────────────────────────────────────────────────────(    )┤
     _ON                                                                 취출실린
                                                                         더 전진S
                                                                         OL

      M200                                                               (Y26
19    ─┤├──────────────────────────────────────────────────────────────(    )┤
     원점복귀                                                            취출실린
     동작중                                                              더 후진S
                                                                         OL

      SM400                                                              (Y27
21    ─┤├──────────────────────────────────────────────────────────────(    )┤
     _ON                                                                 스토퍼실
                                                                         린더 하강
                                                                         SOL

      M404    M405                                                       (Y28
23    ─┤├──────┤/├─────────────────────────────────────────────────────(    )┤
     흡착전진  리프트하                                                  흡착실린
              강(INC)                                                    더 전진S
                                                                         OL

      M200                                                               (Y29
26    ─┤├─────────────┬────────────────────────────────────────────────(    )┤
     원점복귀         │                                                  흡착실린
     동작중           │                                                  더 후진S
      M408            │                                                  OL
     ─┤├─────────────┘
     흡착후진

      M402    M406                                                       (Y2A
29    ─┤├──────┤/├─────────────────────────────────────────────────────(    )┤
     흡착     흡착해제                                                   흡착컵 동
                                                                         작SOL
```

(계속)

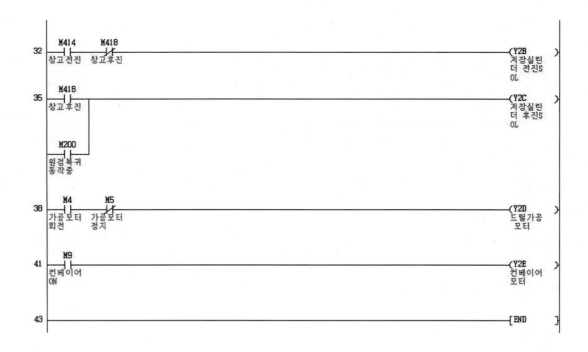

마) "적재"버튼을 터치하면 〈순서도〉를 참조하여 아래 제어조건과 같이 동작시킨 후 비금속 물품
은 배출실린더에 의해 배출박스에 적재하고, 금속 물품을 ②번창고, ⑤번창고에 적재 후 종료
되도록 한다.

동작요소	제어조건
물품공급	- 물품을 재질 구분하지 않고 공급하며, 물품이 없으면 이하 동작은 되지 않음 - 물품표시등(PL2)은 물품이 없으면 0.5초 간격으로 점멸, 물품이 있으면 점등
공급실린더	- "적재" 버튼을 터치하면 물품을 공급 후 후진 - 물품이 없으면 공급하지 않음 - 두 번째 물품은 적재완료 또는 배출박스에 적재 완료 후 공급 - 금속 물품을 2개 공급하면 더 이상 공급하지 않음
송출실린더	- 공급실린더가 후진 완료하면 컨베이어에 송출 후 후진
컨베이어	- 송출실린더가 전진하면 회전 - 스토퍼센서가 비금속 물품을 감지하면 정지, 비금속은 계속 회전
스토퍼실린더	- 금속을 감지하면 하강 - 흡착 완료 후 상승
스토퍼센서	- 금속 물품을 감지하면 적재 시작

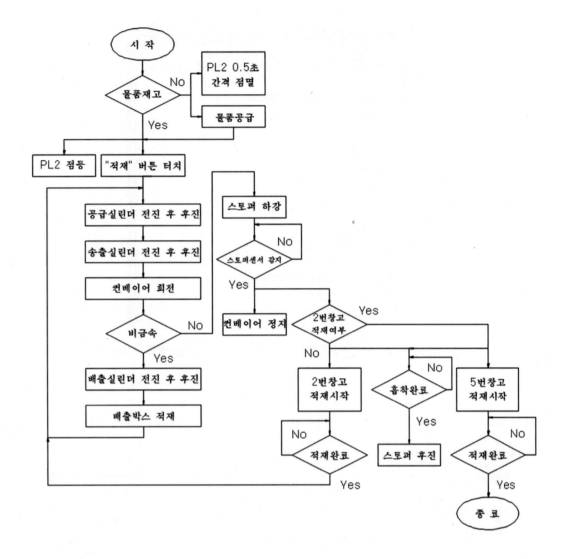

바) "적재상태 디스플레이" 메시지는 처음 대기 상태는 "적재대기", 물품을 적재 중일 때는 "적재중", 적재 완료 후에는 "적재완료"가 표시되도록 한다. 단, "적재중" 표시는 물품을 흡착 순간부터 흡착실린더 후진 완료까지이다.

사) 동작 중 "정지"버튼을 터치하면 즉시 정지하고, 3초 후 초기화 상태로 된다. 여기서 초기화의 의미는 실린더 후진, 컨베이어 정지, 적재상태디스플레이는 "적재대기" 상태이며 PL1 점등, PL2는 물품 재고 여부에 따라 점등 또는 점멸되어야 한다.

www.imechatronics.net 의 홈페이지에 제공된 파일이름 : 🔲응용동작(4)

[응용동작 PLC 프로그램]

```
원점복귀 동작
        M105
0       │├─────────────────────────────────────────────[SET    M200    ]
        원점복귀                                                원점복귀
        스위치                                                  동작중

                                              <d817.4는 원점복귀완료신호>

        SM400                                          U4₩
11      │├─────────────────────────────────────────────[MOV    G817    D817    ]
        _ON                                             Servo상태 Servo상태
                                                        모니터링   모니터링

        M200    D817.4
31      │├───────┤├─────────────────────────────────────[RST   M200    ]
        원점복귀  Servo상태                                        원점복귀
        동작중    모니터링                                        동작중

        M200    SM412
34      │├───────┤├──────────────────────────────────────────(M103   )
        원점복귀  _1S                                            PL1
        동작중    │
                 │
        D817.4   │
        │├───────┘
        Servo상태
        모니터링

        M200                                                   U4₩
38      │├───┬──────────────────────────────────────────[MOV  K9001   G1500   ]
        원점복귀│                                                Servo
        동작중  │                                                Position
                │                                                Number
                │
                └──────────────────────────────────────────[PLS  M201    ]
                                                                 Servo
                                                                 Origin
                                                                 Singal
```

(계속)

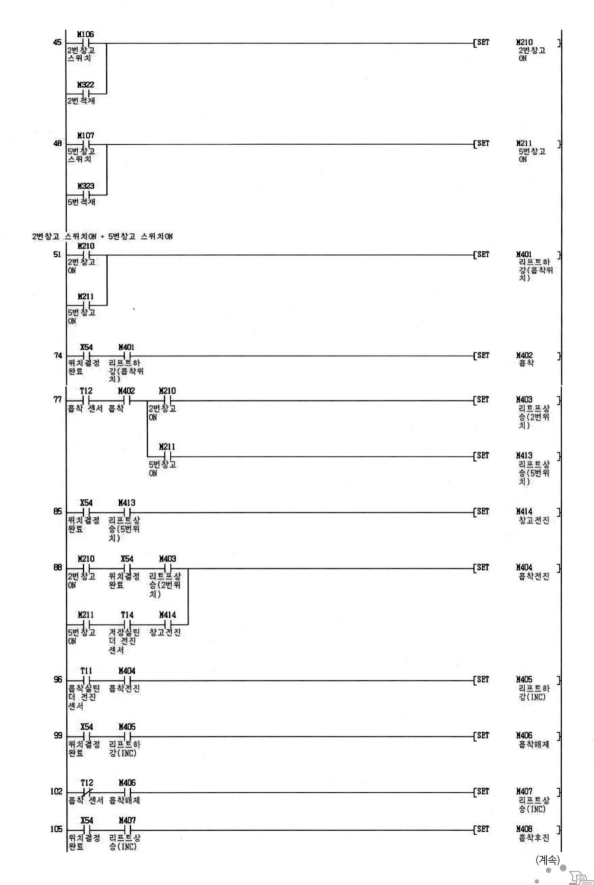

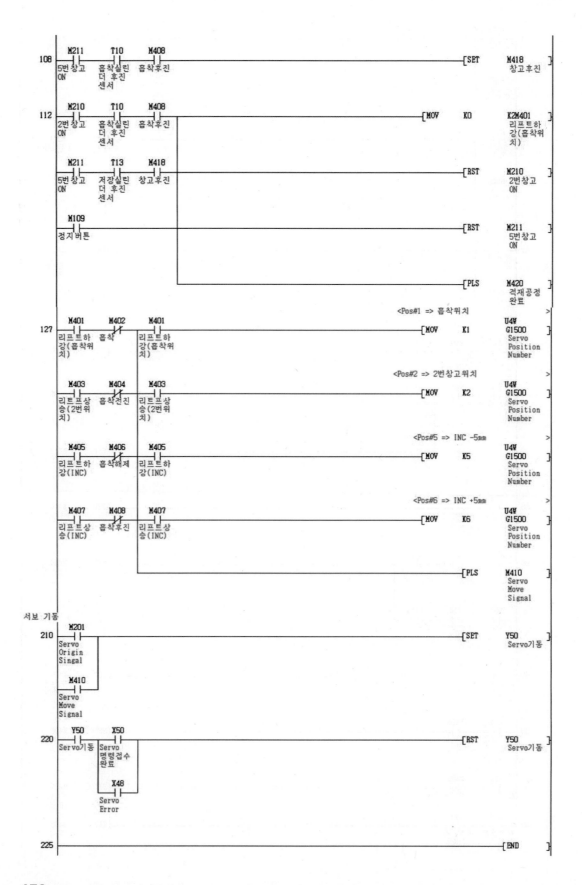

[적재버튼 PLC 프로그램]

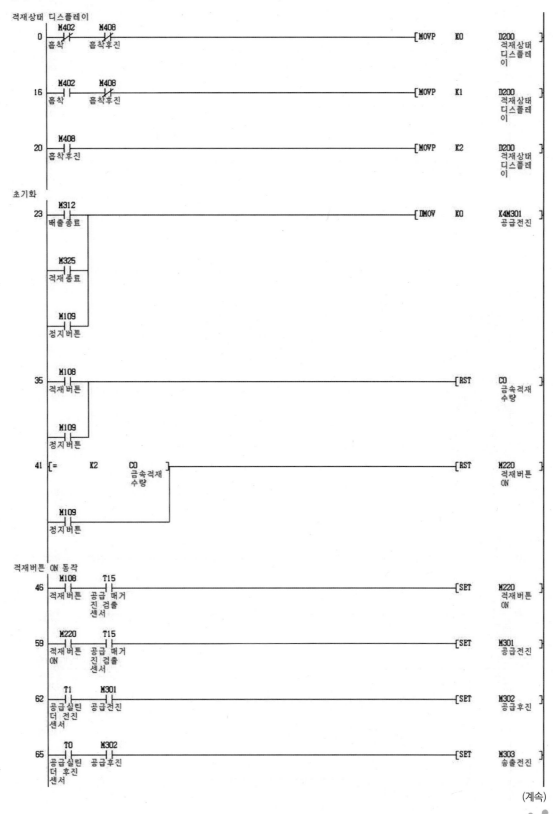

적재상태 디스플레이

```
        M402      M408                              ┌MOVP  K0    D200  ┐
  0 ────┤├────────┤/├───────────────────────────────┤            적재상태└
        흡착      흡착후진                                        디스플레
                                                                 이

        M402      M408                              ┌MOVP  K1    D200  ┐
 16 ────┤├────────┤├────────────────────────────────┤            적재상태└
        흡착      흡착후진                                        디스플레
                                                                 이

        M408                                        ┌MOVP  K2    D200  ┐
 20 ────┤├───────────────────────────────────────────┤          적재상태└
        흡착후진                                                 디스플레
                                                                 이
```

초기화

```
        M312                                        ┌IMOV  K0   K4M301 ┐
 23 ────┤├─────┬──────────────────────────────────────┤          공급전진└
        배출종료│

        M325  │
     ───┤├────┤
        적재종료│

        M109  │
     ───┤├────┘
        정지버튼

        M108                                               ┌RST   C0    ┐
 35 ────┤├─────┬──────────────────────────────────────────┤       금속적재└
        적재버튼│                                                  수량

        M109  │
     ───┤├────┘
        정지버튼

 41 ───┤=   K2    C0  ├──────┬──────────────────────┤RST   M220  ┐
                  금속적재     │                            적재버튼└
                  수량        │                            ON

        M109            │
     ───┤├──────────────┘
        정지버튼
```

적재버튼 ON 동작

```
        M108      T15                                      ┌SET   M220  ┐
 46 ────┤├────────┤├────────────────────────────────────────┤    적재버튼└
        적재버튼   공급 매거                                        ON
                  진 검출
                  센서

        M220      T15                                      ┌SET   M301  ┐
 59 ────┤├────────┤├────────────────────────────────────────┤    공급전진└
        적재버튼   공급 매거
        ON        진 검출
                  센서

        T1        M301                                     ┌SET   M302  ┐
 62 ────┤├────────┤├────────────────────────────────────────┤    공급후진└
        공급실린   공급전진
        더 전진
        센서

        T0        M302                                     ┌SET   M303  ┐
 65 ────┤├────────┤├────────────────────────────────────────┤    송출전진└
        공급실린   공급후진
        더 후진
        센서
```

(계속)

```
       T3        M303                                              ┌SET    M304 ┐
 68  ┤├────────┤├─────────────────────────────────────────────────┤       송출후진│
     분배실린   송출전진                                            └            ┘
     더 전진
     센서

       T2        M304                                              ┌SET    M305 ┐
 71  ┤├────────┤├─────────────────────────────────────────────────┤       컨베이어│
     분배실린   송출후진                                            └       ON    ┘
     더 후진
     센서

       X11       M305                                              ┌SET    M306 ┐
 74  ┤├────────┤├─────────────────────────────────────────────────┤       검사공정│
     검사 센서  컨베이어                                           └            ┘
     (1)-비금   ON
     속

       M306      X12                                               ┌SET    M307 ┐
 77  ┤├───────┬┤├──────────────────────────────────────────────────┤      비금속│
     검사공정 │검사 센서                                           └      감지  ┘
             │(2)-금속
             │
             │  X12                                                ┌SET    M308 ┐
             └─┤├──────────────────┬──────────────────────────────┤       금속감지│
               검사 센서           │                              └            ┘
               (2)-금속            │
                                  │                                ┌RST    M307 ┐
                                  └──────────────────────────────┤        비금속│
                                                                   └        감지  ┘
```

비금속 -> 배출 공정

```
       M307                                                                  K10
 85  ┤├──────────────────────────────────────────────────────────────────(T307  )
     비금속                                                                비금속감
     감지                                                                  지후 1초

       T307      M307                                              ┌SET    M310 ┐
102  ┤├────────┤├─────────────────────────────────────────────────┤       배출전진│
     비금속감  비금속                                              └            ┘
     지후 1초  감지

       T7        M310                                              ┌SET    M311 ┐
105  ┤├────────┤├─────────────────────────────────────────────────┤       배출후진│
     취출실린   배출전진                                            └            ┘
     더 전진
     센서

       T6        M311                                                    (M312  )
108  ┤├────────┤├───────────────────────────────────────────────────────       배출종료
     취출실린   배출후진
     더 후진
     센서
```

금속 -> 적재공정

```
       M308                                                       ┌SET    M320 ┐
111  ┤├─────────────────────────────────────────────────────────┤        스토퍼하│
     금속감지                                                     └        강    ┘

       T9        M320                                             ┌SET    M321 ┐
123  ┤├────────┤├────────────────────────────────────────────────┤       컨베이어│
     스토퍼실  스토퍼하                                           └       정지  ┘
     린더 하강  강
     센서

       M321                                                                  K2
126  ┤├───────┬──────────────────────────────────────────────────────────(C0    )
     컨베이어 │                                                           금속적재
     정지     │                                                           수량
             │
             │ ┌=      X1      C0       ┐                         ┌PLS    M322 ┐
             ├─┤             금속적재   ├────────────────────────┤        2번적재│
             │ └             수량       ┘                         └            ┘
             │
             │ ┌=      X2      C0       ┐                         ┌PLS    M323 ┐
             └─┤             금속적재   ├────────────────────────┤        5번적재│
               └             수량       ┘                         └            ┘
```

(계속)

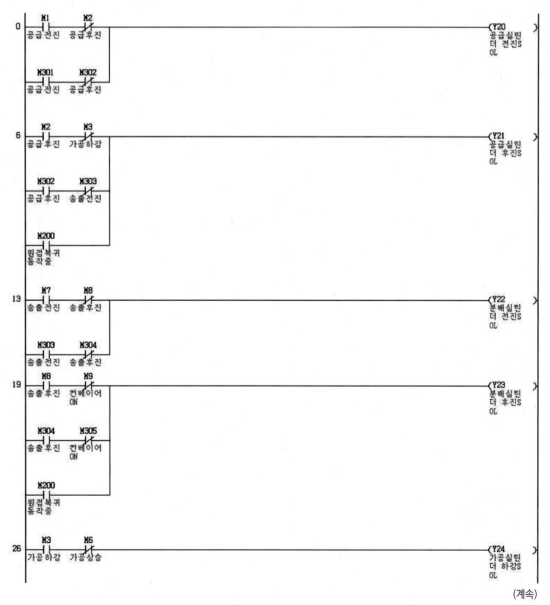

T12　M321 ─[SET M324 스토퍼상승
흡착　컨베이어
센서　정지

146
M420　M324 ─(M325 적재종료
적재공정　스토퍼상
완료　승

149 ─[END

[출력부 PLC 프로그램]

0
M1　M2 ─(Y20 공급실린더 전진S OL
공급전진　공급후진

M301　M302
공급전진　공급후진

6
M2　M3 ─(Y21 공급실린더 후진S OL
공급후진　가공하강

M302　M303
공급후진　송출전진

M200
원점복귀
동작중

13
M7　M8 ─(Y22 분배실린더 전진S OL
송출전진　송출후진

M303　M304
송출전진　송출후진

19
M8　M9 ─(Y23 분배실린더 후진S OL
송출후진　컨베이어 ON

M304　M305
송출후진　컨베이어 ON

M200
원점복귀
동작중

26
M3　M6 ─(Y24 가공실린더 하강S OL
가공하강　가공상승

(계속)

```
29 ──┤ ├──────┤/├───────────────────────────────────────────( Y25 )─┤
      M310      M311                                             취출실린
      배출전진   배출후진                                          더 전진S
                                                                OL

32 ──┤ ├──┬────────────────────────────────────────────────( Y26 )─┤
      M200  │                                                    취출실린
      원점복귀 │                                                   더 후진S
      동작중  │                                                   OL
            │
      M311  │ M312
   ──┤ ├──┴──┤/├
      배출후진   배출종료

37 ──┤ ├──────┤/├───────────────────────────────────────────( Y27 )─┤
      M320      M324                                             스토퍼실
      스토퍼하   스토퍼상                                          린더 하강
      강        승                                               SOL

40 ──┤ ├──────┤/├───────────────────────────────────────────( Y28 )─┤
      M404      M405                                             흡착실린
      흡착전진   리프트하                                          더 전진S
                강(INC)                                          OL

43 ──┤ ├──┬────────────────────────────────────────────────( Y29 )─┤
      M200  │                                                    흡착실린
      원점복귀 │                                                   더 후진S
      동작중  │                                                   OL
            │
      M408  │
   ──┤ ├──┘
      흡착후진

46 ──┤ ├──────┤/├───────────────────────────────────────────( Y2A )─┤
      M402      M406                                             흡착컵 동
      흡착      흡착해제                                          작SOL

49 ──┤ ├──────┤/├───────────────────────────────────────────( Y2B )─┤
      M414      M418                                             저장실린
      창고전진   창고후진                                          더 전진S
                                                                OL

52 ──┤ ├──┬────────────────────────────────────────────────( Y2C )─┤
      M418  │                                                    저장실린
      창고후진 │                                                   더 후진S
            │                                                   OL
      M200  │
   ──┤ ├──┘
      원점복귀
      동작중

55 ──┤ ├──────┤/├───────────────────────────────────────────( Y2D )─┤
      M4        M5                                              드릴가공
      가공모터   가공모터                                          모터
      회전      정지

58 ──┤ ├──┬────────────────────────────────────────────────( Y2E )─┤
      M9    │                                                    컨베이어
      컨베이어 │                                                   모터
      ON    │
            │
      M305  │ M321
   ──┤ ├──┴──┤/├
      컨베이어   컨베이어
      ON       정지

63 ─────────────────────────────────────────────────────────[ END ]─┤
```

아) 다음 그림과 같이 터치패널 작화를 하여 동작을 하도록 한다. 위의 프로그램에서 사용한 비트 메모리와 데이터레지스터이니 프로그램을 참고하기 위해서는 그림에서 제시한 대로 작성해야 한다.

Basic Example 1

1. Press ON/OFF PB1 1 time, then Lamp1 -> ON

2. Press ON/OFF PB2 1 time, then all lamp shall be off.

3. as to the PB1, blinking of LAMP 2 shall be made per 3 second by turns.

4. After blinking, the LAMP2 shall be blinking 5 times and then all the above lamp shall be off
   at the same time.

```
      X0        X5        C0
0 ----| |------|/|-------|/|----------------------------------(M0      )
      M0
     ----| |----

      M0        T1                                            K10
5 ----| |------|/|-------------------------------------------(T0      )

      T0                                                      K10
11----| |----------------------------------------------------(T1      )

      C0
16----| |--------------------------------------------[RST    C0      ]

      T1                                                      K5
21----|↓|----------------------------------------------------(C0      )

      M0
26----| |----------------------------------------------------(Y20     )

      T0        M0
28----|/|------| |-------------------------------------------(Y21     )


31----------------------------------------------------[END          ]
```

1. Press ON/OFF PB1 1 time, then Lamp1 -> ON

2. Press ON/OFF PB2 1 time, then all lamp shall be off.

3. as to the PB1, blinking of LAMP 2 shall be made per 3 second by turns.

4. After blinking, the LAMP2 shall be blinking 5 times and then all the above lamp shall be off at   the same time.

5. Repeat the above 4-steps once and stops.

```
       X0      C1      X5
  0────┤├──────┤/├─────┤/├────────────────────────────────(M10  )
       M10
      ─┤├─

       M10     X5      C0
  5────┤├──────┤/├─────┤/├────────────────────────────────(M0   )
       M0
      ─┤├─

       M0      T1                                      K10
 10────┤├──────┤/├───────────────────────────────────────(T0   )

       T0                                               K10
 16────┤├────────────────────────────────────────────────(T1   )

       C0
 21────┤├─────────────────────────────────────────[RST    C0   ]

       T1                                              K5
 26────┤↓├───────────────────────────────────────────────(C0   )

       M0
 31────┤├────────────────────────────────────────────────(Y20  )

       T0      M0
 33────┤/├─────┤├─────────────────────────────────────────(Y21  )

       C1
 36────┤├─────────────────────────────────────────[RST    C1   ]

       C0                                              K2
 41────┤↓├───────────────────────────────────────────────(C1   )

 46──────────────────────────────────────────────────────[END  ]
```

▌[Master Control Basic Practice Condition] ▌

1. Condition 1 is normal. then only lamp-1 ON.

2. Condition 2 is normal. then only lamp-2 ON.

3. Condition 1 and 2 are normal. then only lamp-3 ON.

```
        X0
0 ──┤ ├─────────────────────────────────────[MC    N0    M15 ]

        X1
3 ──┤ ├─────────────────────────────────────────────────(M0  )

5 ──────────────────────────────────────────[MCR   N0  ]

        X2
6 ──┤ ├─────────────────────────────────────[MC    N1    M20 ]

        X3
9 ──┤ ├─────────────────────────────────────────────────(M1  )

11 ─────────────────────────────────────────[MCR   N1  ]

        M0      M1
12 ──┤ ├──────┤ ├──────────────────────────────────────(M3  )

        M0      M3
15 ──┤ ├──────┤/├──────────────────────────────────────(Y20 )

        M1      M3
18 ──┤ ├──────┤/├──────────────────────────────────────(Y21 )

        M3
21 ──┤ ├───────────────────────────────────────────────(Y22 )

23 ─────────────────────────────────────────────────[END ]
```

Ⅰ. Instruction Manual(Assignment)

1. if you press start-switch, then A cylinder will move (forward) from s1 to s2.

2. After checking out the finish of A cylinder-moving .

3. then, the B cylinder will move (forward) from s3 to s4.

4. Also, after the B cylinder stops its moving. then the A cylinder will back up.

5. after that, the B cylinder will also back up.

6. all this above movement, such as moving and backup shall be monitored by using sensor signal.

Ⅱ. Instruction Manual(Assignment)

1. if you press start-switch, then A cylinder will move (forward) from s1 to s2.

2. After checking out the finish of A cylinder-moving .

3. then, the A cylinder will back up rightly.

4. Also, after the A cylinder stops its moving backward. then the B cylinder will move (forward) from s3 to s4.

5. after that, the B cylinder will also back up.

6. all this above movement, such as moving and backup shall be monitored by using sensor signal.

Ⅲ. Instruction Manual(Assignment)

(Refer to the Figure on page 206)

1. if you press start-switch, then B cylinder will move (forward) from s3 to s4.

2. After checking out the finish of B cylinder-moving .

3. then, the A cylinder will move (forward) from s1 to s2.

4. Also, after the A cylinder stops its moving. then the A cylinder will back up rightly.

5. after that, the B cylinder will also back up.

6. all this above movement, such as moving and backup shall be monitored by using sensor signal.

▌ III. Instruction Manual(Assignment) ▌

(Refer to the Figure on page 206)

1. if you press start–switch, then B cylinder will move (forward) from s3 to s4.

2. After checking out the finish of B cylinder–moving .

3. then, the A cylinder will move (forward) from s1 to s2.

4. Also, after the A cylinder stops its moving. then the A cylinder will back up rightly.

5. after that, the B cylinder will also back up.

6. all this above movement, such as moving and backup shall be monitored by using sensor signal.

▌ IV. Instruction Manual(Assignment) ▌

(Refer to the Figure on page 208)

1. if you press start–switch, then B cylinder will move (forward) from s3 to s4.

2. After checking out the finish of B cylinder–moving .

3. then, the A cylinder will move (forward) from s1 to s2.

4. Also, after the A cylinder stops its moving. then the B cylinder will back up.

5. after that, the B cylinder will also back up.

6. all this above movement, such as moving and backup shall be monitored by using sensor signal.

▌ V. Example 5 ▌

(Refer to the Figure on page 210)

1. if you press start–switch, then A cylinder will move (forward) from s1 to s2.

2. After checking out the finish of A cylinder–moving .

3. then, Lamp1's light shall be on.

4. after two seconds from above Lamp1's light is on, then the B cylinder will move (forward) from s3 to s4.

5. Also, after the B cylinder stops its moving. then the A cylinder will back up.

6. after that, the Lamp1's light will be off.

7. After checking out the above lamp1's light–off, and Three seconds from that time, then the B

cylinder will also back up.

8. all this above movement, such as moving and backup shall be monitored by using sensor signal.

9. Also, Apply the fifth times above routine. and display final digit on your 7-segments device.

10. The moment we finish running, its counter value shall be zero. but the displayed data on 7-segments shall be final value.

▌ VI. Example 6 ▌

(Refer to the Figure on page 580)

1. if you press start-switch, then A cylinder will move (forward) from s1 to s2.

2. By having the signal from sensor S1, then this allows the Cylinder A to start and at same time,this also have the Lamp1 blink per 0.5 second. but the one thing you need to careful is, the above routine only applies during Cylinder-A's rounding time.(i.e. moving forward and back-up)

3. After checking out the finish of A cylinder-moving .

4. then, Lamp2's light shall be on.

5. after two seconds from above Lamp2's light is on, then the B cylinder will move (forward) from s3 to s4.

6. By having the signal from sensor S3, then this allows the Cylinder B to start and at same time,this also have the Lamp3 blink per 0.5 second. but the one thing you need to careful is, the above routine only applies during Cylinder-B's rounding time.(i.e. moving forward and back-up)

7. Also, after the B cylinder stops its moving. then the A cylinder will back up.

8. after that, the Lamp2's light will be off.

9. After checking out the above lamp2's light-off, and Three seconds from that time, then the B cylinder will also back up.

10. all this above movement, such as moving and backup shall be monitored by using sensor signal.

11. Also, Apply the fifth times above routine. and display final digit on your 7-segments device

▎VII. Example 7 ▎

(Refer to the Figure on page 217)

1. when you apply the on/off function of start switch three times like this and stops.

2. however, the lamp will repeat its operation such as "two seconds of lighting on and one seconds of lighting off process".

3. When pressing, emergency stop/removal switch then stop switch and the lamp will blinking at a 0.5 seconds of interval.

4. When we repress emergency stop/removal swtch, then this will keep its above operation

5. When pressing stop switch, every applied operation will be back to its initial status.

6. 실린더 A와 B는 예제 4번과 같이 동작하면 된다.

    The Cylinder A and B have only operate as the same way as shown Example 4(Ⅳ. Instruction Manual)

7. 센서와 디스플레이의 조건은 이전과 같다.

    The applied condition for sensors and display is exactly the same as above example condition

▎VII. Example 7 ▎

(Refer to the Figure on page 217)

1. when you apply the on/off function of start switch once, then this will operate five times like this and stops.

2. however, the lamp will repeat its operation such as "two seconds of lighting on and one seconds of lighting off process".

3. When pressing emergency stop/removal switch then it will stop its operation and the lamp will be blinking at a 0.5 seconds of interval.

4. When we press emergency stop/removal swtch once more, then this will keep its next operation

5. When pressing stop switch, every applied operation will be back to its initial status.

6. The Cylinder A and B have only operate as the same way as shown Example 4(Ⅳ. Instruction Manual)

7. The applied condition for sensors and display is exactly the same as above example condition

▌ VII. Example 8 ▌

(Refer to the Figure on page 224)

1. when you apply the on/off function of start switch once, then this will operate three times like this and stops.

2. When starting its operation, The first cycle is to have the lamp be lighting and keep this condition. the second cycle is to have the lamp's lighting be blinking for 0.5 seconds. the third cycle is to have the lamp's lighting be blinking for 1 seconds.

3. When pressing stop switch, every applied operation will be back to its initial status.

4. When pressing the start−switch, then this to allow have the B cylinder move (forward) from s3 to s4 and its applied operation of lamp's lighting shall be based on the instruction which described No.2.

5. After checking out the finish of B cylinder−moving .

6. then, the C cylinder will move (forward) from s5 to s6.

7. then, after the C cylinder stops its moving. then the A cylinder will move (forward) from s1 to s2.

8. Also, after the C cylinder stops its moving. then the C cylinder will back up instantly.

9. after that, the B cylinder will also back up.

10. After checking out the finish of B cylinder−moving backward. the A cylinder will also back up.

11. The applied condition for sensors and display is exactly the same as above example condition.

▌ VII. Example 9 ▌

(Condition : Using three double solenoid valve)

1. when you apply the on/off function of start switch once, then this will operate three times like this and stops.

2. When starting its operation, The first cycle is to have the lamp be lighting and keep this condition. the second cycle is to have the lamp's lighting be blinking for 0.5 seconds. the third cycle is to have the lamp's lighting be blinking for 1 seconds.

3. When pressing stop switch, every applied operation will be back to its initial status.

4. When pressing the start−switch, then this to allow have the B cylinder move (forward) from s3 to s4 and its applied operation of lamp's lighting shall be based on the instruction which described No.2.

5. After checking out the finish of B cylinder−moving .

6. then, the C cylinder will move (forward) from s5 to s6.

7. then, after the C cylinder stops its moving. then the A cylinder will move (forward) from s1 to s2.

8. Also, after the C cylinder stops its moving. then the C cylinder will back up rightly.

9. after that, the B cylinder will also back up.

10. After checking out the finish of B cylinder−moving backward. the A cylinder will also back up.

11. The applied condition for sensors and display is exactly the same as above example condition.

X. Example 10

1. C0가 5보다 클 때 lamp1을 1초 간격으로 동작하게 하라.

 − if the C0 is greater than 5, then have its Lamp1 blink (operate) per 1 second.

2. C0가 C1보다 클 때 lamp2를 0.5초 간격으로 동작하게 하라.

 − if the C0 is greater than C1, then have its Lamp2 blink (operate) per 0.5 second.

3. c0와 c1이 같을 때 Lamp1과 Lamp2를 모두 1초 간격으로 교대로 깜박이게 하라.

 − if the C0 is equal to C1, then have the Lamp1 and Lamp2 blink (operate) per 1 second by turns.

4. C1이 C0보다 클 때 Lamp3을 0.5초 간격으로 깜박이게 하라.

 − if the C1 is greater than C0, then have its Lamp3 blink (operate) per 0.5 second.

5. C1이 C0보다 크거나 같고 12보다 작을 때 Lamp4가 On 상태를 유지하도록 하라.

 − If the C1 is greater than or equal to C0 and less than 12, then have the Lamp4 keep its light ON condition.

X. Example 10

Condition 1. Using one double & two single solenoid valve

Condition 2. Currently, only three cylinders available, therefore the rest of it shall be indicated as   Lamp which used up until now)

1. There's a strong inhaling duct which powered by motor.

2. Inhaling manifolder consists of 6 air−inlet dampers and open and shut of each air−inlet dampers is operated by using its solenoid valve.

3. The operating signal of 6 air−inlet dampers consists of rotary−switch which uses   its motor and recognizing each location usually allowed by receiving its detected−signal from its installed limit−switch.

4. The way of operation is by only opening one of its 6 air−inlet dampers.

5. The characteristic of this one is, when all air−inlet dampers is being closed, it is inevitable its damage to its air−inlet dampers' duct.

6. Therefore, the way of operating over its existing equipment will be as follows.

 − Once the 1st air−inlet damper being opened, then this will keep this condition for 5 seconds and being closed.

 − The 2nd air−inlet damper shall be opened within 4 seconds from the opening of above 1 st air−inlet damper, therefore, prevents its damage to its   air−inlet dampers' duct. I.e, the simultaneous opening period shall be made within 1~2 seconds.

 − The opening of 3rd air−inlet damper shall be made as above.

 − The 6th air−inlet damper shall also be operated exactly the same way as 1st air−inlet damper case.

1. 모터를 이용한 강력한 흡기 덕트가 있다.

2. 흡기 메니폴더는 흡기구가 6개가 있고 각각의 흡기구 개폐는 솔레노이드 벨브를 이용해서
   열림/닫힘 형태로 동작되고 있다.

3. 6개의 흡기구 동작 신호는 모터를 이용한 로터리 스위치로 구성되어 있고, 각각의 위치
   감지는 리미트 스위치를 설치해서 검출 신호를 받고 있다.

4. 동작 방법은 이 중 하나의 흡기구만 열어서 작업을 하는 형태이다.

5. 특징으로는 모든 흡기구가 닫힘 상태일때는 흡기관의 파손은 당연한 상황이다.

6. 따라서 기존 장비의 동작 방법은
   - 1번 흡기구가 열리면 5초 동안 열려 있다가 닫힘상태가 되고,
   - 2번 흡기구는 1번 흡기구가 열린지 4초 후 열려서 흡기 덕트의 파손을 막아야 한다.
     즉, 동시에 열리는 시간이 1초에서 2초 사이여야 한다.
   - 3번 흡기구의 열림도 위와 같은 형태로 되어야 한다.
   - 6번 흡기구와 1번 흡기구도 같은 형태로 동작해야 한다.

XI. Example 11

Program 1)

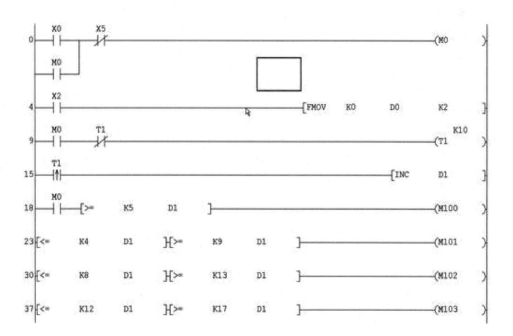

Program 2)

```
 0 ──┬─[X0]──┬─[X5]/──────────────────────────────────────────────────────(M0)──┤
     │       │
     └─[M0]──┘
       │ │

 4 ────[X5]────────────────────────────────────────────[MOV   K0    D20]──┤
       │ │

 7 ────[X5]──┬────────────────────────────────────────[FMOV  K0   D0   K2]──┤
       │ │   │
 ┌──────────┐│
 │          │├─[M115]/┘
 └──────────┘  │↓│

                                                                        K10
13 ────[M0]────[T1]/───────────────────────────────────────────────────(T1)──┤
       │ │      │ │

19 ────[T1]────────────────────────────────────────────────────[INC   D1]──┤
       │↑│

22 ─[<>  D20   K3  ]──────────────────────────────────[MC    N0    M15]──┤

       M0
27 ────[M0]──┬─[>=   K5    D1 ]┐──────────────────────────────────────(M100)──┤
 ┌──────────┐│                │
 │          │└─[<=   K24   D1 ]┘
 └──────────┘

36 ─[<=  K4    D1  ]─[>=   K9    D1  ]─────────────────────────────────(M101)──┤

43 ─[<=  K8    D1  ]─[>=   K13   D1  ]─────────────────────────────────(M102)──┤

50 ─[<=  K12   D1  ]─[>=   K17   D1  ]─────────────────────────────────(M103)──┤

57 ─[<=  K16   D1  ]─[>=   K21   D1  ]─────────────────────────────────(M104)──┤

64 ─[<=  K20   D1  ]─[>=   K25   D1  ]─────────────────────────────────(M105)──┤

71 ────[M105]────────────────────────────────────────[MOV   K3    D20]──┤
       │↑│

74 ────[X2]──┬────────────────────────────────────────[FMOV  K0   D0   K2]──┤
       │ │   │
 ┌──────────┐│
 │          │├─[M105]┘
 └──────────┘  │↑│

80 ────────────────────────────────────────────────────────────[MCR   N0]──┤

81 ─[=   D20   K3  ]──────────────────────────────────[MC    N1    M16]──┤

       M0
86 ────[M0]──┬─[>=   K4    D1 ]┐──────────────────────────────────────(M110)──┤
       │ │   │                │
             └─[<=   K23   D1 ]┘

95 ─[<=  K3    D1  ]─[>=   K8    D1  ]─────────────────────────────────(M111)──┤

102 ─[<= K7    D1  ]─[>=   K12   D1  ]─────────────────────────────────(M112)──┤
```

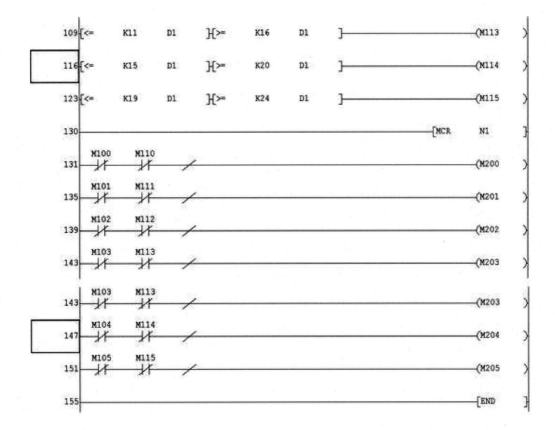

XⅡ-1. Example 12

1. Copy the program shown on page 376 and 377 in your textbook and operate them.

2. when you apply the program on page 377, the A/D value shall be used by equally dividing its result value which ranging from minimum to maximum.

XⅡ-2. Example 13

1. 예제 10번에서의 기능을 A/D 채널의 값을 이용해서 동작시키시오.

   - Please operate Example 10's function by using A/D channel's data.

2. 비교기의 값은 적절히 등분하여 사용하시오.

   - The applied data of comparator shall be used by equally dividing on it.

▌XII -3. Example 14 ▌

1. if you press start-switch, then START LAMP will turn to the ON state.

2. if you press stop-switch, then START LAMP will turn to the OFF state.

▌XII -4. Example 15 ▌

1. if you press start-switch, then START LAMP will turn to the ON state.

2. if you press stop-switch, then START LAMP will turn to the OFF state.

3. if you press reset-switch, then RESET LAMP will turn to the ON state. once apply the reset button, then the rest of button shall be off(initial state).

4. if you press Emergency-switch, then Emergency LAMP will turn to the ON state. and in this case, should be keeping right before state any way.

▌XII -5. Example 16 ▌

1. CH0가 1000보다 클 때 lamp1을 1초간격으로 동작하라.

 - if the A/D CH0 is greater than the one-third of its maximum value, then have its Lamp1 blink (operate) per 1 second.

2. CH0가 CH1보다 클 때 lamp2를 0.5초 간격으로 동작하라.

 - if the A/D CH0 is greater than A/D CH1, then have its Lamp2 blink (operate) per 0.5 second.

3. CH0와 CH1이 같을 때 Lamp1과 Lamp2를 모두 1초 간격으로 교대로 깜박이게 하라.

 - if the A/D CH0 is equal to A/D CH1, then have the Lamp1 and Lamp2 blink (operate) per 1 second by turns.

4. CH1이 CH0보다 클 때 Lamp3을 0.5초 간격으로 깜박이게 하라.

 - if the A/D CH1 is greater than A/D CH0, then have its Lamp3 blink (operate) per 0.5 second.

5. C1이 C0보다 크거나 같고 3000보다 작을 때 Lamp4가 On 상태를 유지하도록 하라.

 - If the A/D CH1 is greater than or equal to A/D CH0 and less than the half of its maximum value, then have the Lamp4 keep its light ON condition.

6. MCR 기능을 이용해서 각각의 위의 기능을 동작시켜라.

   - By using the MCR-function, have its above operation work. (MCR=Master Control Relay)

▌ XII -6. Example 17 ▌

* Condition 1 : Using two double solenoid valve and one single solenoid valve

* Condition 2 : For safety reason, The A/D channel CH0, CH1 and the temperature sensors were connected. All these above are to check out its warming up stage.

* Condition 3 : If the A/D channel CH0 is greater than the one-third of its maximum value and less than two-third of its maximum value, only then the A cylinder is allowed to operate.

* Condition 4 : If the A/D channel CH1 is greater than the one-third of its maximum value and less than two-third of its maximum value, then the B cylinder is allowed to operate.

* Condition 5 : If the A/D channel CH1 is greater than CH0 and less than the half of its maximum value, then the C cylinder is allowed to operate.

* Condition 6 : If the applied temperature condition not exactly meet the above conditions, then this shall just keep its current condition and stops. Or if it exactly as the same then have it operate from next step.

1. when you apply the on/off function of start switch once, then this will operate three times like this and stops.

2. When starting its operation, The first cycle is to have the lamp be lighting and keep this condition. the second cycle is to have the lamp's lighting be blinking for 0.5 seconds. the third cycle is to have the lamp's lighting be blinking for 1 seconds.

3. When pressing stop switch, every applied operation will be back to its initial status.

4. When pressing the start-switch, then this to allow have the B cylinder move (forward) from s3 to s4 and its applied operation of lamp's lighting shall be based on the instruction which described No.2.

5. After checking out the finish of B cylinder-moving .

6. then, the C cylinder will move (forward) from s5 to s6.

7. then, after the C cylinder stops its moving. then the A cylinder will move (forward) from s1 to s2.

8. Also, after the C cylinder stops its moving. then the C cylinder will back up rightly.

9. after that, the B cylinder will also back up.

10. After checking out the finish of B cylinder-moving backward. the A cylinder will also back up.

11. The applied condition for sensors and display is exactly the same as above example condition.

▌ Appendix(An additional description) ▌

- this condition only(solely) applies to A cylinder.

- If this does not meet above condition, then the A cylinder shall not be operated when it faces its due sequence.

- and the rest of cylinders have only to standby, and if the above condition met, then shall be operated

▌ XII -1. Example 12 ▌

1. 중력매거진에 WORK가 있을 경우에 시작 스위치를 1회 ON/OFF하면 공급 실린더가 전진해서 공정이 시작된다.

   - If the work stand in the gravictation-megazine, then have the start-switch apply its ON/OFF function once. then this allow its supply cylinder to move forward and begin its operation.

2. 공급 실린더가 WORK를 공급하고 나면 실린더가 후진한 다음 대기한다.

   - Once the supply-cylinder feeds the WORK, then cylinder will back up.

3. 위의 기능을 반복해서 동작한다.

   - Repeat the operation as shown above.

▌ XII -2. Example 13 ▌

1. 컨베이어가 동작하고 첫 번째 근접 스위치에 WORK가 도착할 때 스탑퍼 장치는 내려와서 WORK를 기다리도록 한다.

   - Once the conveyor being operated and if the work arrives to its first-nearby proximity switch, then the stopper-device will go down and standby till the work comes.

2. 금속으로 판명될 경우 LAMP1을 2초간 ON 하고, 비금속으로 판명될 경우 LAMP2를 2초간 ON하시오.

- If it is classify by proximity-switch to metal, then have LAMP1 be turned on for 2 second.

- If it is classify by proximity-switch to non-metal, then have LAMP2 be turned on for 2 second.

3. STOPER에 WORK가 감지되면 LAMP 3을 2초 동안 ON하고, 2초 후 스탑퍼를 후진해서 WORK를 배출시키시오.

- If the WORK detected on stopper, then have the stopper back up after 2 second also have Lamp3 be turned on for 2 second. and pass the work.

4. 완료되면 시작 스위치를 누를 때까지 대기하시오.

- Once it completed, then standby till pressing its start-switch.

▌ XII-2. Example 14 ▌

1. 시작 스위치를 1회 ON/OFF 하면 저장을 위한 X축 실린더와 Y축 실린더를 동작하여 WORK 를 하나 집어들어서 저장 위치로 옮기도록 하시오.

- Once you have your start-switch apply single time of ON/OFF function, then this one allows the movement of X-axis cylinder and y-axis cylinder. therefore, have then pick up one of the WORK and move to its stored-location.

▌ XII-2. Example 15 ▌

1. 시작 스위치를 1회 ON/OFF 하면 창고의 위치 1,2,3의 순서로 2초씩 정지한 후 다음 단계로 넘어가고,

- Once you apply its start-switch to work single-time of NO/OFF function, then have this one stop at each storage location(ex. storage position 1, storage position 2, storage position 3) by 2 seconds of interval and move to next stage.

2. 3번 위치를 확인한 후에는 다시 1번 위치로 와서 멈추도록 하시오.

- After checking the third storage location, then have its back to the first-storage location and stop.

▌XII-2. Example 16 ▌

1. Whenever we press the start-sw one time then start to operate following conditions.

2. WORK 공급 후에는 컨베이어가 동작해서 WORK를 이동하고, 근접 스위치에 의해 재질을 분류한 다음 금속의 경우는 창고 위치 1,2,3번 순으로 저장한다.

   - After supplying "the work" by supply-cylinder, then have its conveyor operate and meve "
     the work"

   - after classifying its ingredient by using its nearby-switch, and if it turns out to be metal then
     store above ones based on its storage-location sequence(ex. storage 1, storage 2, storage 3)

3. 재질이 비금속일 경우 배출한다.

   - If its ingredient is non-metal one, then just emit it.(pass it through the stopper)

```
 I124.0      M20.1             M10.2          M10.3      MO.6              MO.7
──┤ ├───────(P)───────────────( )──        ──┤ ├───────┤ ├───────────────( )──
                                              MO.7
                                            ──┤ ├──

 M10.2      MO.0              MO.1           M10.3      I124.5            MO.5
──┤ ├───┬───┤ ├───────────────( )──        ──┤ ├───┬───┤/├───────────────( )──
 MO.1   │                                    MO.5   │
──┤ ├───┘                                   ──┤ ├───┘

 M10.2      MO.0              MO.1           M10.3      I124.5            MO.5
──┤ ├───┬───┤ ├───────────────( )──        ──┤ ├───┬───┤/├───────────────( )──
 MO.1   │                                    MO.5   │
──┤ ├───┘                                   ──┤ ├───┘

 M10.2      I124.5            MO.0            MO.0      MO.5             Q124.0
──┤ ├───┬───┤/├───────────────( )──        ──┤ ├───────┤/├───────────────( )──
 MO.0   │
──┤ ├───┘

 I124.1     M20.2             M10.3          MO.2      MO.7             Q124.2
──┤ ├───────(P)───────────────( )──        ──┤ ├───────┤/├───────────────( )──

                                             MO.2      MO.7             Q124.2
                                           ──┤ ├───────┤/├───────────────( )──
```

찾아보기

미쓰비시 PLC 응용 스마트팩토리 구축기술

2016년 6월 30일 1판 1쇄 펴냄 | 2019년 2월 10일 1판 2쇄 펴냄
지은이 선권석 · 김진사 · 윤여경
펴낸이 류원식 | 펴낸곳 (주)교문사(청문각)

편집부장 김경수
제작 김선형 | 홍보 김은주 | 영업 함승형 · 박현수 · 이훈섭
주소 (10881) 경기도 파주시 문발로 116(문발동 536-2) | 전화 1644-0965(대표)
팩스 070-8650-0965 | 등록 1968. 10. 28. 제406-2006-000035호
홈페이지 www.cheongmoon.com | E-mail genie@cheongmoon.com
ISBN 978-89-6364-283-3 (93560) | 값 25,000원